湖北省高职高专规划教材——应用数学系列

总主编 朱永银

工程应用数学

（上册）

主 编 龚友运 肖业胜 廖红菊

主 审 张业明

副主编 万 武 孙旭东 王晓元

张汉萍 罗爱华

华中科技大学出版社

中国·武汉

内容简介

《工程应用数学》是"湖北省高职高专规划教材——应用数学系列"之一，分上、下两册．上册内容包括函数、极限与连续，导数及其应用，不定积分及其应用，定积分及其应用，多元函数的微积分及其应用，附录介绍了简易积分表；下册内容包括无穷级数，微分方程及其应用，拉普拉斯变换及其应用，傅里叶变换，矩阵代数及其应用，附录介绍了傅里叶变换简表、拉普拉斯变换简表．每节后配有练习题，每章后配有综合练习题，并在书后附有参考答案．

本书是根据高职高专院校的培养目标，针对高职高专工科专业建设的需要及学生的实际状况编写的．本书力求从实际案例引入概念，略去烦琐的理论论述，注重数学思想与方法的培养，强调数学知识的应用，顺应了高职高专教育的改革与发展，内容精要，简明易懂，适合作为高等职业技术学院及相当层次学校的工科类各专业的数学教材．

图书在版编目(CIP)数据

工程应用数学(上册)/龚友运　肖业胜　廖红菊　主编．—武汉：华中科技大学出版社，2010.9(2020.1重印)
ISBN 978-7-5609-6393-8
Ⅰ．工…　Ⅱ．①龚…　②肖…　③廖…　Ⅲ．工程数学-高等学校：技术学校-教材　Ⅳ．TB11

中国版本图书馆 CIP 数据核字(2010)第 127682 号

工程应用数学(上册)　　龚友运　肖业胜　廖红菊　主编

策划编辑：徐正达
责任编辑：王汉江
封面设计：刘　卉
责任校对：张　琳
责任监印：徐　露
出版发行：华中科技大学出版社(中国·武汉)　电话：(027)1321913
武汉市东湖新技术开发区华工科技园　邮编：430223
录　　排：武汉市洪山区佳年华文印部
印　　刷：北京虎彩文化传播有限公司
开　　本：710mm×1000mm　1/16
印　　张：9.5
字　　数：203 千字
版　　次：2020 年 1 月第 1 版第 4 次印刷
定　　价：45.00 元(上、下册)

前　言

为了推动我省高职高专数学课程教学改革、加强教材建设，湖北省数学学会高职高专数学研究会和华中科技大学出版社组织全省有较高学术水平和丰富教学经验的部分数学骨干教师，经过近两年的努力，编写了《湖北省高职高专规划教材——应用数学系列》. 本系列教材包括《工程应用数学》(上、下册)、《经济应用数学》、《计算机应用数学》等. 在编写过程中，我们力求做到以应用为目的，以“必需，够用”为原则，要求每章节尽量实行“案例(引例)驱动”，就是从实际问题出发，引出概念，并讲清概念，还注意到将数学建模思想渗透到教材中. 本系列教材适合于在高中阶段学过极限理论、导数与导数应用知识的大学生使用.

本系列教材由朱永银教授担任总主编，负责总策划，拟订编写大纲，并对全部教材进行统稿. 湖北职业技术学院夏俊炜副教授、咸宁职业技术学院副院长张业明副教授、武汉职业技术学院刘昌喜副教授担任主审，他们对本系列教材提出了宝贵的修改意见，编者不胜感激.

本册《工程应用数学》(上册)由龚友运、肖业胜、廖红菊担任主编，张业明担任主审，万武、孙旭东、王晓元、张汉萍、罗爱华担任副主编，参加编写的还有刘唯一、韩飞、余佑财、赫焕丽、陈大桥、范光、陈旭松等. 全书由龚友运和朱永银统稿.

本书第1章和第2章有“*”号的部分可以略讲，以学生自己看书为主，其他有“*”号的部分为选学内容。如果上、下两册有“*”号内容不讲或略讲，一个学期84学时可上完.

武汉职业技术学院、咸宁职业技术学院、湖北职业技术学院、仙桃职业学院、湖北轻工职业技术学院、恩施职业技术学院、沙市职业大学、湖北财税职业学院、武汉工业职业技术学院、武汉工程职业技术学院、十堰职业技术学院、荆州职业技术学院、鄂东职业技术学院、襄樊职业技术学院、武汉职业技术学院轻工学院、湖北开放职业学院等院校对本系列教材的顺利出版发行给予了大力支持，本系列教材还参考吸收了有关教材及著作的成果，在此一并致谢.

由于编者水平有限，本书难免存在疏漏之处，敬请广大读者不吝赐教，提出批评意见，以便再版时修改，使本系列教材日臻完善.

编　者

2010年7月

目　　录

第1章　函数、极限与连续

在自然科学、工程技术甚至在某些社会科学中，函数是被广泛应用的数学概念之一. 工程应用数学是用高等数学知识研究解决工程技术问题的一门基础学科，需要研究变数及变数间的依赖关系即函数关系，从而解决可以用函数形式表达的工程技术问题. 而研究函数的主要工具是极限，它是学习高等数学的基础. 本章在初等数学知识的基础上，介绍极限的定义、性质及其计算方法，然后介绍连续函数的概念和性质.

1.1　函数

函数是变量依存关系的数学模型，是研究客观世界变化规律的一个最基本、最重要的数学工具之一. 在理论力学、材料力学、结构力学、弹性力学、断裂力学、机械振动、机械设计基础、工程技术创新及研究人口的增长、金融市场的变化、国民经济的发展等多个学科领域都广泛地用到函数.

1.1.1　函数

引例1　自由落体运动的距离 s 与时间 t 的关系.

以自由落体运动为例，设物体下落的时间为 t，落下的距离为 s，假定开始下落的时刻 $t=0$，那么距离 s 与时间 t 的关系式为

$$s=\frac{1}{2}gt^2, \tag{①}$$

其中 g 为重力加速度.

引例2　圆的内接正 n 边形的面积.

设圆的半径为 R，那么圆的内接正 n 边形面积 A 与 R 之间的关系式为

$$A=\frac{n}{2}R^2\sin\frac{2\pi}{n}. \tag{②}$$

引例3　熔断体(保险丝)直径与熔断电流的关系.

常见熔断器的熔断体(俗称保险丝，材料为铅锡合金)，其熔断电流 I 与熔断体直径 d 之间的关系如表1-1所示.

对于一个确定的熔断体直径，就有一个确定的熔断电流值与之对应. 例如，当 $d=1.83$ mm 时，$I=19.0$ A.

在工程技术、生产、生活中，类似于上述引例的问题还可以举出很多。像这样一

表 1-1

直径 d/mm	0.508	0.559	0.61	0.71	0.813	0.915	1.22	1.63	1.83	2.03	2.34	2.65	2.95	3.26
熔断电流 I/A	3.0	3.5	4.0	5.0	6.0	7.0	10.0	18.0	19.0	22.0	27.0	32.0	37.0	44.0

个变量取定了一个数值,按照某种确定的对应关系,可以求得另一个变量的一个相应的值的问题,就是函数关系.下面介绍函数及其相关概念.

1. 函数的定义

定义 1 设 x 和 y 为两个变量,D 为一个给定的数集,如果对于每一个 $x\in D$,按照一定的法则 f,变量 y 总有唯一确定的数值与之对应,就称 y 为 x 的函数,记为 $y=f(x)$.数集 D 称为该函数的定义域,x 称为自变量,y 称为因变量.

当 x 取数值 $x_0\in D$ 时,依法则 f 的对应值 y_0 称为函数 $y=f(x)$在 $x=x_0$ 时的函数值,并记为 $f(x_0)$.所有函数值组成的集合 $W=\{y|y=f(x),x\in D\}$称为函数 $y=f(x)$的值域.

在函数的定义中,并没有要求自变量变化时函数值一定要变化,只要对于自变量 $x\in D$,都有确定的 $y\in W$ 与之对应.因此,常量 $y=C$ 也符合函数的定义,因为当 $x\in D$ 时,所对应的 y 值都是确定的常数 C.

如果自变量在定义域内任取一个数值时,对应的函数值都只有一个,这种函数称为单值函数,否则称为多值函数.以后凡是没有特别说明的,函数都是指单值函数.

设 δ 是一正数,a 为某一实数,把数集$\{x||x-a|<\delta\}$称为点 a 的δ 邻域,记为 $U(a,\delta)$,即$U(a,\delta)=\{x||x-a|<\delta\}$.点 a 称为该邻域的中心,δ 称为该邻域的半径.$\mathring{U}(a,\delta)=\{x|0<|x-a|<\delta\}$称为点 a 的去心 δ 邻域.

2. 分段函数

有些函数,对于定义域内自变量 x 取不同的值,不能用一个解析式表示,而要用两个及两个以上的式子表示,这类函数称为分段函数.下面举例说明.

例 1 符号函数 $y=\operatorname{sgn}x=\begin{cases}1 & (x>0)\\ 0 & (x=0)\\ -1 & (x<0)\end{cases}$ 是定义域为$(-\infty,+\infty)$的分段函数.

例 2 取整函数 $y=[x]$,其值为不超过 x 的最大整数,定义域 $D=(-\infty,+\infty)$,值域 $W=\mathbf{Z}$. 如$[\sqrt{3}]=1$,$[\pi]=3$,$[-1]=-1$,$[-3.5]=-4$.

例 3 设 $y=f(x)=\begin{cases}x+2 & (0\leqslant x\leqslant 2),\\ x^2 & (x>2),\end{cases}$求它的定义域和 $f(1)$,$f(3)$,$f(x-1)$.

解 函数 $y=f(x)$的定义域为$[0,2]\cup(2,+\infty)=[0,+\infty)$,则

$$f(1)=1+2=3;\quad f(3)=3^2=9;$$

$$f(x-1)=\begin{cases}(x-1)+2 & (0\leqslant x-1\leqslant 2),\\ (x-1)^2 & (x-1>2),\end{cases}\quad 即\quad f(x-1)=\begin{cases}x+1 & (1\leqslant x\leqslant 3),\\ (x-1)^2 & (x>3).\end{cases}$$

3. 函数关系的建立

如前所述，大量的实际问题都可用函数的知识去研究，而首先要解决的问题是将工程技术、生产、生活中的问题用函数的方法表示出来，即要正确地建立起变量之间的函数关系. 这样的实例很多，下面举例说明.

例 4　销售价与销售量间的关系.

某商店销售一种商品，当销售量 x 不超过 30 件时，单价为 a 元，若超过 30 件时，其超出部分按原价的 90%计算，试求销售价 y 与销售量 x 之间的函数关系式.

解　由题意知，销售量为 x，销售价为 y.

当 $0\leqslant x\leqslant 30$ 时，$y=xa$.

当 $x>30$ 时，$y=30a+(x-30)\times a\times 90\%$.

综上所述，
$$y=\begin{cases} ax & (0\leqslant x\leqslant 30), \\ 0.9ax+3a & (x>30). \end{cases}$$

例 5　无盖圆柱形锅炉的总造价.

某工厂要生产一个容积为 50 m^3 的无盖圆柱形锅炉，锅炉底材料造价为周围材料造价的两倍，并知周围材料造价为 k 元/m^2，试求总造价 S 与锅炉底半径 r 的函数关系式.

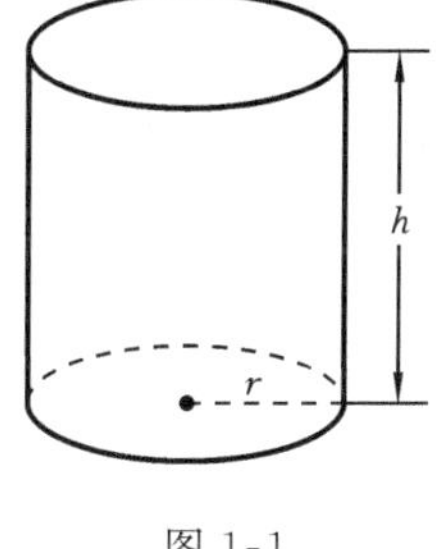

图 1-1

解　因为无盖圆柱形锅炉容积 $V=50\ \mathrm{m}^3$，设锅炉的高为 h(见图 1-1)，则有 $V=\pi r^2h=50$，从而有 $h=\dfrac{50}{\pi r^2}$.

已知锅炉底部材料造价为周围材料造价的两倍，而周围材料造价为 k 元/m^2，则底部材料造价为 $2k$ 元/m^2，根据圆面积及圆柱侧面积公式知，其总造价为

$$S=2\pi r^2k+2\pi rhk=2\pi r^2k+2\pi r\cdot\frac{50}{\pi r^2}k,\quad 即\quad S=\left(2\pi r^2+\frac{100}{r}\right)k,$$

这就是总造价 S 与锅炉底半径 r 的函数关系式.

4. 函数的几种特性

1) 奇偶性

定义 2　给定函数 $y=f(x)$($x\in D$，D 为对称区间)，如果对任意 $x\in D$，有 $f(-x)=f(x)$，则称 $f(x)$为偶函数；如果对任意 $x\in D$，有 $f(-x)=-f(x)$，则称 $f(x)$为奇函数.

2) 单调性

定义 3　如果函数 $y=f(x)$对区间(a,b)内的任意两点 x_1 和 x_2，当 $x_1<x_2$ 时，有 $f(x_1)\leqslant f(x_2)$(或 $f(x_1)\geqslant f(x_2)$)，则 $f(x)$在区间(a,b)内是单调增加(或单调减少)的.

3) 周期性

定义 4　设函数 $y=f(x)$，若存在正数 T 使得 $f(x+T)=f(x)$恒成立，则称此

函数为周期函数,满足这个等式的最小正数 T 称为函数的最小正周期,也称为周期.

4) 有界性

定义 5 设函数 $y=f(x)$ 在区间 (a,b) 内有定义,若存在一个正数 M,对任意的 $x\in(a,b)$,恒有 $|f(x)|\leqslant M$,则称函数 $f(x)$ 在区间 (a,b) 内有界,如果这样的正数 M 不存在,则称函数 $f(x)$ 在区间 (a,b) 内无界.

1.1.2 基本初等函数

1. 幂函数

形如 $y=x^{\mu}$(μ 为常数)的函数称为幂函数.

2. 指数函数

形如 $y=a^{x}(a>0,a\neq 1)$ 的函数称为指数函数,其定义域为 $(-\infty,+\infty)$. 特别地,当 $a=\mathrm{e}$ 时,得到以 e 为底的指数函数 $y=\mathrm{e}^{x}$.

3. 对数函数

指数函数 $y=a^{x}$ 的反函数记为 $y=\log_{a}x$(a 为常数,$a>0,a\neq 1$),称为对数函数,其定义域为 $(0,+\infty)$,当 $a=\mathrm{e}$ 时,函数记作 $y=\ln x$,称为自然对数.

4. 三角函数

(1) 正弦函数 $y=\sin x,\ x\in(-\infty,+\infty)$;

(2) 余弦函数 $y=\cos x,\ x\in(-\infty,+\infty)$;

(3) 正切函数 $y=\tan x\quad\left(x\neq n\pi+\dfrac{\pi}{2},n=0,\pm 1,\pm 2,\cdots\right)$;

(4) 余切函数 $y=\cot x\quad(x\neq n\pi,n=0,\pm 1,\pm 2,\cdots)$.

5. 反三角函数

(1) 反正弦函数 $y=\arcsin x,x\in[-1,1],y\in\left[-\dfrac{\pi}{2},\dfrac{\pi}{2}\right]$;

(2) 反余弦函数 $y=\arccos x,x\in[-1,1],y\in[0,\pi]$;

(3) 反正切函数 $y=\arctan x,x\in(-\infty,+\infty),y\in\left(-\dfrac{\pi}{2},\dfrac{\pi}{2}\right)$;

(4) 反余切函数 $y=\operatorname{arccot} x,x\in(-\infty,+\infty),y\in(0,\pi)$.

通常把幂函数、指数函数、对数函数、三角函数和反三角函数统称为基本初等函数.

除了常用的基本初等函数,在工程技术等应用领域,常出现自然指数函数及其一些特定组合的函数,给它们以专门的记号. 这些函数与双曲线的几何关系及三角函数与圆的关系很相似,称为双曲函数. 双曲函数主要有以下几种.

(1) 双曲正弦 $\operatorname{sh}x=\sinh x=\dfrac{\mathrm{e}^{x}-\mathrm{e}^{-x}}{2}$;

(2) 双曲余弦 $\operatorname{ch}x=\cosh x=\dfrac{\mathrm{e}^{x}+\mathrm{e}^{-x}}{2}$;

(3) 双曲正切　$\text{th}x=\tanh x=\dfrac{e^x-e^{-x}}{e^x+e^{-x}}$；

(4) 双曲余切　$\text{cth}x=\coth x=\dfrac{e^x+e^{-x}}{e^x-e^{-x}}$.

1.1.3 复合函数

在实际问题中，常常会遇到由几个较为简单的函数组成较为复杂的函数. 下面举例说明.

例 6　自由下落的物体，其动能 E 与速度 v 的关系为 $E=\dfrac{1}{2}mv^2$，其中 m 为物体的质量. 由于速度 v 与时间 t 的关系为 $v=gt$，从两式中消去 v 得到 $E=\dfrac{1}{2}mg^2t^2$，这样物体动能 E 就成为时间 t 的函数. 函数 $E=\dfrac{1}{2}mg^2t^2$ 称为由函数 $E=\dfrac{1}{2}mv^2$ 和函数 $v=gt$ 复合而成的函数.

定义 6　如果 y 是 u 的函数 $y=f(u)$，而 u 又是 x 的函数 $u=\varphi(x)$，且 $\varphi(x)$ 的值域与 $y=f(x)$ 的定义域的交集非空. 那么，y 通过中间变量 u 的联系变成 x 的函数，把这个函数称为是由函数 $y=f(u)$ 与 $u=\varphi(x)$ 复合而成的复合函数，记为 $y=f[\varphi(x)]$，x 为自变量，y 为因变量，u 为中间变量.

例 7　已知 $y=\ln u, u=x^2$，试把 y 表示为 x 的函数.

解　$y=\ln u=\ln x^2, x\in(-\infty,0)\cup(0,+\infty)$.

例 8　设 $y=u^2, u=\tan v, v=\dfrac{x}{2}$，试把 y 表示为 x 的函数.

解　$y=u^2=\tan^2 v=\tan^2\dfrac{x}{2}$.

由复合函数的概念知，一个复合函数可以看成由几个简单函数复合而成，简单函数是指由常量与基本初等函数经过四则运算而得到的函数，这样就便于对函数进行研究.

例 9　指出下列函数 $y=e^{\sin x}$ 的复合过程：

解　令 $u=\sin x$，则 $y=e^u$，故 $y=e^{\sin x}$ 是由 $y=e^u$ 与 $u=\sin x$ 复合而成的. 复合函数的中间变量可以有两个或两个以上.

例 10　指出下列函数 $y=\tan^2(2\ln x+1)$ 的复合过程：

解　令 $u=\tan(2\ln x+1)$，则 $y=u^2$，再令 $v=2\ln x+1$，则 $u=\tan v$，故 $y=\tan^2(2\ln x+1)$ 是由 $y=u^2, u=\tan v, v=2\ln x+1$ 复合而成的.

1.1.4 初等函数

由常数和基本初等函数经过有限次四则运算或有限次函数的复合后所得到的能用一个解析式表达的函数，称为初等函数. 例如，$y=\sqrt{1+x}$，$y=\sqrt{1-2^x}$，$y=\sin^2 x$，y

$=\tan(\ln x)^2$，$y=\arctan\sqrt{\dfrac{1+\sin x}{1-\sin x}}$等都是初等函数.

本课程讨论的主要是初等函数.

练　习　1.1

1. 设 $f(x)=\dfrac{|x-2|}{x+1}$，计算 $f(0)$，$f(2)$，$f(-2)$，$f(-3)$，$f(a)$，$f(a+b)$.

2. 设 $f(x)=\begin{cases}2+x, & x<0,\\ 2^x, & 0\leqslant x<1,\\ \sqrt{x^2+1}, & x\geqslant 1,\end{cases}$ 求 $f(-1)$，$f(0)$，$f(1)$，$f(2)$.

3. 指出下列复合函数的复合过程.

(1) $y=(2x+1)^{10}$；　(2) $y=\ln(x+5)$；　(3) $y=\sin^3(x-1)$；

(4) $y=\lg_a\sin 2^{x-1}$；　(5) $y=\ln(\ln x)$；　(6) $y=\operatorname{arccot}\sqrt{e^{2x-1}}$.

4. 设 $f(x)=x^2$，$g(x)=2^x$，求 $f[g(x)]$，$g[f(x)]$.

5. 证明下列等式.

(1) $\operatorname{th}x=\dfrac{\operatorname{sh}x}{\operatorname{ch}x}$；　(2) $\operatorname{ch}^2x-\operatorname{sh}^2x=1$.

6. 有一块边长为 a 的正方形铁皮，将它的四角剪去大小相等的小正方形，做成一个无盖的盒子，求盒子的体积与小正方形边长之间的函数关系.

7. 拟建一个容积为 V 的长方体水池，它的底为正方形，如果池底所用材料单位面积的造价是四周单位面积造价的 3 倍，试将总造价表示成底边长的函数，并确定定义域.

8. 设公共汽车从甲站出发，以 0.5 $\mathrm{m/s^2}$ 的加速度前进，经过 20 s 后开始匀速行驶，再经过 4 min 后以 -0.5 $\mathrm{m/s^2}$ 的加速度匀减速到达乙站，试将汽车在这段时间内所行驶的路程 s 表示为时间 t 的函数关系.

1.2　函数的极限

极限是工程应用数学中的重要的基本概念之一，在几何、物理、工程技术等实际问题中常常用到，它的思想方法萌芽于古代. 微积分中的许多概念都是用极限表述的，一些重要的性质和法则也是通过极限方法推得的. 因此，掌握极限的概念、性质和计算方法是学好工程应用数学的前提和基础.

案例 1　刘徽的割圆术.

公元 263 年，我国魏晋时期的数学家刘徽借助圆内接正多边形的周长，得出圆的周长为 $2\pi r$，割圆过程如图 1-2 所示. 刘徽在叙述这种作法时说："割之弥细，所失弥少，割之又割？以至不可割，则与圆周合体而无所失矣."

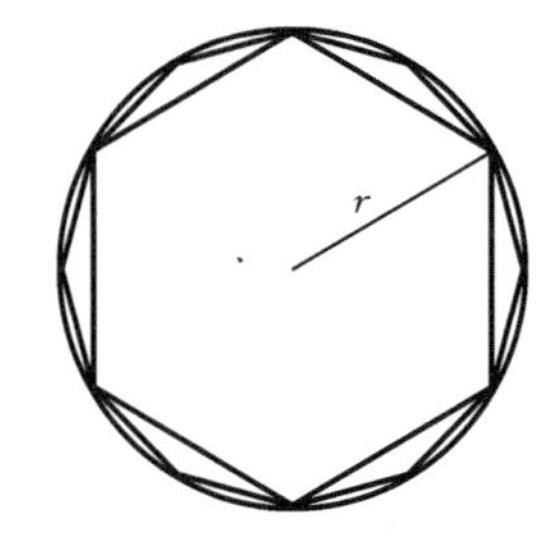

图 1-2

案例 2 水温的变化趋势.

将一盆 90 ℃的热水放在一间室温恒为 15 ℃的房间中，水温 T 将逐渐降低，随着时间 t 的推移，水温会越来越接近室温 15 ℃.

1.2.1 数列的极限

1. 数列

一个定义在正整数集上的函数 $y=f(n)$（或记为 $x_n=f(n)$）称为整标函数，当自变量 n 按正整数 $1,2,3,\cdots,n,\cdots$ 依次增大的顺序取值时，所得的一串有序函数值 $f(1),f(2),f(3),\cdots,f(n),\cdots$ 称为数列. 数列中的每一个数叫数列的项，$f(n)$ 称为数列的通项.

2. 数列的极限

例 1 战国时期的哲学家庄周所著《庄子 · 天下篇》中有一段话“一尺之棰，日取其半，万世不竭”. 事实上，木棒每日的剩余量组成数列：

$$\frac{1}{2},\ \frac{1}{4},\ \frac{1}{8},\ \cdots,\ \frac{1}{2^n},\ \cdots.\ (n\text{ 表示天数})$$

当天数 n 无限增大时，数列 $\left\{\frac{1}{2^n}\right\}$ 的值无限接近于常数 0.

例 2 已知数列 $\frac{1}{2},\frac{2}{3},\frac{3}{4},\cdots,\frac{n}{n+1},\cdots$，当项数 n 无限增大时，数列 $\left\{\frac{n}{n+1}\right\}$ 的值无限接近于常数 1.

定义 1 当数列 $\{a_n\}$ 的项数 n 无限增大时，如果 a_n 无限地接近于一个确定的常数 A，那么就称 A 为这个数列的极限，记为 $\lim\limits_{n\to\infty}a_n=A$，读作“当 n 趋于无穷大时，a_n 的极限等于 A”. 符号“$\to$”表示“趋于”，“∞”表示“无穷大”，“$n\to\infty$”表示“n 无限增大”. $\lim\limits_{n\to\infty}a_n=A$ 有时也读作：当 $n\to\infty$ 时，$a_n\to A$ 或 $a_n\to A(n\to\infty)$.

若数列 $\{a_n\}$ 存在极限，也称数列 $\{a_n\}$ 收敛；若数列 $\{a_n\}$ 没有极限，则称数列 $\{a_n\}$ 发散.

根据定义有：(1) $\lim\limits_{n\to\infty}\frac{1}{n}=0$；(2) $\lim\limits_{n\to\infty}\frac{n}{n+1}=1$；(3) $\lim\limits_{n\to\infty}(-1)^n\frac{1}{n}=0$；(4) $\lim\limits_{n\to\infty}C=C$（$C$ 为常数）.

1.2.2 函数的极限

1. 当 $x\to\infty$ 时，函数 $f(x)$ 的极限

考虑定义在无限区间上的函数 $f(x)$，当 $|x|$ 无限增大时的极限. 所谓 $|x|$ 无限增大，实际上包括三种情况：$x\to+\infty,x\to-\infty,x\to\infty$（$x\to+\infty$ 或 $x\to-\infty$）.

例 3 讨论函数 $y=\frac{1}{x}+1$ 当 $x\to+\infty$ 和 $x\to-\infty$ 时的变化趋势.

解 作出函数 $y=\frac{1}{x}+1$ 的图形,如图 1-3 所示.当 $x\to+\infty$ 和 $x\to-\infty$ 时,$y=\frac{1}{x}+1\to1$,因此当 $x\to\infty$ 时,$y=\frac{1}{x}+1\to1$.

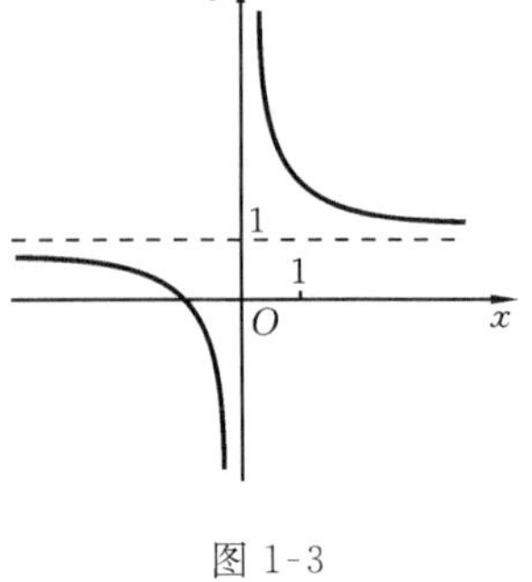

图 1-3

定义 2 如果在 $|x|$ 无限增大(即 $x\to\infty$)时,对应的函数值 $f(x)$ 无限接近于一个确定的常数 A,那么 A 就称为函数 $f(x)$ 当 $x\to\infty$ 时的极限,记为 $\lim\limits_{x\to\infty}f(x)=A$ 或 $f(x)\to A$ (当 $x\to\infty$).例如,

$$\lim_{x\to\infty}f(x)=\lim_{x\to\infty}\frac{1}{x}=0.$$

类似地,还可以有当 $x\to+\infty$(或 $x\to-\infty$)时函数极限的定义.

例 4 求 $\lim\limits_{x\to-\infty}\mathrm{e}^x$,$\lim\limits_{x\to+\infty}\left(\frac{1}{2}\right)^x$,$\lim\limits_{x\to+\infty}\mathrm{e}^x$.

解 $\lim\limits_{x\to-\infty}\mathrm{e}^x=0$;$\lim\limits_{x\to+\infty}\left(\frac{1}{2}\right)^x=0$;$\lim\limits_{x\to+\infty}\mathrm{e}^x$ 不存在.

2. 当 $x\to x_0$ 时,函数 $f(x)$ 的极限

定义 3 假定函数 $f(x)$ 在点 x_0 的左右邻域内有定义,当 x 趋于定值 x_0,即 $x\to x_0$(x 可以不等于 x_0)时,函数 $f(x)$ 的值无限接近确定的常数 A,那么 A 称为函数 $f(x)$ 当 $x\to x_0$ 时的极限.记为 $\lim\limits_{x\to x_0}f(x)=A$ 或 $f(x)\to A$(当 $x\to x_0$).

例如,当 $x\to3$ 时,函数 $f(x)=\frac{x}{3}+1$ 的极限是 2,记为

$$\lim_{x\to3}f(x)=\lim_{x\to3}\left(\frac{x}{3}+1\right)=2.$$

例 5 考察极限 $\lim\limits_{x\to x_0}C$(C 为常数)和 $\lim\limits_{x\to x_0}x$.

解 设 $f(x)=C$,$\varphi(x)=x$.

因为当 $x\to x_0$ 时,$f(x)$ 的值恒等于 C,所以 $\lim\limits_{x\to x_0}f(x)=\lim\limits_{x\to x_0}C=C$;

因为当 $x\to x_0$ 时,$\varphi(x)=x$ 无限接近于 x_0,所以 $\lim\limits_{x\to x_0}\varphi(x)=\lim\limits_{x\to x_0}x=x_0$.

当 $x<x_0$ 且 $x\to x_0$ 时,记为 $x\to x_0^-$;

当 $x>x_0$ 且 $x\to x_0$ 时,记为 $x\to x_0^+$.

3. 当 $x\to x_0$ 时,函数 $f(x)$ 的左极限与右极限

定义 4 如果当 $x\to x_0^-$ 时,函数 $f(x)$ 的值无限接近于一个确定的常数 A,那么 A 称为函数 $f(x)$ 当 $x\to x_0$ 时的左极限,记为

$$\lim_{x\to x_0^-}f(x)=A \quad 或 \quad f(x_0-0)=A.$$

如果当 $x\to x_0^+$ 时,函数 $f(x)$ 的值无限接近于一个确定的常数 A,那么 A 称为函数 $f(x)$ 当 $x\to x_0$ 时的右极限,记为

$$\lim_{x \to x_0^+} f(x) = A \quad 或 \quad f(x_0+0) = A.$$

一般地，函数 $f(x)$ 的极限 $\lim\limits_{x \to x_0} f(x) = A$ 的充分必要条件是函数 $f(x)$ 的左、右极限都存在且都等于 A，即 $\lim\limits_{x \to x_0} f(x) = A \Leftrightarrow \lim\limits_{x \to x_0^-} f(x) = \lim\limits_{x \to x_0^+} f(x) = A$.

例 6　讨论函数 $f(x) = \begin{cases} x-1 & (x<0) \\ 0 & (x=0) \\ x+1 & (x>0) \end{cases}$ 当 $x \to 0$ 时的极限.

解　函数 $f(x)$ 当 $x \to 0$ 时的左极限为 $\lim\limits_{x \to 0^-} f(x) = \lim\limits_{x \to 0^-} (x-1) = -1$，右极限为 $\lim\limits_{x \to 0^+} f(x) = \lim\limits_{x \to 0^+} (x-1) = 1$. 由于当 $x \to 0$ 时，函数 $f(x)$ 的左极限与右极限都存在但不相等，所以极限 $\lim\limits_{x \to 0} f(x)$ 不存在.

例 7　已知 $f(x) = \dfrac{|x|}{x}$，判断极限 $\lim\limits_{x \to 0} f(x)$ 是否存在.

解　当 $x>0$ 时，$f(x) = \dfrac{|x|}{x} = \dfrac{x}{x} = 1$；当 $x<0$ 时，$f(x) = \dfrac{|x|}{x} = \dfrac{-x}{x} = -1$，所以函数可以分段表示为 $f(x) = \begin{cases} 1, & x>0, \\ -1, & x<0, \end{cases}$ 于是 $\lim\limits_{x \to 0^+} f(x) = 1$，$\lim\limits_{x \to 0^-} f(x) = -1$，即 $\lim\limits_{x \to 0^+} f(x) \neq \lim\limits_{x \to 0^-} f(x)$，所以 $\lim\limits_{x \to 0} f(x)$ 不存在.

1.2.3　极限的运算法则

设 $\lim f(x) = A$，$\lim g(x) = B$，则

(1) $\lim[f(x) \pm g(x)] = \lim f(x) \pm \lim g(x) = A \pm B$；

(2) $\lim[f(x) \cdot g(x)] = \lim f(x) \cdot \lim g(x) = A \cdot B$；

(3) 当 $B \neq 0$ 时，$\lim \dfrac{f(x)}{g(x)} = \dfrac{\lim f(x)}{\lim g(x)} = \dfrac{A}{B}$.

当 C 是常数时，常数因子可以提到极限符号外面，即 $\lim[Cf(x)] = C\lim f(x)$.

例 8　求：(1) $\lim\limits_{x \to 2}(x^2+2x-3)$；　(2) $\lim\limits_{x \to 1} \dfrac{x^2-1}{x-1}$；　(3) $\lim\limits_{n \to \infty} \dfrac{n^2+2n+1}{2n^2+3n+4}$.

解　(1) $\lim\limits_{x \to 2}(x^2+2x-3) = \lim\limits_{x \to 2} x^2 + \lim\limits_{x \to 2} 2x - \lim\limits_{x \to 2} 3 = (\lim\limits_{x \to 2} x)^2 + 2\lim\limits_{x \to 2} x - 3$

$$= 2 \times 2 + 2 \times 2 - 3 = 5.$$

(2) $\lim\limits_{x \to 1} \dfrac{x^2-1}{x-1} = \lim\limits_{x \to 1} \dfrac{(x-1)(x+1)}{x-1} = \lim\limits_{x \to 1}(x+1) = 2$.

(3) $\lim\limits_{n \to \infty} \dfrac{n^2+2n+1}{2n^2+3n+4} = \lim\limits_{n \to \infty} \dfrac{1+2/n+1/n^2}{2+3/n+4/n^2} = \dfrac{\lim\limits_{n \to \infty}(1+2/n+1/n^2)}{\lim\limits_{n \to \infty}(2+3/n+4/n^2)} = \dfrac{1}{2}$.

一般地，设 $a_0 \neq 0$，$b_0 \neq 0$，m，n 为自然数，对于分式函数，有

$$\lim_{x\to\infty}\frac{a_0x^m+a_1x^{m-1}+\cdots+a_m}{b_0x^n+b_1x^{n-1}+\cdots+b_n}=\begin{cases}a_0/b_0, & m=n,\\ 0, & m<n,\\ \infty, & m>n.\end{cases}$$

1.2.4 两个重要极限

1. 第一个重要极限 $\lim\limits_{x\to0}\dfrac{\sin x}{x}=1$

取 x 的一些值,计算出 $\dfrac{\sin x}{x}$ 的对应值并列于表 1-2 中.

表 1-2

x/rad	0.50	0.10	0.05	0.04	0.03	0.02	…
$\sin x/x$	0.9585	0.9983	0.9996	0.9997	0.9998	0.9999	…

观察当 $x\to0$ 时函数 $\dfrac{\sin x}{x}$ 的变化趋势,可知 $\lim\limits_{x\to0^+}\dfrac{\sin x}{x}=1$;同理可得 $\lim\limits_{x\to0^-}\dfrac{\sin x}{x}=1$,所以有 $\lim\limits_{x\to0}\dfrac{\sin x}{x}=1$.

例 9 求:(1) $\lim\limits_{x\to0}\dfrac{\tan x}{x}$; (2) $\lim\limits_{x\to0}\dfrac{\sin 3x}{x}$; (3) $\lim\limits_{x\to0}\dfrac{1-\cos x}{x^2}$.

解 (1) $\lim\limits_{x\to0}\dfrac{\tan x}{x}=\lim\limits_{x\to0}\left(\dfrac{\sin x}{x}\cdot\dfrac{1}{\cos x}\right)=\lim\limits_{x\to0}\dfrac{\sin x}{x}\cdot\lim\limits_{x\to0}\dfrac{1}{\cos x}=1\times1=1.$

(2) $\lim\limits_{x\to0}\dfrac{\sin 3x}{x}=\lim\limits_{x\to0}\dfrac{3\sin 3x}{3x}\overset{\text{令 }3x=t}{=\!=\!=}3\lim\limits_{t\to0}\dfrac{\sin t}{t}=3.$

(3)
$$\lim_{x\to0}\frac{1-\cos x}{x^2}=\lim_{x\to0}\frac{2\sin^2(x/2)}{x^2}=\lim_{x\to0}\frac{\sin^2(x/2)}{2(x/2)^2}$$
$$=\lim_{x\to0}\frac{1}{2}\cdot\frac{\sin x/2}{x/2}\cdot\frac{\sin x/2}{x/2}=\frac{1}{2}.$$

2. 第二个重要极限 $\lim\limits_{x\to\infty}\left(1+\dfrac{1}{x}\right)^x=\mathrm{e}$

取 x 的一些值,计算出 $\left(1+\dfrac{1}{x}\right)^x$ 的对应值并列于表 1-3 中.

表 1-3

x	1	2	10	1000	10000	100000	…
$(1+1/x)^x$	2	2.25	2.594	2.717	2.7181	2.71828	…

观察当 $x\to+\infty$(或 $x\to-\infty$)时函数的变化趋势:当 x 取正值并无限增大时,$\left(1+\dfrac{1}{x}\right)^x$ 是逐渐增大的,但是不论 x 如何大,$\left(1+\dfrac{1}{x}\right)^x$ 的值总不会超过 3.实际上,如果 x 继续增大,即当 $x\to+\infty$ 时,可以证明 $\left(1+\dfrac{1}{x}\right)^x$ 是接近于一个确定的无理数 e

$=2.718281828459\cdots$，所以有$\lim\limits_{x\to\infty}\left(1+\dfrac{1}{x}\right)^x=\mathrm{e}$. 同理，可得$\lim\limits_{x\to 0}(1+x)^{1/x}=\mathrm{e}$.

例 10 求：(1) $\lim\limits_{x\to\infty}\left(1-\dfrac{2}{x}\right)^x$； (2) $\lim\limits_{x\to\infty}\left(\dfrac{3-x}{2-x}\right)^x$.

解 (1) 令$-\dfrac{2}{x}=t$，则$x=-\dfrac{2}{t}$，当$x\to\infty$时，$t\to 0$，于是

$$\lim_{x\to\infty}\left(1-\frac{2}{x}\right)^x=\lim_{t\to 0}(1+t)^{-2/t}=\left[\lim_{t\to 0}(1+t)^{1/t}\right]^{-2}=\mathrm{e}^{-2}.$$

(2) 令$\dfrac{3-x}{2-x}=1+u$，则$x=2-\dfrac{1}{u}$. 当$x\to\infty$时，$u\to 0$，于是

$$\begin{aligned}\lim_{x\to\infty}\left(\frac{3-x}{2-x}\right)^x&=\lim_{u\to 0}(1+u)^{2-\frac{1}{u}}=\lim_{u\to 0}\left[(1+u)^{-\frac{1}{u}}\cdot(1+u)^2\right]\\&=\left[\lim_{u\to 0}(1+u)^{\frac{1}{u}}\right]^{-1}\cdot\left[\lim_{u\to 0}(1+u)^2\right]=\mathrm{e}^{-1}.\end{aligned}$$

1.2.5 无穷小量与无穷大量

1. 无穷小量

在实际问题中，还可以举出一些以零为极限的变量的例子. 对于这样的变量，给出下面的定义.

1）无穷小量的定义

定义 5 如果当$x\to x_0$（或$x\to\infty$）时，函数$f(x)$的极限为0，那么就称函数$f(x)$为$x\to x_0$（或$x\to\infty$）时的无穷小量. 记为$\lim\limits_{x\to x_0}f(x)=0$（或$\lim\limits_{x\to\infty}f(x)=0$）.

例如，因为$\lim\limits_{x\to 1}(x-1)=0$，所以函数$x-1$是当$x\to 1$时的无穷小量；又因为$\lim\limits_{x\to\infty}\dfrac{1}{x}=0$，所以函数$\dfrac{1}{x}$是当$x\to\infty$时的无穷小量.

特别地，常数0是无穷小量.

2）无穷小量的性质

性质 1 两个无穷小量的代数和仍是无穷小量.

性质 2 两个无穷小量的积仍是无穷小量.

性质 3 有界函数与无穷小量的积仍是无穷小量.

注 性质1和性质2可以推广到有限个无穷小量的情形.

例 11 求$\lim\limits_{x\to 0}x\sin\dfrac{1}{x}$.

解 因为$\lim\limits_{x\to 0}x=0$，所以x是$x\to 0$时的无穷小量；而$\left|\sin\dfrac{1}{x}\right|\leqslant 1$，所以$\sin\dfrac{1}{x}$是有界函数，根据无穷小量的性质3可知，$\lim\limits_{x\to 0}x\sin\dfrac{1}{x}=0$.

2. 无穷大量

考察函数 $f(x)=\frac{1}{x-1}$. 由图 1-4 可知,当 x 从左、右两个方向趋于 1 时,$|f(x)|$ 都无限地增大.

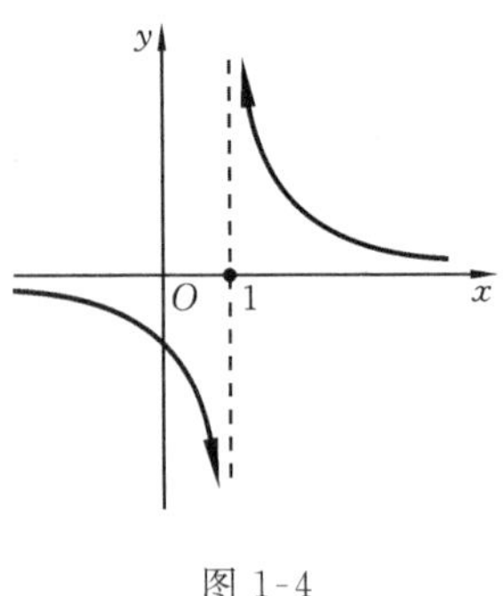

图 1-4

定义 6 如果当 $x\to x_0$ 时,函数 $f(x)$ 的绝对值无限增大,那么称函数 $f(x)$ 为当 $x\to x_0$ 时的无穷大量.

如果函数 $f(x)$ 为当 $x\to x_0$ 时的无穷大量,那么它的极限是不存在的. 但为了便于描述函数的这种变化趋势,我们也说"函数的极限是无穷大量",并记为 $\lim\limits_{x\to x_0}f(x)=\infty$.

例如,当 $x\to 1$ 时,$\left|\frac{1}{x-1}\right|$ 无限增大,所以 $\frac{1}{x-1}$ 是当 $x\to 1$ 时的无穷大量,记为 $\lim\limits_{x\to 1}\frac{1}{x-1}=\infty$.

3. 无穷大量与无穷小量的关系

定理 无穷大量的倒数是无穷小量;反之,非零无穷小量的倒数是无穷大量.

例 12 求 $\lim\limits_{x\to 1}\frac{x+4}{x-1}$.

解 因为 $\lim\limits_{x\to 1}\frac{x-1}{x+4}=0$,即 $\frac{x-1}{x+4}$ 是当 $x\to 1$ 时的无穷小量,根据无穷大量与无穷小量的关系可知,它的倒数 $\frac{x+4}{x-1}$ 是当 $x\to 1$ 时的无穷大量,所以 $\lim\limits_{x\to 1}\frac{x+4}{x-1}=\infty$.

4. 无穷小量的比较

在自变量同一变化过程中的两个无穷小量的代数和及乘积仍然是无穷小量,但是两个无穷小量的商却会出现不同的结果.

例如,$x,2x,x^2,x^3$ 都是当 $x\to 0$ 时的无穷小量,而

$$\lim_{x\to 0}\frac{x^2}{2x}=0,\lim_{x\to 0}\frac{2x}{x^2}=\infty,\lim_{x\to 0}\frac{2x}{x}=2.$$

从极限的角度看,当 $x\to 0$ 时,趋于零较快的无穷小量与较慢的无穷小量之商的极限为 0;趋于零较慢的无穷小量与较快的无穷小量之商的极限为∞;趋于零快慢差不多的无穷小量之商的极限为不为零的常数.

定义 7 设 $\lim\limits_{x\to x_0}\alpha=0$,$\lim\limits_{x\to x_0}\beta=0$,且 $\beta\neq 0$.

(1) 如果 $\lim\limits_{x\to x_0}\frac{\alpha}{\beta}=0$,则称当 $x\to x_0$ 时 α 是 β 的高阶无穷小量,或称 β 是 α 的低阶无穷小量,记为 $\alpha=o(\beta)(x\to x_0)$;

(2) 如果 $\lim\limits_{x\to a}\frac{\alpha}{\beta}=A(A\neq 0)$,则称当 $x\to x_0$ 时 α 与 β 是同阶无穷小量;特别地,当

$A=1$ 时，称当 $x\to x_0$ 时 α 与 β 是等价无穷小量，记为 $\alpha\sim\beta\ (x\to x_0)$.

例如：(1) 因为 $\lim\limits_{x\to 0}\dfrac{\sin x}{x}=1$，$\sin x$ 与 x 是 $x\to 0$ 时的等价无穷小量，所以 $\sin x\sim x$ $(x\to 0)$；(2) 因为 $\lim\limits_{x\to 0}\dfrac{1-\cos x}{x}=0$，$\lim\limits_{x\to 0}\dfrac{\tan x}{x}=1$，$\lim\limits_{x\to 0}\dfrac{1-\cos x}{x^2}=\dfrac{1}{2}$，$\lim\limits_{x\to 0}\dfrac{\sqrt{1+x}-1}{\frac{1}{2}x}=1$，所以 $1-\cos x=o(x)$，$\tan x\sim x$，$\sqrt{1+x}-1\sim\dfrac{1}{2}x\ (x\to 0)$；而 $1-\cos x$ 与 x^2 是 $x\to 0$ 时的同阶无穷小量.

练　习　1.2

计算下列极限.

(1) $\lim\limits_{x\to -1}\dfrac{3x+1}{x^2+1}$；　(2) $\lim\limits_{x\to 1}\dfrac{x^2-1}{2x^2-x-1}$；　(3) $\lim\limits_{x\to\infty}\dfrac{2x^2+x+1}{3x^2+1}$；

(4) $\lim\limits_{x\to\infty}\dfrac{\sqrt{2}x}{1+x^2}$；　(5) $\lim\limits_{x\to 2}\dfrac{x^3+2x^2}{(x-2)^2}$；　(6) $\lim\limits_{x\to 1}\left(\dfrac{1}{1-x}-\dfrac{3}{1-x^3}\right)$；

(7) $\lim\limits_{x\to\infty}\dfrac{1+2+3+\cdots+(n-1)}{n^2}$；　(8) $\lim\limits_{x\to\infty}\dfrac{(2x-1)^{300}(3x-2)^{300}}{(2x+1)^{500}}$；

(9) $\lim\limits_{x\to 0}(1-3x)^{\frac{2}{x}}$；　(10) $\lim\limits_{n\to\infty}2^n\sin\dfrac{x}{2^n}\ (x\neq 0)$.

1.3　函数的连续性

对于高等数学中的变量，人们不仅关心变量在某一变化过程中的变化趋势(极限)，而且还关心变量是以怎样的方式变化的. 对于连续性问题，从函数的直观图形上看，它的图形是连续不断的曲线；从数量上分析，当自变量的变化微小时，函数值的变化也是很微小的. 连续性是函数的重要性态之一，在实际问题中是普遍存在的.

1.3.1　函数的连续性

案例1　自然界、工程技术中的连续性现象.

气温的变化、水和空气的流动、动植物的生长、机械传动中某点的运动轨迹、金属丝受热长度的变化、人造地球卫星飞行的轨迹、电磁波的传播、化学反应中反应物(或生成物)的浓度等作为时间的函数，在数学上它们都抽象为函数的连续性问题.

案例2　连续电流.

导线中的电流通常是连续变化的，但当电流增加到一定的程度时，熔丝(保险丝)就会熔断，电流突然变为0，这时电流的连续性就会被破坏而出现中断.

1. 函数的增量

如图1-5所示，设自变量 x 由初值 x_0 变到终值 x，则终值 x 与初值 x_0 的差 $x-$

x_0 称为自变量 x 在点 x_0 处的增量,记为 Δx,即 $\Delta x=x-x_0$ 或 $x=x_0+\Delta x$,其中 Δx 可正、可负、也可为零.

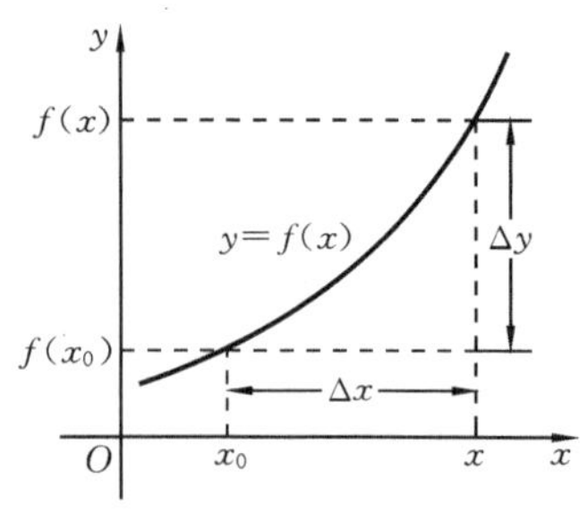

图 1-5

由于 $x\to x_0$ 相当于 $\Delta x\to 0$,于是相应的函数值的差 $f(x)-f(x_0)$,称为函数 $f(x)$ 在点 x_0 处的增量,记为 Δy,即 $\Delta y=f(x)-f(x_0)=y-y_0$,亦即 $f(x)=f(x_0)+\Delta y$ 或 $y=y_0+\Delta y$.

2. 函数的连续性

定义 1 如果函数 $f(x)$ 在点 x_0 的某一邻域内有定义,且 $\lim\limits_{x\to x_0}f(x)=f(x_0)$,就称函数 $f(x)$ 在点 x_0 处连续,称 x_0 为函数 $f(x)$ 的连续点.

注 由定义 1 知,函数 $f(x)$ 在点 x_0 处连续必须同时满足以下三个条件:(1) 函数 $f(x)$ 在点 x_0 处及其左、右两侧有定义;(2) 极限 $\lim\limits_{x\to x_0}f(x)$ 存在;(3) 极限值等于函数值,即 $\lim\limits_{x\to x_0}f(x)=f(x_0)$.

定义 2 设 $y=f(x)$ 在点 x_0 的某邻域内有定义,若当 $\Delta x\to 0$ 时,有 $\Delta y\to 0$,即 $\lim\limits_{\Delta x\to 0}\Delta y=0$,就称 $f(x)$ 在点 x_0 处连续.

例 1 讨论函数 $f(x)=\begin{cases}1+\cos x & \left(x<\dfrac{\pi}{2}\right)\\ \sin x & \left(x\geqslant\dfrac{\pi}{2}\right)\end{cases}$ 在点 $x=\dfrac{\pi}{2}$ 处的连续性.

解 (1) $f\left(\dfrac{\pi}{2}\right)=1$;(2) 由于

$$\lim_{x\to(\pi/2)^-}f(x)=\lim_{x\to(\pi/2)^-}(1+\cos x)=1+\cos\frac{\pi}{2}=1,$$

$$\lim_{x\to(\pi/2)^+}f(x)=\lim_{x\to(\pi/2)^+}\sin x=\sin\frac{\pi}{2}=1,$$

所以

$$\lim_{x\to(\pi/2)^-}f(x)=\lim_{x\to(\pi/2)^+}f(x)=1,$$

则 $\lim\limits_{x\to\pi/2}f(x)=1=f\left(\dfrac{\pi}{2}\right)$,因此 $f(x)$ 在点 $x=\dfrac{\pi}{2}$ 处连续.

定义 3 若函数 $f(x)$ 在开区间 (a,b) 内任何一点处都连续,则称函数 $f(x)$ 在开区间 (a,b) 内连续;若函数 $f(x)$ 在开区间 (a,b) 内连续,且在左端点 a 处有 $f(a+0)=f(a)$,在右端点 b 处有 $f(b-0)=f(b)$,则称函数 $f(x)$ 在闭区间 $[a,b]$ 上连续.

3. 函数的间断点

如果函数 $y=f(x)$ 在点 x_0 处不连续,则称 $f(x)$ 在点 x_0 处间断,并称 x_0 为 $f(x)$ 的间断点.

由定义 1 知,$f(x)$ 在点 x_0 处间断可能是以下三种情形之一:

(1) 函数 $f(x)$在点 x_0 处没有定义;

(2) $f(x)$在点 x_0 处有定义,但极限$\lim\limits_{x\to x_0}f(x)$不存在;

(3) $f(x)$在点 x_0 处有定义,极限$\lim\limits_{x\to x_0}f(x)$存在,但$\lim\limits_{x\to x_0}f(x)\neq f(x_0)$.

例如:(1) 函数 $f(x)=\dfrac{1}{x}$在点 $x=0$ 处无定义,且$\lim\limits_{x\to 0}\dfrac{1}{x}=\infty$,所以 $x=0$ 是其无穷间断点;

(2) 函数 $f(x)=\begin{cases}x^2 & (x\geqslant 0)\\ x+1 & (x<0)\end{cases}$在点 $x=0$ 处有定义,但$\lim\limits_{x\to 0^+}f(x)=0$,$\lim\limits_{x\to 0^-}f(x)=1$,故$\lim\limits_{x\to 0}f(x)$不存在,所以 $x=0$ 是 $f(x)$的跳跃间断点;

(3) 函数 $f(x)=\begin{cases}\dfrac{x^2-1}{x-1} & (x\neq 1)\\ 1 & (x=1)\end{cases}$在点 $x=1$ 处有定义 $f(1)=1$,$\lim\limits_{x\to 1}f(x)=2$,极限存在但不等于 $f(1)$,所以 $x=1$ 是 $f(x)$的可去间断点.

1.3.2 初等函数的连续性

定理 1 如果函数 $f(x)$,$g(x)$在某一点 x_0 处连续,则 $f(x)\pm g(x)$,$f(x)\cdot g(x)$,$\dfrac{f(x)}{g(x)}$ $(g(x_0)\neq 0)$在点 x_0 处都连续.

定理 2(复合函数的连续性) 设函数 $u=\varphi(x)$在点 x_0 处连续,$y=f(u)$在 u 处连续,$u_0=\varphi(x_0)$,则复合函数 $y=f[\varphi(x)]$在点 x_0 处连续,即$\lim\limits_{x\to x_0}f[\varphi(x)]=f[\lim\limits_{x\to x_0}\varphi(x)]=f[\varphi(x_0)]$.

推论 设$\lim\limits_{x\to a}\varphi(x)$存在且为 u_0,函数 $y=f(u)$在点 u_0 处连续,则

$$\lim_{x\to a}f[\varphi(x)]=f[\lim_{x\to a}\varphi(x)]=f(u_0).$$

即对于具有连续性的复合函数,极限符号"$\lim\limits_{x\to a}$"与连续的函数符号"f"可交换次序.

基本初等函数及常数函数在其定义域内都是连续的.一切初等函数在其定义区间内都是连续的.

例 2 求:(1) $\lim\limits_{x\to 1}\sin\left(\pi x-\dfrac{\pi}{2}\right)$; (2) $\lim\limits_{x\to 0}\dfrac{\ln(1+x)}{x}$.

解 (1) $\lim\limits_{x\to 1}\sin\left(\pi x-\dfrac{\pi}{2}\right)=\sin\left(\pi\cdot 1-\dfrac{\pi}{2}\right)=1$.

(2) $\lim\limits_{x\to 0}\dfrac{\ln(1+x)}{x}=\lim\limits_{x\to 0}\ln(1+x)^{\frac{1}{x}}=\ln[\lim\limits_{x\to 0}(1+x)^{\frac{1}{x}}]=\ln e=1$.

1.3.3 闭区间上连续函数的性质

定理 3(最值定理) 闭区间上的连续函数必能取得最大值和最小值.

从几何直观上看，因为闭区间上的连续函数$f(x)$的图形，是包括两端点的一条不间断的曲线，因此它必定有最高点P和最低点Q，P与Q的纵坐标正是函数的最大值和最小值(见图 1-6).

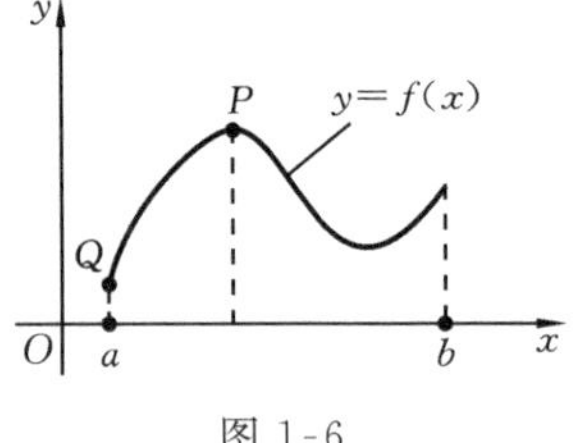

图 1-6

定理 4(介值定理)　若函数$f(x)$在闭区间$[a,b]$上连续，m与M分别是$f(x)$在闭区间$[a,b]$上的最小值和最大值，μ是介于m与M之间的任一实数，即$m\leqslant\mu\leqslant M$，则在闭区间$[a,b]$上至少存在一点ξ，使得$f(\xi)=\mu$.

介值定理的几何意义：介于两条水平直线$y=m$与$y=M$之间的任一条直线$y=\mu$与曲线$y=f(x)$至少有一个交点(见图 1-7).

推论(零点定理)　若$f(x)$在闭区间$[a,b]$上连续，且$f(a)$与$f(b)$异号，则在开区间(a,b)内至少有一个根，即至少存在一点$\xi\in(a,b)$，使得$f(\xi)=0$(见图 1-8).

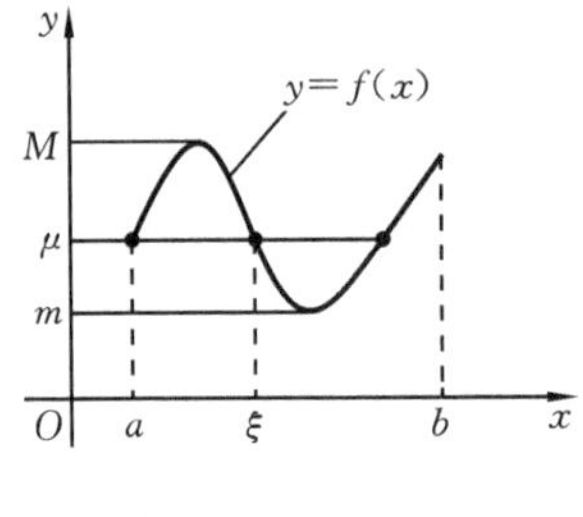

图 1-7

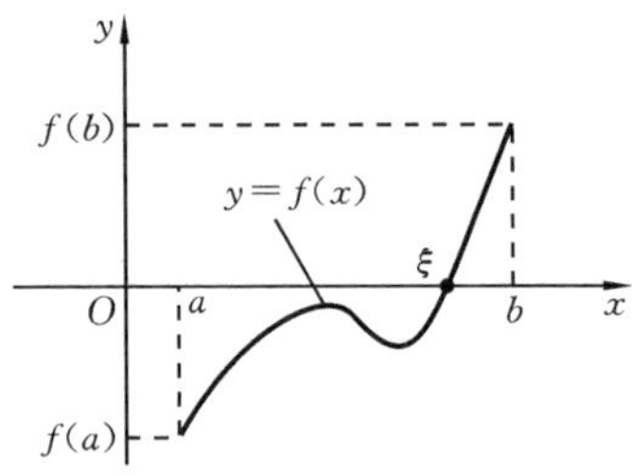

图 1-8

例 3　证明方程$x=\cos x$在区间$(0,\pi/2)$内至少有一个实根.

证　方程变形为$x-\cos x=0$，令$f(x)=x-\cos x\ (0<x<\pi/2)$，则$f(x)$在区间$[0,\pi/2]$上连续，且$f(0)=-1<0$，$f(\pi/2)=\pi/2>0$. 由根的存在定理知，在区间$(0,\pi/2)$内至少有一点$\xi$，使$f(\xi)=\xi-\cos\xi=0$，即方程$x=\cos x$在区间$(0,\pi/2)$内至少有一个实根.

练　习　1.3

1. 要使$f(x)$连续，常数a,b各应取何值？

$$f(x)=\begin{cases}\dfrac{1}{x}\sin x, & x<0,\\ a, & x=0,\\ x\sin\dfrac{1}{x}+b, & x>0.\end{cases}$$

2. 指出下列函数的间断点，并指明是哪一类型间断点.

(1) $f(x)=\dfrac{1}{x^2-1}$；　(2) $f(x)=e^{1/x}$；　(3) $f(x)=\begin{cases}x, & x\neq 1,\\ 1/2, & x=1.\end{cases}$

3. 求下列极限.

(1) $\lim\limits_{x\to1^+}\ln(e^x+|x|)$；　(2) $\lim\limits_{x\to4}\dfrac{\sqrt{2x+1}-3}{\sqrt{x-2}-\sqrt{2}}$；　(3) $\lim\limits_{x\to0}\dfrac{\log_a(1+3x)}{x}$；　(4) $\lim\limits_{x\to0^-}\dfrac{2/x-1}{2/x+1}$.

4. 证明方程 $4x-2^x=0$ 在区间$(0,1/2)$内至少有一个实根.

综合练习1

一、选择题

1. $y=x^2+1,x\in(-\infty,0]$的反函数是(　　).

(A) $y=\sqrt{x}-1,x\in[1,+\infty)$　　(B) $y=-\sqrt{x}-1,x\in[0,+\infty)$

(C) $y=-\sqrt{x-1},x\in[1,+\infty)$　　(D) $y=\sqrt{x-1},x\in[1,+\infty)$

2. 当 $x\to\infty$时,下列函数中有极限的是(　　).

(A) $\sin x$　　(B) $\dfrac{1}{e^x}$　　(C) $\dfrac{x+1}{x^2-1}$　　(D) $\arctan x$

3. $f(x)=\begin{cases}0 & (x\leqslant0)\\ \dfrac{1}{x} & (x>0)\end{cases}$在点 $x=0$ 处不连续是因为(　　).

(A) $f(0-0)$不存在　　(B) $f(0+0)$不存在

(C) $f(0+0)\neq f(0)$　　(D) $f(0-0)\neq f(0)$

4. 设 $f(x)=x^2+\operatorname{arccot}\dfrac{1}{x-1}$,则 $x=1$ 是 $f(x)$的(　　).

(A) 可去间断点　　(B) 跳跃间断点　　(C) 无穷间断点　　(D) 连续点

5. 设 $f(x)=\begin{cases}\cos x-1 & (x<0),\\ k & (x>0),\end{cases}$则 $k=0$ 是$\lim\limits_{x\to0}f(x)$存在的(　　).

(A) 充分但非必要条件　　(B) 必要但非充分条件

(C) 充分必要条件　　(D) 无关条件

6. 当 $x\to x_0$ 时,α 和$\beta(\beta\neq0)$都是无穷小量,当 $x\to x_0$ 时,下列变量中可能不是无穷小量的是(　　).

(A) $\alpha+\beta$　　(B) $\alpha-\beta$　　(C) $\alpha\cdot\beta$　　(D) $\dfrac{\alpha}{\beta}$

7. 当 $x\to\infty$时,若 $\sin^2\dfrac{1}{n}$与$\dfrac{1}{n^k}$是等价无穷小量,则 $k=$(　　).

(A) 2　　(B) $\dfrac{1}{2}$　　(C) 1　　(D) 3

8. 当 $x\to0$ 时,下列函数中为 x 的高阶无穷小量的是(　　).

(A) $1-\cos x$　　(B) $x+x^2$　　(C) $\sin x$　　(D) $\sqrt{x}$

9. 当 $n\to\infty$时,$n\sin\dfrac{1}{n}$是(　　).

(A) 无穷大量　　(B) 无穷小量　　(C) 无界变量　　(D) 有界变量

10. 方程 $x^3+px+1=0(p>0)$的实根个数是(　　).

(A) 1个　　(B) 2个　　(C) 3个　　(D) 0个

二、填空题

1. 设 $f(x)=\begin{cases}1, & |x|\leqslant 1,\\ 0, & |x|>1,\end{cases}$ 则 $f[f(x)]=$______.

2. 设 $f(x)=\begin{cases}x+1, & |x|<2,\\ 1, & 2\leqslant x\leqslant 3,\end{cases}$ 则 $f(x+1)$的定义域为______.

3. 函数 $f(x)=\sqrt{x}+\ln(3-x)$在______连续.

4. $\lim\limits_{x\to 0}\left(x^2\sin\dfrac{1}{x^2}+\dfrac{\sin 3x}{x}\right)=$______.

5. $\lim\limits_{x\to\infty}\left(1+\dfrac{k}{x}\right)^x=$______.

6. 设 $f(x)$在点 $x=1$ 处连续,且 $f(1)=3$,则$\lim\limits_{x\to 1}f(x)\left(\dfrac{1}{x-1}-\dfrac{2}{x^2-1}\right)=$______.

7. 当 $x\to\infty$时,无穷小量$\dfrac{1}{x^k}$与$\dfrac{1}{x^3}+\dfrac{2}{x^2}$等价,则 $k=$______.

8. $x=0$ 是函数 $f(x)=x\sin\dfrac{1}{x}$的______间断点.

9. 若 $f(\mathrm{e}^x)=x^2-2x$,则 $f(x)=$______.

10. $\lim\limits_{x\to 0}(1-\sin x)^{\frac{2}{x}}=$______.

三、计算题

1. 求下列函数的极限.

(1) $\lim\limits_{x\to 1}\dfrac{\sin(x-1)}{x^2+x-2}$;　(2) $\lim\limits_{x\to 0}\dfrac{\sin x^3}{(\sin x)^3}$;　(3) $\lim\limits_{x\to 0}\dfrac{\sqrt{1+x}-\sqrt{1-x}}{\sin 3x}$;

(4) $\lim\limits_{x\to\infty}\dfrac{x+3}{x^2-x}(\sin x+2)$;　(5) $\lim\limits_{x\to a}\dfrac{\sin x-\sin a}{x-a}$;　(6) $\lim\limits_{x\to 1}\dfrac{\sin\pi x}{4(x-1)}$;

(7) $\lim\limits_{x\to 0}\dfrac{x^2\sin 1/x}{\sin 2x}$;　(8) $\lim\limits_{n\to\infty}\dfrac{5^n+(-2)^n}{5^{n+1}+(-2)^{n+1}}$;　(9) $\lim\limits_{x\to 0}(1+x^2)^{\cot^2 x}$.

2. 设 $f(x)=\begin{cases}\cos x/(x+2) & (x\geqslant 0),\\ (\sqrt{a}-\sqrt{a-x})/x & (x<0),\end{cases}$ 当 $a(a>0)$取何值时,$f(x)$在点 $x=0$ 处连续.

3. 设 $\lim\limits_{x\to -1}\dfrac{x^3+ax^2-x+4}{x+1}=b$,求常数 a,b.

四、证明题

1. 证明下列方程在区间$(0,1)$内均有一实根.

(1) $x^5+x^3=1$;　(2) $\mathrm{e}^{-x}=x$;　(3) $\arctan x=1-x$.

2. 设 $f(x)$在区间$[a,b]$上连续,且 $a<f(x)<b$,证明在区间(a,b)内至少有一点 ξ,使 $f(\xi)=\xi$.

3. 证明方程 $x=2\sin x+1$ 至少有一个小于 3 的正根.

4. 设 $f(x)$在区间$[a,b]$上连续,且无零点,又存在一点 $x_0\in(a,b)$,使得$f(x_0)<0$,证明:$f(x)$在区间$[a,b]$上恒为负.

第 2 章　导数及其应用

17 世纪，人们为了解决许多科学问题而创立了微积分．此后，微积分学极大地推动了自然科学、社会科学及应用科学的发展．导数作为微积分的核心概念之一，在工程技术、管理科学、经济生活等领域都有着丰富的实际背景和广泛的应用．

案例 1　矩形截面横梁的抗弯强度．

由力学分析知，横梁的抗弯强度 R 与其矩形截面的宽 b 和高 h 的二次方之积成正比．现在要将直径为 d 的圆木锯成抗弯强度最大的横梁，问如何确定圆木的矩形断面的宽和高？

案例 2　船的速度是多少．

如图 2-1 所示，在离水面高度为 h 的岸上，有人用绳子拉船靠岸．假定绳子长为 l，船位于离岸边 s 处．试问：当收绳速度为 v_0 时，船的速度是多少(长度单位：m；时间单位：s)？

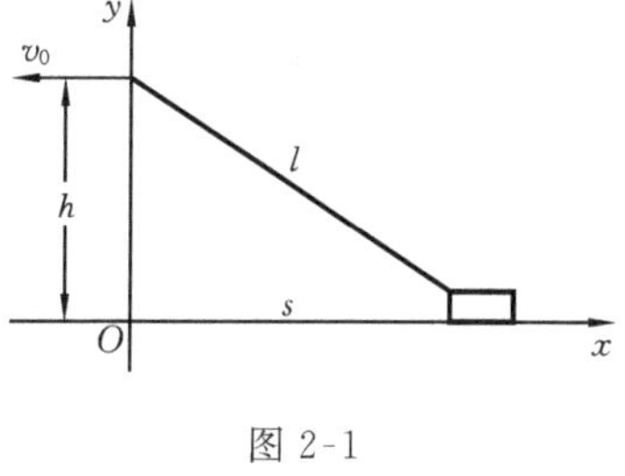

图 2-1

在工程技术、生产、生活中类似于上述两个案例中的问题很多，解决这类问题需要用到导数的知识．有了第 1 章的知识准备，本章将从实际问题出发，主要讨论导数和微分的概念及它们的运算，然后利用导数来讨论函数的性质及导数在一些实际问题中应用．

2.1　导数

在生产实践和科学实验中，常常需要研究函数相对于自变量变化的快慢程度．例如：要预报人造地球卫星飞过某城市的时间，就需要知道卫星的飞行速度；要研究轴和梁的弯曲变形问题，就必须会求曲线的切线斜率；等等．求速度、曲线的切线斜率等问题，称为求变化率问题，数学上称为导数．

2.1.1　变化率问题举例

引例 1　变速直线运动的瞬时速度．

当物体作匀速直线运动时，其速度 $v=\frac{s}{t}$(其中 s 为路程，t 表示时间)．但物体作变速直线运动时，其瞬时速度 v 显然就不能使用这个公式．此时可以先考虑在时间段$[t_0,t_0+\Delta t]$内的平均速度(平均变化率)$\bar{v}=\frac{s(t_0+\Delta t)-s(t_0)}{\Delta t}$，当 $\Delta t\to 0$ 时，$\bar{v}$ 就无

限接近于物体在时刻 t_0 的瞬时速度(变化率),也就是说

$$v(t_0)=\lim_{\Delta t\to 0}\bar{v}=\lim_{\Delta t\to 0}\frac{s(t_0+\Delta t)-s(t_0)}{\Delta t}.$$

引例 2 交流电的电流强度.

在直流电路中,电流强度 $I=\dfrac{Q}{t}$,其中 Q 表示电量,t 表示时间. 在交流电路中,其电流强度 I 不能使用这个公式. 由于电流大小随时间而改变,电流通过导线的横截面的电量是时间 t 的函数 $Q(t)$,此时可以先考虑在时间段$[t_0,t_0+\Delta t]$内的平均电流强度(平均变化率)$\bar{I}=\dfrac{Q(t_0+\Delta t)-Q(t_0)}{\Delta t}$,当 $\Delta t\to 0$ 时,$\bar{I}$ 就无限接近于时刻 t_0 的电流强度(变化率),也就是说

$$I(t_0)=\lim_{\Delta t\to 0}\bar{I}=\lim_{\Delta t\to 0}\frac{Q(t_0+\Delta t)-Q(t_0)}{\Delta t}.$$

2.1.2 导数的概念

虽然上述两例的实际意义完全不同,但它们的数学结构完全相同,都是计算当自变量的改变量趋于零时,函数的改变量与自变量的改变量之比的极限. 经过抽象,由这类特殊的极限可以引进导数的概念.

1. 导数的定义

定义 1 设函数 $y=f(x)$在点 x_0 的某一邻域内有定义,当自变量 x 在点 x_0 处有增量 Δx 时,函数 $f(x)$有相应的增量 $\Delta y=f(x_0+\Delta x)-f(x_0)$,如果极限$\lim\limits_{\Delta x\to 0}\dfrac{\Delta y}{\Delta x}$存在,则称这个极限值为函数 $y=f(x)$在点 x_0 处的导数,并称函数在点 x_0 处可导. 记为 $f'(x_0)$,$y'|_{x=x_0}$,$\left.\dfrac{\mathrm{d}y}{\mathrm{d}x}\right|_{x=x_0}$或$\left.\dfrac{\mathrm{d}f(x)}{\mathrm{d}x}\right|_{x=x_0}$,即

$$f'(x_0)=\lim_{\Delta x\to 0}\frac{\Delta y}{\Delta x}=\lim_{\Delta x\to 0}\frac{f(x_0+\Delta x)-f(x_0)}{\Delta x}.$$

如果极限$\lim\limits_{\Delta x\to 0}\dfrac{\Delta y}{\Delta x}$不存在,则称函数 $y=f(x)$在点 x_0 处不可导. 如果极限$\lim\limits_{\Delta x\to 0}\dfrac{\Delta y}{\Delta x}$为无穷大,则称该函数在点 x_0 处的导数为无穷大.

若令 $x-x_0=\Delta x$,当 $\Delta x\to 0$ 时,有 $x\to x_0$,则导数的另一极限形式为

$$f'(x_0)=\lim_{x\to x_0}\frac{f(x)-f(x_0)}{x-x_0}.$$

函数的增量与自变量的增量之比$\dfrac{\Delta y}{\Delta x}$是函数 $y=f(x)$在区间$[x_0,x_0+\Delta x]$内的平均变化率,而导数 $f'(x_0)$则是函数 $y=f(x)$在点 x_0 处的变化率,它反映了函数随自变量的变化而变化的快慢程度.

如果函数 $y=f(x)$在开区间 I 内的每一点处都可导,那么就称函数 $f(x)$在区间

I 内可导. 于是,对应于 I 内的每一 x 值必存在一个确定的导数,因而在区间 I 内确定了一个 x 的函数,称为 $f(x)$ 的导函数(在不致发生混淆的情况下,简称为导数),记为 $f'(x)$,y',$\frac{\mathrm{d}y}{\mathrm{d}x}$或$\frac{\mathrm{d}f(x)}{\mathrm{d}x}$,导函数的计算公式为

$$f'(x)=\lim_{\Delta x\to 0}\frac{f(x+\Delta x)-f(x)}{\Delta x}.$$

需要指出的是,函数 $y=f(x)$ 在点 x_0 处的导数就是导函数 $f'(x)$ 在点 x_0 处的函数值,即 $f'(x_0)=f'(x)\big|_{x=x_0}$.

有了导数的概念,引例中的结果可分别表述如下:

变速直线运动在时刻 t_0 的瞬时速度 $v(t_0)=\left.\frac{\mathrm{d}s}{\mathrm{d}t}\right|_{t=t_0}$,交流电在时刻 t_0 的电流强度 $I(t_0)=\left.\frac{\mathrm{d}Q}{\mathrm{d}t}\right|_{t=t_0}$.

2. 用定义求函数的导数

根据导数的定义,求函数 $f(x)$ 的导数一般有以下三个步骤:

(1) 求增量　$\Delta y=f(x+\Delta x)-f(x)$;

(2) 算比值　$\frac{\Delta y}{\Delta x}=\frac{f(x+\Delta x)-f(x)}{\Delta x}$;

(3) 取极限　$f'(x)=\lim\limits_{\Delta x\to 0}\frac{\Delta y}{\Delta x}=\lim\limits_{\Delta x\to 0}\frac{f(x+\Delta x)-f(x)}{\Delta x}$.

因此,求函数的导数的过程实际上就是求"差、商的极限". 下面举几个利用导数定义求函数导数的例子.

例 1　求函数 $f(x)=C$(C 为常数)的导数.

解　由求函数的导数的三个步骤,有

(1) 求增量　$\Delta y=f(x+\Delta x)-f(x)=C-C=0$;

(2) 算比值　$\frac{\Delta y}{\Delta x}=\frac{0}{\Delta x}=0$;

(3) 取极限　$f'(x)=\lim\limits_{\Delta x\to 0}\frac{\Delta y}{\Delta x}=0$.

综上所述,$(C)'=0$.

例 2　求函数 $f(x)=\log_a x$ $(a>0,a\neq 1)$的导数.

解　由求函数的导数的三个步骤,有

(1) 求增量　$\Delta y=\log_a(x+\Delta x)-\log_a x=\log_a\left(1+\frac{\Delta x}{x}\right)$;

(2) 算比值　$\frac{\Delta y}{\Delta x}=\frac{\log_a(1+\Delta x/x)}{\Delta x}=\frac{1}{\Delta x}\log_a\left(1+\frac{\Delta x}{x}\right)=\frac{1}{x}\log_a\left(1+\frac{\Delta x}{x}\right)^{\frac{x}{\Delta x}}$;

(3) 取极限　$f'(x)=\lim\limits_{\Delta x\to 0}\frac{\Delta y}{\Delta x}=\lim\limits_{\Delta x\to 0}\frac{1}{x}\log_a\left(1+\frac{\Delta x}{x}\right)^{\frac{x}{\Delta x}}=\frac{1}{x}\log_a \mathrm{e}=\frac{1}{x\ln a}$.

综上所述，$(\log_a x)'=\frac{1}{x\ln a}$. 特别地，当 $a=\mathrm{e}$ 时，有 $(\ln x)'=\frac{1}{x}$.

例 3 求函数 $f(x)=\sin x$ 的导数.

解 由求函数的导数的三个步骤，有

(1) 求增量 $\Delta y=\sin(x+\Delta x)-\sin x=2\sin\frac{\Delta x}{2}\cos\left(x+\frac{\Delta x}{2}\right)$；

(2) 算比值 $\frac{\Delta y}{\Delta x}=\frac{2\sin(\Delta x/2)\cos(x+\Delta x/2)}{\Delta x}=\frac{\sin(\Delta x/2)\cos(x+\Delta x/2)}{\Delta x/2}$；

(3) 取极限 $f'(x)=\lim\limits_{\Delta x\to 0}\frac{\Delta y}{\Delta x}=\lim\limits_{\Delta x\to 0}\frac{\sin(\Delta x/2)\cos(x+\Delta x/2)}{\Delta x/2}=\cos x$.

综上所述，$(\sin x)'=\cos x$. 类似地，有 $(\cos x)'=-\sin x$.

容易证得幂函数的求导公式为 $(x^{\alpha})'=\alpha x^{\alpha-1}$.

例 4 求函数 $y=\sqrt{x}$ 的导数.

解 由公式 $(x^n)'=nx^{n-1}$，有 $y'=(\sqrt{x})'=(x^{\frac{1}{2}})'=\frac{1}{2}x^{-\frac{1}{2}}=\frac{1}{2\sqrt{x}}$. 此结论也可以作为求导公式使用.

3. 导数的几何意义

如图 2-2 所示，点 $M(x_0,y_0)$ 是曲线 $y=f(x)$ 上的一个定点，另取曲线上一点 $N(x_0+\Delta x,y_0+\Delta y)$，作割线 MN，当点 N 沿曲线趋于点 M 时，则割线 MN 绕着点 M 旋转而趋于极限位置 MT，直线 MT 就称为曲线 $y=f(x)$ 在点 M 处的切线.

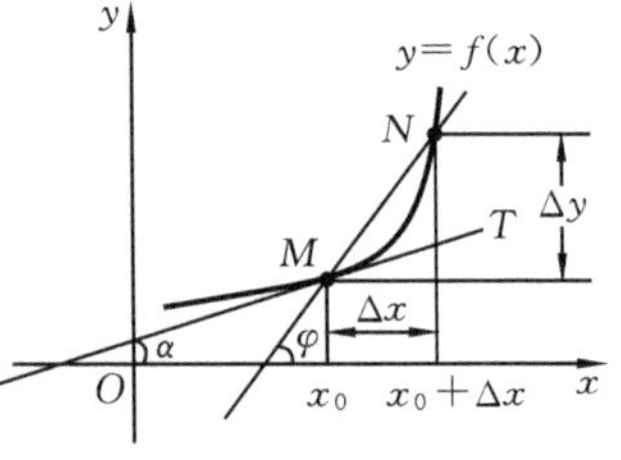

图 2-2

设割线 MN 的倾角为 φ，切线 MT 的倾角为 α，割线 MN 的斜率(割线向上的方向与 x 和正向夹角的正切值)

$$\tan\varphi=\frac{\Delta y}{\Delta x}=\frac{f(x_0+\Delta x)-f(x_0)}{\Delta x};$$

当 $\Delta x\to 0$ 时，割线 MN 的斜率 $\tan\varphi$ 就无限地接近于切线 MT 的斜率 k，所以切线的斜率为

$$k=\tan\alpha=\lim_{\Delta x\to 0}\tan\varphi=\lim_{\Delta x\to 0}\frac{f(x_0+\Delta x)-f(x_0)}{\Delta x}=f'(x_0).$$

可见，导数的几何意义是：函数 $y=f(x)$ 在点 x_0 处的导数就是曲线 $y=f(x)$ 在点 $M_0(x_0,y_0)$ 处切线的斜率. 由此可知，曲线 $y=f(x)$ 在点 $P_0(x_0,y_0)$ 处的切线方程为

$$y-y_0=f'(x_0)(x-x_0),$$

当 $f'(x_0)\neq 0$ 时，法线方程为

$$y-y_0=-\frac{1}{f'(x_0)}(x-x_0).$$

例5　求曲线 $y=f(x)=x^2+1$ 在点 $P(1,2)$ 处的切线方程和法线方程.

解　由导数的几何意义知,曲线在点 $P(1,2)$ 处的切线的斜率为 $k=f'(1)=2x|_{x=1}=2$,所以切线方程为

$$y-2=2(x-1),\quad 即\quad 2x-y=0,$$

法线方程为

$$y-2=-\frac{1}{2}(x-1),\quad 即\quad x+2y-5=0.$$

2.1.3　单侧导数

定义2　若极限 $\lim\limits_{\Delta x\to 0^-}\dfrac{\Delta y}{\Delta x}$, $\lim\limits_{\Delta x\to 0^+}\dfrac{\Delta y}{\Delta x}$ 都存在,那么它们分别称为函数 $y=f(x)$ 在点 x_0 处的左导数与右导数,分别记为 $f'_-(x_0)$, $f'_+(x_0)$,即

$$f'_-(x_0)=y'|_{x=x_0}=\lim_{\Delta x\to 0^-}\frac{\Delta y}{\Delta x}=\lim_{\Delta x\to 0^-}\frac{f(x_0+\Delta x)-f(x_0)}{\Delta x}=\lim_{x\to x_0^-}\frac{f(x)-f(x_0)}{x-x_0},$$

$$f'_+(x_0)=y'|_{x=x_0}=\lim_{\Delta x\to 0^+}\frac{\Delta y}{\Delta x}=\lim_{\Delta x\to 0^+}\frac{f(x_0+\Delta x)-f(x_0)}{\Delta x}=\lim_{x\to x_0^+}\frac{f(x)-f(x_0)}{x-x_0}.$$

可以证明,函数 $y=f(x)$ 在点 x_0 处可导的充分必要条件是函数 $y=f(x)$ 在点 x_0 处的左导数与右导数都存在且相等.

例6　试判定函数 $f(x)=\begin{cases}x^2 & (x\geqslant 0)\\ x & (x<0)\end{cases}$ 在点 $x=0$ 处是否可导.

解　因为

$$f'_+(0)=\lim_{\Delta x\to 0^+}\frac{\Delta y}{\Delta x}=\lim_{x\to 0^+}\frac{f(x)-f(0)}{x-0}=\lim_{x\to 0^+}\frac{x^2-0}{x}=0,$$

$$f'_-(0)=\lim_{\Delta x\to 0^-}\frac{\Delta y}{\Delta x}=\lim_{x\to 0^-}\frac{f(x)-f(0)}{x-0}=\lim_{x\to 0^+}\frac{x-0}{x}=1,$$

从而 $f'_+(0)\neq f'_-(0)$,所以,由函数 $y=f(x)$ 在点 x_0 处可导的充分必要条件知,函数 $f(x)$ 在点 $x=0$ 处不可导.

2.1.4　可导与连续的关系

由导数的定义,可以证明函数可导与连续的关系如下.

定理　如果函数 $y=f(x)$ 在点 x 处可导,则函数 $y=f(x)$ 在点 x 处必连续.反之,如果函数 $y=f(x)$ 在点 x 处连续,则函数 $y=f(x)$ 在点 x 处不一定可导.

例7　判定函数 $f(x)=|x|$ 在点 $x=0$ 处是否连续,且是否可导.

解　首先作出函数

$$f(x)=|x|=\begin{cases}x & (x>0)\\ 0 & (x=0)\\ -x & (x<0)\end{cases}$$

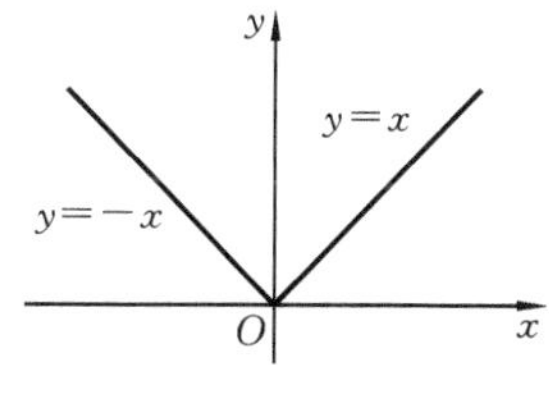

图 2-3

的图形(见图 2-3),可见函数在定义域 $(-\infty,+\infty)$ 内是连续的.但当 $x=0$ 时,因为 $f'_+(0)\neq f'_-(0)$,所以函数

$f(x)$ 在点 $x=0$ 处不可导. 因此,$f(x)$在点 $x=0$ 处连续但不可导.

练　习　2.1

1. 用导数的定义求函数 $y=x^2$ 在点 $x=2$ 处的导数.

2. 假设 $f'(x_0)$存在,按照导数的定义观察下列极限,指出 A 表示什么?

(1) $\lim\limits_{\Delta x\to 0}\dfrac{f(x_0-\Delta x)-f(x_0)}{\Delta x}=A$;　　(2) $\lim\limits_{\Delta x\to 0}\dfrac{f(x_0+\Delta x)-f(x_0-\Delta x)}{\Delta x}=A$;

(3) $\lim\limits_{\Delta x\to 0}\dfrac{f(x_0+2\Delta x)-f(x_0-3\Delta x)}{\Delta x}=A$.

3. 求曲线 $y=\ln x$ 在点(e,1)处的切线方程和法线方程.

4. 讨论函数 $f(x)=\begin{cases}1+x & (x>0)\\ 1-x & (x\leqslant 0)\end{cases}$ 在点 $x=0$ 处的连续性和可导性.

2.2　求导法则

2.1 节根据导数的定义求出了一些简单函数的导数,但是,有些实际问题比较复杂,表达这些实际问题的函数也就比较复杂,如下面的例子.

案例 1　电话线路安装.

电信公司估计住宅电话新线路的数量:某电信公司拥有的总电话线数量 L、拥有的客户数量 s 及每个客户拥有电话线数量 n 都是时间 t(单位:月)的函数,依次记为 $L=L(t)$,$s=s(t)$,$n=n(t)$,则 $L=s(t)n(t)$. 若一月初,令 $t=0$,公司有100 000个用户,平均每个用户拥有 1.2 条电话线路. 估计客户每月增长 1000,调查发现,平均每个用户想要在一月底再安装 0.01 条新线路. 试估计在一月份该公司将为用户安装新线路的数量.

案例 2　汽车配件的需求.

吉利汽配公司生产一种小型的汽车配件,假设市场上对此配件的商品需求量为 Q,销售的价格为 P,由多年的经营实践得知此配件的需求量 Q 与价格 P 之间的关系(经济学中称为需求函数)近似为

$$Q=\frac{10000}{(0.5P+1)^2}+\mathrm{e}^{-0.1P^2}.$$

如果该配件的价格按每年 5%的比例均匀增长,现在销售价格为 1.00 元/件,问此时需求量将如何变化?

对于上述两个案例中这样比较复杂的函数,根据定义来求它们的导数往往非常困难,因此,需要将求导运算公式化. 为此,本节将介绍一些求导的基本法则,借助这些法则,就能比较方便地解决上述两个案例中的问题,并且可以导出一些常见函数的求导公式.

2.2.1 导数的四则运算法则

若函数 $u=u(x)$，$v=v(x)$在点 x 处都可导，则它们的和、差、积、商(分母不为0)均在点 x 处可导，且有

(1) $$(u\pm v)'=u'\pm v';\qquad ①$$

(2) $$(uv)'=u'v+uv';\qquad ②$$

(3) $$(Cu)'=Cu'\quad (\text{其中 } C \text{ 为常数});\qquad ③$$

(4) $$\left(\frac{u}{v}\right)'=\frac{u'v-uv'}{v^2}.\qquad ④$$

其中，式①、式②可以推广到有限多个可导函数的情形.

例 1 求函数 $y=x^3+x^2-\dfrac{1}{x}$的导数.

解 $y'=(x^3)'+(x^2)'-\left(\dfrac{1}{x}\right)'=3x^2+2x+\dfrac{1}{x^2}.$

例 2 求函数 $y=(1-x^2)\ln x$ 的导数.

解 $y'=(1-x^2)'\ln x+(1-x^2)(\ln x)'=-2x\ln x+\dfrac{1}{x}-x.$

例 3 求 $y=\tan x$ 的导数.

解
$$y'=(\tan x)'=\left(\frac{\sin x}{\cos x}\right)'=\frac{(\sin x)'\cos x-\sin x(\cos x)'}{(\cos x)^2}$$
$$=\frac{\cos x\cos x+\sin x\sin x}{(\cos x)^2}=\sec^2 x,$$

即
$$(\tan x)'=\sec^2 x.$$

类似地，有$(\cot x)'=-\csc^2 x$，$(\sec x)'=\sec x\tan x$，$(\csc x)'=-\csc x\cot x$. 本例的结论又导出了四个基本导数公式.

例 4 设函数 $f(x)=\dfrac{x\sin x}{1+\cos x}$，求 $f'(x)$.

解
$$f'(x)=\frac{(x\sin x)'(1+\cos x)-x\sin x(1+\cos x)'}{(1+\cos x)^2}$$
$$=\frac{(\sin x+x\cos x)(1+\cos x)-x\sin x(-\sin x)}{(1+\cos x)^2}$$
$$=\frac{\sin x+x\cos x+\sin x\cos x+x\cos^2 x+x\sin^2 x}{(1+\cos x)^2}=\frac{x+\sin x}{1+\cos x}.$$

例 5 案例“电话线路安装”的解答.

解 由题意得 $s(0)=100000$，$n(0)=1.2$，$s'(0)\approx 1000$，$n'(0)\approx 0.01$，下面求 $L'(0)$. 根据乘积的求导法则，有
$$L'(t)=[s(t)n(t)]'=s'(t)n(t)+s(t)n'(t),$$

因此 $L'(0)=s'(0)n(0)+s(0)n'(t)\approx 1000\times 1.2+100000\times 0.01=2200.$

即该公司在一月份将要安装约2200条新线路.

2.2.2 复合函数的求导法则

定理 设函数 $y=f(u)$ 在点 u 处可导,函数 $u=\varphi(x)$ 在点 x 处可导,则复合函数 $y=f[\varphi(x)]$ 在点 x 处可导,且

$$\frac{\mathrm{d}y}{\mathrm{d}x}=\frac{\mathrm{d}y}{\mathrm{d}u}\cdot\frac{\mathrm{d}u}{\mathrm{d}x}\quad 或\quad y'_x=y'_u\cdot u'_x.$$

由此可知,复合函数的导数等于函数对中间变量的导数与中间变量对自变量的导数之积,因此,求复合函数的导数关键是弄清复合函数的复合过程,认清中间变量.

例6 求函数 $y=\ln(\sin2x)$ 的导数.

解 函数 $y=\ln(\sin2x)$ 由三个基本初等函数 $y=\ln u, u=\sin v, v=2x$ 复合而成,即有

$$y'_x=y'_u\cdot u'_v\cdot v'_x=(\ln u)'_u\cdot(\sin v)'_v\cdot(2x)'_x=\frac{1}{u}\cdot\cos v\cdot 2$$
$$=2\cdot\frac{1}{\sin2x}\cdot\cos2x=2\cot2x.$$

例7 求函数 $y=\ln\dfrac{\sqrt{1+x}}{1-x}$ 的导数.

解 $$y'=\left(\ln\frac{\sqrt{1+x}}{1-x}\right)'=\frac{1-x}{\sqrt{1+x}}\left(\frac{\sqrt{1+x}}{1-x}\right)'$$
$$=\frac{1-x}{\sqrt{1+x}}\cdot\frac{(\sqrt{1+x})'(1-x)-\sqrt{1+x}(1-x)'}{(1-x)^2}$$
$$=\frac{1-x}{\sqrt{1+x}}\cdot\frac{\frac{1}{2\sqrt{1+x}}(1-x)+\sqrt{1+x}}{(1-x)^2}=\frac{3+x}{2(1-x^2)}.$$

例8 案例"汽车配件的需求"的解答.

解 因为需求量 Q 随价格 P 的变化而变化,而价格 P 又随时间 t 的变化而变化,所以 Q 是时间 t 的复合函数.由题意可知,$\dfrac{\mathrm{d}P}{\mathrm{d}t}=0.05P\ (P=1.00)$.由复合函数的求导法则知,

$$\frac{\mathrm{d}Q}{\mathrm{d}t}=\frac{\mathrm{d}Q}{\mathrm{d}P}\cdot\frac{\mathrm{d}P}{\mathrm{d}t}=\left[\frac{10000}{(0.5P+1)^2}+\mathrm{e}^{-0.1P^2}\right]'\cdot0.05P$$
$$=\left[-\frac{10000}{(0.5P+1)^3}-0.2P\mathrm{e}^{-0.1P^2}\right]\cdot0.05P.$$

将 $P=1.00$ 代入得

$$\frac{\mathrm{d}Q}{\mathrm{d}t}=\left.\left\{\left[-\frac{10000}{(0.5P+1)^3}-0.2P\mathrm{e}^{-0.1P^2}\right]\cdot0.05P\right\}\right|_{P=1.00}$$

$$=\left[-\frac{10000}{(0.5+1)^3}-0.2\mathrm{e}^{-0.1}\right]\times 0.05\approx -148.2.$$

即该配件的商品需求量减少的速率约为 148.2 个单位.

练　习　2.2

1. 求下列函数的导数.

(1) $y=(2x+1)^{10}$；　(2) $y=\arctan(x^2-x)$；　(3) $y=\ln\ln\ln x$；

(4) $y=\mathrm{e}^{\sqrt{\sin 2x}}$；　(5) $y=\tan^2(\mathrm{e}^{2x})$；　(6) $y=\sin^3(5x^2)$；

(7) $y=\sqrt{1+x^2}$；　(8) $y=\sqrt{x+\sqrt{x+\sqrt{x}}}$；　(9) $y=\ln(\sec x+\tan x)$；

(10) $y=\sin[\cos(\tan x)]$；　(11) $y=x^2\sin\dfrac{1}{x}$；　(12) $y=\cot\sqrt{1+2^x}$.

2. 已知 $f(x)=\sin x-\dfrac{1}{3}\sin^3 x$，求 $f'\left(\dfrac{\pi}{3}\right)$.

3. 求下列函数的导数.

(1) $y=\sin 4x\cos 5x$；　(2) $y=\dfrac{x}{1+x}$；　(3) $y=\sin^4 x+\cos^4 x$.

2.3　导数的基本公式与高阶导数

前面介绍了常用的导数四则运算法则与复合函数的求导法则，本节再介绍反函数的求导法则、导数的基本公式与高阶导数.

2.3.1　反函数求导法则

定理 1　若函数 $y=f(x)$ 在点 x 处可导，且 $f'(x)\neq 0$，则其反函数 $x=\varphi(y)$ 在对应点 y 处可导，且 $\varphi'(y)=\dfrac{1}{f'(x)}$.

例 1　证明 $(\arcsin x)'=\dfrac{1}{\sqrt{1-x^2}}$.

证　因为 $y=\arcsin x$ 是 $x=\sin y$ 在区间 $[-\pi/2,\pi/2]$ 上的反函数，于是

$$(\arcsin x)'=\frac{1}{(\sin y)'}=\frac{1}{\cos y}=\frac{1}{\sqrt{1-(\sin y)^2}}=\frac{1}{\sqrt{1-x^2}}.$$

类似于例 1 的证明方法，还可以推出下面的结论：

(1) $(\arccos x)'=\dfrac{1}{(\cos y)'}=-\dfrac{1}{\sin y}=-\dfrac{1}{\sqrt{1-x^2}}$；

(2) $(\arctan x)'=\dfrac{1}{(\tan y)'}=\dfrac{1}{\sec^2 y}=\dfrac{1}{1+\tan^2 y}=\dfrac{1}{1+x^2}$；

(3) $(\operatorname{arccot} x)'=\dfrac{1}{(\cot y)'}=-\dfrac{1}{\csc^2 y}=-\dfrac{1}{1+\cot^2 y}=-\dfrac{1}{1+x^2}$；

(4) $(a^x)'=\frac{1}{(\log_a y)'}=\frac{1}{1/(y\ln a)}=y\ln a=a^x\ln a.$

特别地，当 $a=\mathrm{e}$ 时，有$(\mathrm{e}^x)'=\mathrm{e}^x$.

2.3.2 基本导数公式

至此，已经推导出了常数和基本初等函数的求导公式共 16 个. 有了这些基本导数公式及前述求导法则，求函数的导数就可以不使用定义而变得简单可行. 为了便于查阅这些基本导数公式，现归纳如下：

(1) $C'=0$ （C 为常数）；

(2) $(x^\mu)'=\mu x^{\mu-1}$ （μ 为实数）；

(3) $(a^x)'=a^x\ln a$ $(a>0,a\neq 1)$；

(4) $(\mathrm{e}^x)'=\mathrm{e}^x$；

(5) $(\log_a x)'=\frac{1}{x\ln a}$ $(a>0,a\neq 1)$；

(6) $(\ln x)'=\frac{1}{x}$；

(7) $(\sin x)'=\cos x$；

(8) $(\cos x)'=-\sin x$；

(9) $(\tan x)'=\sec^2 x$；

(10) $(\cot x)'=-\csc^2 x$；

(11) $(\sec x)'=\sec x\cdot\tan x$；

(12) $(\csc x)'=-\csc x\cdot\cot x$；

(13) $(\arcsin x)'=\frac{1}{\sqrt{1-x^2}}$；

(14) $(\arccos x)'=-\frac{1}{\sqrt{1-x^2}}$；

(15) $(\arctan x)'=\frac{1}{1+x^2}$；

(16) $(\operatorname{arccot} x)'=-\frac{1}{1+x^2}$.

2.3.3 高阶导数

定义 如果函数 $y=f(x)$的导数为 $y'=f'(x)$在点 x 处仍可导，则称导数 $y'=f'(x)$的导数为 $y=f(x)$的二阶导数，即 $y=f(x)$的导数的导数$\frac{\mathrm{d}}{\mathrm{d}x}\left(\frac{\mathrm{d}y}{\mathrm{d}x}\right)$，记为

$$y'',\ f''(x),\ \frac{\mathrm{d}^2y}{\mathrm{d}x^2}\ \text{或}\ \frac{\mathrm{d}^2f(x)}{\mathrm{d}x^2}.$$

类似地，二阶导数的导数称为三阶导数，依此类推，$n-1$ 阶导数的导数称为 n 阶导数($n>1,n\in\mathbf{N}$)，分别记为

$$y''',\ f'''(x),\ \frac{\mathrm{d}^3y}{\mathrm{d}x^3}\ \text{或}\ \frac{\mathrm{d}^3f(x)}{\mathrm{d}x^3};$$

$$y^{(n)},\ f^{(n)}(x),\ \frac{\mathrm{d}^ny}{\mathrm{d}x^n}\ \text{或}\ \frac{\mathrm{d}^nf(x)}{\mathrm{d}x^n}.$$

二阶及二阶以上的导数统称为高阶导数.

求高阶导数的运算只需要进行一连串通常的求导运算，不需要另外的方法，前面的基本导数公式和求导法则仍然适用.

例 2 已知 $y=4x^3+\mathrm{e}^{3x}$，求 y',y''及 y'''.

解 $y'=12x^2+3\mathrm{e}^{3x}$，$y''=24x+9\mathrm{e}^{3x}$，$y'''=24+27\mathrm{e}^{3x}$.

例 3 已知 $y=\ln(x+\sqrt{x^2+1})$，求 $y''(0)$.

解　$y'=\dfrac{(x+\sqrt{x^2+1})'}{x+\sqrt{x^2+1}}=\dfrac{1+2x/(2\sqrt{x^2+1})}{x+\sqrt{x^2+1}}=\dfrac{\sqrt{x^2+1}+x}{\sqrt{x^2+1}(x+\sqrt{x^2+1})}$

$=\dfrac{1}{\sqrt{x^2+1}}$,

$$y''=-\frac{1}{2}(x^2+1)^{-\frac{3}{2}}\cdot 2x=-x(x^2+1)^{-\frac{3}{2}},$$

则
$$y''(0)=0.$$

例4　求 $y=\sin x$ 的 n 阶导数 $y^{(n)}(n\in\mathbf{N})$.

解　$y'=\cos x=\sin\left(x+\dfrac{\pi}{2}\right)$,　$y''=-\sin x=\sin\left(x+2\cdot\dfrac{\pi}{2}\right)$,

$y'''=-\cos x=\sin\left(x+3\cdot\dfrac{\pi}{2}\right),\cdots,y^{(n)}=\sin\left(x+n\cdot\dfrac{\pi}{2}\right)$,

于是,得到
$$y^{(n)}=(\sin x)^{(n)}=\sin\left(x+\frac{n\pi}{2}\right).$$

案例　公路建设方案的选择.

某工程建设公司承包了一段公路的建设任务,建设周期至少要3年.如果这条公路的建设有两个可供选择的方案,设其利润为 L(单位:百万元),时间为 t(单位:年),这两种方案的数学模型分别是

$$\text{模型一}:L_1(t)=\frac{3t}{t+1};\quad \text{模型二}:L_2(t)=\frac{t^2}{t+1}+1.$$

那么对该公司而言,哪种方案的数学模型最优?

解　两种方案的数学模型已经给出,那么在对最优方案的模型进行选择时,首先考虑的是如何使该公司获利最大.

当 $t=1$ 时,因为 $L_1(1)=\dfrac{3\times1}{1+1}=\dfrac{3}{2}$,$L_2(1)=\dfrac{1^2}{1+1}+1=\dfrac{3}{2}$,即1年后两个模型的利润额是相等的.

当 $t=2$ 时,$L_1(2)=\dfrac{3\times2}{2+1}=2$,$L_2(2)=\dfrac{7}{3}$,这表明2年后选择第二个模型要优于第一个模型,那么是什么原因呢?下面再比较两个模型的利润增长率.

由
$$L_1'(t)=\left(\frac{3t}{t+1}\right)'=\frac{3}{(t+1)^2},\quad L_2'(t)=\left(\frac{t^2}{t+1}+1\right)'=\frac{t^2+2t}{(t+1)^2}$$

知,当 $t=1$ 时,有

$$L_1'(1)=\frac{3}{(1+1)^2}=\frac{3}{4},\quad L_2'(1)=\frac{1^2+2}{(1+1)^2}=\frac{3}{4}.$$

这说明1年后两个模型的利润增长率仍然相等.下面再来考虑2年后这两个模型的利润增长率是如何变化的(即利润增长率的变化率),即

$$L_1''(t)=\left(\frac{3t}{t+1}\right)''=\left(\frac{3}{(t+1)^2}\right)'=-\frac{6}{(1+t)^3}<0,$$

$$L''_2(t)=\left(\frac{t^2}{t+1}+1\right)''=\left(\frac{t^2+2t}{(t+1)^2}\right)'=\frac{2}{(1+t)^3}>0.$$

对于第一个模型,利润增长率的变化率是个负值,它的利润增长率在减速;而第二个模型利润增长率的变化率是个正值,它的利润增长率在加速.而且,两个模型从现在起 1 年后的利润及利润增长率是相等的,又考虑到建设周期是 3 年,所以该公司应选择第二个模型.

练 习 2.3

1. 求下列函数的二阶导数.

(1) $y=x^3\ln^2 x$;　(2) $y=\tan x$;　(3) $y=\ln\cos x$;

(4) $y=x^3-\ln x$;　(5) $y=xe^{2x}$;　(6) $y=\sin^3(5x^2)$;

(7) $y=x\cos x$;　(8) $y=e^{-x}\sin x$;　(9) $y=\ln(1+x^2)$.

2. 求下列函数的 n 阶导数.

(1) $y=xe^x$;　(2) $y=\dfrac{x-1}{x+1}$;　(3) $y=x\ln x$.

2.4 隐函数及由参数方程所确定函数的导数

在介绍了导数的基本公式、导数的四则运算法则、复合函数的求导法则、高阶导数之后,求 $y=f(x)$形式的初等函数的导数问题已经得到了解决.本节介绍隐函数和由参数方程所确定函数的导数的求法及对数求导法.

2.4.1 隐函数的导数

在前面所见到的函数,都是一个变量明显是另一个变量的函数,其函数都可以表示为 $y=f(x)$的形式,这种形式的函数称为显函数.但有时还会遇到函数关系不是用显函数表示的.例如,中心在原点的单位圆的方程

$$x^2+y^2=1.$$

又如,$4x-3y+1=0$,$xy-x+e^{xy}=0$,$xy+e^y=0$,等等,它们都表示 x,y 之间的函数关系.这种由某个方程 $F(x,y)=0$ 所确定的函数关系,称为隐函数.

任何显函数 $y=f(x)$都可以转化为隐函数形式

$$F(x,y)=y-f(x)=0.$$

反之则不一定.例如,方程 $4x-3y+1=0$ 可化为显函数 $y=\dfrac{4}{3}x+\dfrac{1}{3}$,而由方程 $xy-x+e^{xy}=0$ 所确定的 x,y 之间的隐函数关系就不能转化为显函数形式.

显函数的导数我们已经会求了,以下讨论隐函数的求导方法.

求隐函数 $F(x,y)=0$ 的导数,一般将方程两边同时对自变量 x 求导数,遇到 y

就把它看成 x 的函数，求导时作为中间变量，这样可以利用复合函数的求导法则求导，最后从所得的关系式中解出 y'_x，就得到了所求隐函数的导数.

例 1　求由单位圆 $x^2+y^2=1$ 所确定的隐函数的导数 y'_x.

解　将等式两边同时对 x 求导，得

$$(x^2)'_x+(y^2)'_x=(1)'_x,$$

于是有

$$2x+2yy'_x=0,\quad 即\quad y'_x=-\frac{x}{y}.$$

注意　隐函数的导数 y'_x 的表达式可能同时含有变量 x 和 y.

例 2　求由函数 $xy+e^y=0$ 所确定的隐函数的导数 y'_x.

解　将等式两边同时对 x 求导，得

$$(xy)'_x+(e^y)'_x=(0)'_x,$$

于是有

$$y+xy'_x+e^y y'_x=0,\quad 即\quad y'_x=-\frac{y}{x+e^y}.$$

例 3　求由函数 $xy-x+e^{xy}=0$ 所确定的隐函数的导数 y'_x.

解　将等式两边同时对 x 求导，得

$$(xy)'_x-(x)'_x+(e^{xy})'_x=(0)'_x,$$

于是有　$y+xy'_x-1+e^{xy}(y+xy'_x)=0$，　即　$y+xy'_x-1+ye^{xy}+xe^{xy}y'_x=0$，

解之得

$$y'_x=\frac{1-y-ye^{xy}}{x+xe^{xy}}.$$

在熟悉了隐函数的求导方法以后，为简便起见，可由 y'_x 直接写成 y'.

例 4　案例 2“船的速度是多少”的解答.

解　根据题意，l,s 是时间 t 的函数，h 是常量，且 l,h,s 三者如图 2-1 所示构成了直角三角形，由勾股定理得到它们的关系是

$$l^2=h^2+s^2.$$

再在两边同时对 t 求导，得到

$$2l\frac{dl}{dt}=2s\frac{ds}{dt},$$

而收绳速度为 $\frac{dl}{dt}=v_0$，船的速度为 $v=\frac{ds}{dt}$，这样就可以求出船的速度为 $v=\frac{lv_0}{s}$.

2.4.2　对数求导法

有了隐函数的求导方法，下面再介绍一种简便的求导法——对数求导法(或对数微分法)，它主要用于形如 $y=f(x)^{g(x)}$ 的幂指函数及函数表达式为多个复杂因子乘积、商、乘方、开方等形式的函数的求导运算，应用对数求导法可以大大简化运算过程.

例 5　求函数 $y=x^x$ 的导数.

解　在等式 $y=x^x$ 的两边取自然对数，得

$$\ln y = x\ln x,$$

将等式两边对 x 求导,得

$$\frac{1}{y}\cdot y' = \ln x + x\cdot\frac{1}{x},$$

于是有 $$y' = y(1+\ln x),$$

从而得到 $$y' = x^x(1+\ln x).$$

例 6 设函数 $y=(2x-3)\sqrt[5]{\dfrac{x+2}{x^2-2x-3}}$,求 y'.

解 等式两边取自然对数,得

$$\ln y = \ln(2x-3) + \frac{1}{5}[\ln(x+2) - \ln(x+1) - \ln(x-3)],$$

将等式两边对 x 求导,得

$$\frac{1}{y}\cdot y' = \frac{1}{2x-3}(2x-3)' + \frac{1}{5}\left[\frac{1}{x+2}(x+2)' - \frac{1}{x+1}(x+1)' - \frac{1}{x-3}(x-3)'\right],$$

于是有
$$\begin{aligned} y' &= y\left[\frac{2}{2x-3} + \frac{1}{5}\left(\frac{1}{x+2} - \frac{1}{x+1} - \frac{1}{x-3}\right)\right] \\ &= (2x-3)\sqrt[5]{\frac{x+2}{x^2-2x-3}}\left[\frac{2}{2x-3} + \frac{1}{5}\left(\frac{1}{x+2} - \frac{1}{x+1} - \frac{1}{x-3}\right)\right]. \end{aligned}$$

本例在使用对数求导法的过程中,假定函数式 $\ln(2x-3)$,$\ln(x+2)$,$\ln(x+1)$,$\ln(x-3)$,$\dfrac{1}{2x-3}$,$\dfrac{1}{x+2}$均有意义,而原式中的函数 y 的定义域并不能保证这些函数式都有意义.因此,原式中的函数 y 的定义域缩小后才能使用对数求导法.在使用对数求导法的过程中使得所有函数式都有意义的定义域,不妨称之为自然定义域,因此对数求导法是在自然定义域意义下实施的.

*2.4.3 由参数方程所确定的函数的导数

以上讨论了由显函数 $y=f(x)$或隐函数 $F(x,y)=0$ 给出的函数关系的导数问题.事实上,函数关系的表达还有参数方程的形式.

引例 1 炮弹水平飞行的时刻.

设炮弹的发射角为 α,发射的初速度为 v_0,由弹道曲线(见图 2-4)的方程,求出炮弹水平飞行的时刻(此时炮弹离地面最高).

由于弹道曲线的参数方程是

$$\begin{cases} x = v_0 t\cos\alpha, \\ y = v_0 t\sin\alpha - \dfrac{1}{2}gt^2, \end{cases}$$

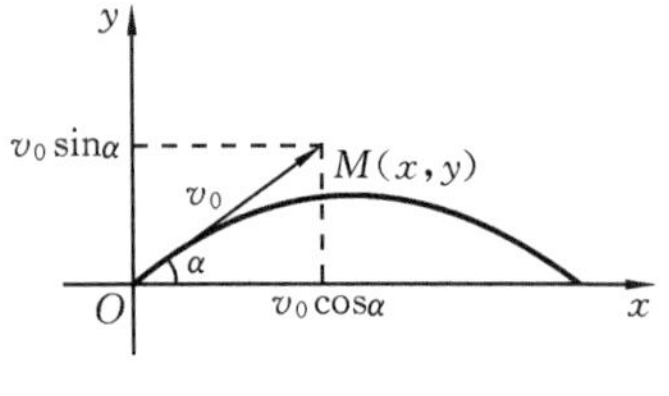

图 2-4

于是,求出炮弹水平飞行的时刻就是要求出满足 $\dfrac{\mathrm{d}y}{\mathrm{d}x}=0$ 的时刻 t_M,亦即要解决参数方程的求导问题.

引例 2　椭圆上一点的切线.

已知椭圆的参数方程是$\begin{cases}x=a\cos t,\\ y=b\sin t,\end{cases}$ $0\leqslant t\leqslant 2\pi$，$t$ 为参数，求椭圆在 $t=\frac{\pi}{4}$时的切线方程.

这个引例同样是要解决参数方程的求导问题.

一般地，若函数关系是由参数方程$\begin{cases}x=\phi(t),\\ y=\psi(t)\end{cases}$给出，下面介绍这类函数的求导方法.

设 $t=\phi^{-1}(x)$为 $x=\phi(t)$的反函数，并满足反函数求导法则，于是参数方程可分解为 $y=\psi(t)$，$t=\phi^{-1}(x)$的复合函数，利用反函数和复合函数的求导法则，于是得

$$\frac{\mathrm{d}y}{\mathrm{d}x}=\frac{\mathrm{d}y}{\mathrm{d}t}\cdot\frac{\mathrm{d}t}{\mathrm{d}x}=\psi'(t)\cdot\frac{1}{\phi'(t)}=\frac{\psi'(t)}{\phi'(t)}.$$

例 7　引例"炮弹水平飞行的时刻"的解答.

解　由参数方程的求导公式，得

$$\frac{\mathrm{d}y}{\mathrm{d}x}=\frac{v_0\sin\alpha-gt}{v_0\cos\alpha}=\tan\alpha-\frac{g}{v_0\cos\alpha}t.$$

当$\frac{\mathrm{d}y}{\mathrm{d}x}=0$ 时，$t_M=\frac{v_0\sin\alpha}{g}$，此时炮弹水平飞行.

例 8　已知椭圆的参数方程$\begin{cases}x=a\cos t,\\ y=b\sin t,\end{cases}$ $0\leqslant t\leqslant 2\pi$，$t$ 为参数，求椭圆在任意点处的切线斜率.

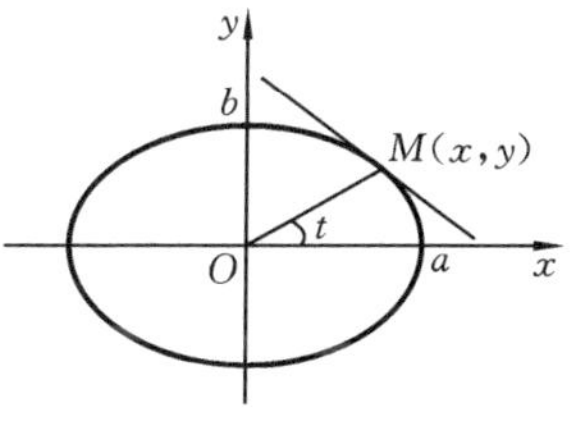

图 2-5

解　因为$\frac{\mathrm{d}x}{\mathrm{d}t}=-a\sin t$，　$\frac{\mathrm{d}y}{\mathrm{d}t}=b\cos t$，

所以椭圆在任意点处切线(见图 2-5)的斜率为

$$\frac{\mathrm{d}y}{\mathrm{d}x}=\frac{b\cos t}{-a\sin t}=-\frac{b}{a}\cot t.$$

特别当 $t=\frac{\pi}{4}$时，得$\frac{\mathrm{d}y}{\mathrm{d}x}=-\frac{b}{a}$.

练　习　2.4

1. 求下列隐函数的导数.

(1) $x+xy-y^2=0$；　(2) $y=\mathrm{e}^{x+y}$；　(3) $x\mathrm{e}^y+y=0$；

(4) $x^2+y+\ln(xy)=0$；　(5) $y=(x-1)^x$；　(6) $y=\frac{(x-1)^3(x+1)^2}{x-2}$；

(7) $y=\sqrt{\frac{(x-3)(x+1)}{x-1}}(x-2)^2$；　(8) $x-y=\arctan y$.

2. 求下列参数方程所确定的函数的一阶导数.

(1) $\begin{cases} x=1+t, \\ y=t+t^2; \end{cases}$ (2) $\begin{cases} x=t\sin t, \\ y=t\cos t; \end{cases}$ (3) $\begin{cases} x=te^t, \\ y=t^2e^t. \end{cases}$

3. 一个在圆锥形容器上顶直径为 8 m,深 8 m,以 4 m^3/min 的速率向其中注水.当水深为 5 m 时,水面上升的速率为多少?

2.5 微分中值定理与洛必达法则

在学习了导数的基本知识以后,从本节开始讨论导数的应用.首先介绍导数在研究函数方面十分有用的重要定理,以及它们在求极限方面的应用.

2.5.1 微分中值定理

大量的实际问题都可以用函数关系来表示,而微分中值定理搭起了运用导数知识去研究函数性态的一座桥梁,它是应用导数的局部性质去研究函数在某区间内的整体性质的重要工具.由于有了微分中值定理,可以运用导数知识去研究函数的单调性、极值、最大值和最小值、函数曲线的凹凸性及其拐点等各种性质.

拉格朗日中值定理是微分中值定理中最主要的一个,还有罗尔定理(也是拉格朗日中值定理的特例),以及作为推广的柯西中值定理,它们在微分学理论中占有十分重要的地位(又称为微分学基本定理).以下不加证明地给出拉格朗日中值定理及其几何意义.

定理 1(拉格朗日中值定理) 函数 $y=f(x)$满足下列条件:

(1) 在闭区间$[a,b]$上连续,

(2) 在开区间(a,b)内可导,

则至少存在一点 $\xi\in(a,b)$,使得

$$f'(\xi)=\frac{f(b)-f(a)}{b-a}.$$

如图 2-6 所示,曲线 $y=f(x)$在区间$[a,b]$上连续,A,B 是对应于 $x=a$ 和 $x=b$ 的两个端点,连接 A,B,得弦 AB 的斜率为

$$k_{AB}=\frac{f(b)-f(a)}{b-a}.$$

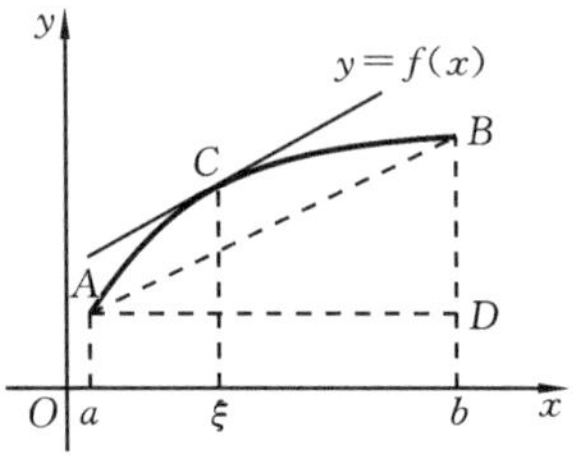

图 2-6

因此,拉格朗日中值定理的几何意义可表述如下:如果连续曲线 $y=f(x)$的弧线段$\overset{\frown}{AB}$上除端点外处处具有不垂直于 x 轴的切线,那么这段弧上至少存在一点 ξ,使曲线在该点的切线平行于弦 AB.

推论 如果函数 $f(x)$在开区间(a,b)内 $f'(x)\equiv0$,则 $f(x)\equiv C$,其中 C 为常数.

这个推论是常数的导数等于零的逆定理.

例 1 验证函数 $f(x)=\arctan x$ 在区间$[0,1]$上满足拉格朗日中值定理,并求 ξ 的值.

解　函数 $f(x)=\arctan x$ 在区间$[0,1]$上连续，在区间$(0,1)$内的导数为$f'(x)=\frac{1}{1+x^2}$. 根据拉格朗日中值定理，有

$$\frac{\arctan 1-\arctan 0}{1-0}=\frac{1}{1+\xi^2},$$

于是有 $1+\xi^2=\frac{4}{\pi}$，从而得

$$\xi=\pm\sqrt{\frac{4}{\pi}-1}.$$

又由于 $\xi=\sqrt{\frac{4}{\pi}-1}\in(0,1)$，因此，本例验证了拉格朗日中值定理是正确的.

2.5.2　洛必达法则

洛必达法则是在一定条件下通过分子、分母分别求导再求极限来确定未定式的值的方法. 若两个函数 $f(x)$，$g(x)$当 $x\to x_0$（或 $x\to\infty$）时都是无穷小量（或都是无穷大量），求它们比值的极限，此时极限 $\lim\limits_{\substack{x\to x_0\\(x\to\infty)}}\frac{f(x)}{g(x)}$可能存在，也可能不存在. 通常把这种极限称为$\frac{0}{0}$型（或$\frac{\infty}{\infty}$型）未定式.

例如，$\lim\limits_{x\to 0}\frac{\sin x}{x}$是$\frac{0}{0}$型未定式，$\lim\limits_{x\to+\infty}\frac{\ln x}{x}$是$\frac{\infty}{\infty}$型，它们的极限不能用通常的极限运算法则求得. 本节给出的洛必达法则能够比较有效地求出这些极限. 下面给出$\frac{0}{0}$型及$\frac{\infty}{\infty}$型未定式极限的洛必达法则（证明略）.

1. $\frac{0}{0}$型未定式极限的计算

定理 2（洛必达法则 1）　设函数 $f(x)$和函数 $g(x)$满足下列条件：

(1) $\lim\limits_{x\to x_0}f(x)=0$，$\lim\limits_{x\to x_0}g(x)=0$，

(2) $f(x)$和 $g(x)$在点 x_0 的某一去心邻域内可导，且 $g'(x)\neq 0$，

(3) $\lim\limits_{x\to x_0}\frac{f'(x)}{g'(x)}$存在（或为无穷大量），

则
$$\lim_{x\to x_0}\frac{f(x)}{g(x)}=\lim_{x\to x_0}\frac{f'(x)}{g'(x)}.$$

例 2　求下列极限.

(1) $\lim\limits_{x\to 0}\frac{e^x-1}{x^2-x}$；(2) $\lim\limits_{x\to\frac{\pi}{2}}\frac{1-\sin x}{\cos x}$；(3) $\lim\limits_{x\to 1}\frac{x^3-3x+2}{x^3-x^2-x+1}$；(4) $\lim\limits_{x\to+\infty}\frac{\pi/2-\arctan x}{1/x}$.

解　这四个极限都是$\frac{0}{0}$型未定式极限，由洛必达法则 1，得

(1) $\lim\limits_{x\to 0}\dfrac{e^x-1}{x^2-x}=\lim\limits_{x\to 0}\dfrac{e^x}{2x-1}=\dfrac{e^0}{2\times 0-1}=-1$;

(2) $\lim\limits_{x\to \frac{\pi}{2}}\dfrac{1-\sin x}{\cos x}=\lim\limits_{x\to \frac{\pi}{2}}\dfrac{-\cos x}{-\sin x}=\lim\limits_{x\to \frac{\pi}{2}}\cot x=0$;

(3) $\lim\limits_{x\to 1}\dfrac{x^3-3x+2}{x^3-x^2-x+1}=\lim\limits_{x\to 1}\dfrac{3x^2-3}{3x^2-2x-1}=\lim\limits_{x\to 1}\dfrac{6x}{6x-2}=\dfrac{3}{2}$;

(4) $\lim\limits_{x\to +\infty}\dfrac{\pi/2-\arctan x}{1/x}=\lim\limits_{x\to +\infty}\dfrac{-1/(1+x^2)}{-1/x^2}=\lim\limits_{x\to +\infty}\dfrac{x^2}{1+x^2}=1$.

2. $\dfrac{\infty}{\infty}$型未定式极限的计算

定理 3(洛必达法则 2)　设函数 $f(x)$和函数 $g(x)$满足下列条件:

(1) $\lim\limits_{x\to x_0}f(x)=\infty$,$\lim\limits_{x\to x_0}g(x)=\infty$,

(2) $f(x)$和 $g(x)$在点 x_0 的某一去心邻城内可导,且 $g'(x)\neq 0$,

(3) $\lim\limits_{x\to x_0}\dfrac{f'(x)}{g'(x)}$存在(或为无穷大),

则
$$\lim_{x\to x_0}\frac{f(x)}{g(x)}=\lim_{x\to x_0}\frac{f'(x)}{g'(x)}.$$

例 3　求下列极限.

(1) $\lim\limits_{x\to +\infty}\dfrac{\ln x}{\sqrt{x}}$;　　(2) $\lim\limits_{x\to \frac{\pi}{2}}\dfrac{\tan x-2}{\sec x+3}$.

解　上面两个极限都是$\dfrac{\infty}{\infty}$型未定式极限,由洛必达法则 2,得

(1) $\lim\limits_{x\to +\infty}\dfrac{\ln x}{\sqrt{x}}=\lim\limits_{x\to +\infty}\dfrac{1/x}{1/(2\sqrt{x})}=\lim\limits_{x\to +\infty}\dfrac{2}{\sqrt{x}}=0$;

(2) $\lim\limits_{x\to \frac{\pi}{2}}\dfrac{\tan x-2}{\sec x+3}=\lim\limits_{x\to \frac{\pi}{2}}\dfrac{\sec^2 x}{\sec x\cdot\tan x}=\lim\limits_{x\to \frac{\pi}{2}}\dfrac{\sec x}{\tan x}=\lim\limits_{x\to \frac{\pi}{2}}\dfrac{1}{\sin x}=1$.

练　习　2.5

1. 验证罗尔定理对函数 $f(x)=\sin x$ 在区间$[0,\pi]$上的正确性.

2. 证明恒等式:$\arcsin x+\arccos x=\dfrac{\pi}{2}$,$x\in[-1,1]$.

3. 求下列函数的极限.

(1) $\lim\limits_{x\to \pi}\dfrac{\sin(x-\pi)}{x-\pi}$;　(2) $\lim\limits_{x\to 0}\dfrac{\tan 2x}{\tan 3x}$;　(3) $\lim\limits_{x\to -1}\dfrac{x^3+1}{\sin(x+1)}$;

(4) $\lim\limits_{x\to 0}\dfrac{x-\sin x}{x^3}$;　(5) $\lim\limits_{x\to 1}(1-x)\tan\dfrac{\pi x}{2}$;　(6) $\lim\limits_{x\to +\infty}\dfrac{\ln(1+1/x)}{\operatorname{arccot} x}$;

(7) $\lim\limits_{x\to 1}\dfrac{x^m-1}{x^n-1}$($m,n$ 为正整数);　(8) $\lim\limits_{x\to +\infty}\dfrac{x}{e^x}$.

2.6　函数及曲线的特性

在函数关系已知时，利用导数知识，可为实践中遇到的有关数学问题提供解决办法. 本节应用导数研究函数的单调性、极值、函数曲线的凹凸性及其拐点等性质.

2.6.1　函数的单调性与极值

1. 函数的单调性

我们已经知道函数在区间上单调的概念，现在利用导数来研究函数的单调性. 首先，观察以下两个图形，如图 2-7、图 2-8 所示.

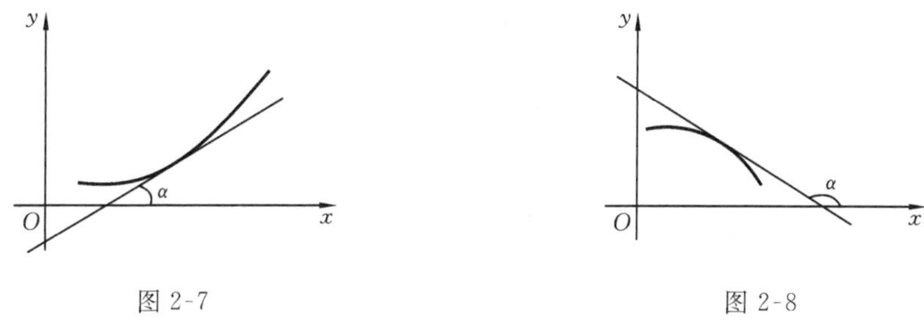

图 2-7　　　　图 2-8

由图 2-7 可以看出，如果函数 $y=f(x)$ 在区间上单调增加，那么它的图形是一条沿 x 轴正向上升的曲线，这时曲线上各点切线的倾斜角都是锐角，因此它们的斜率 $f'(x)>0$.

同样，由图 2-8 可以看出，如果函数 $y=f(x)$ 在区间上单调减少，那么它的图形是一条沿 x 轴正向下降的曲线，这时曲线上各点切线的倾斜角都是钝角，因此它们的斜率 $f'(x)<0$.

综上分析，可以得如下的定理.

定理 1　设函数 $y=f(x)$ 在区间 $[a,b]$ 上连续，在区间 (a,b) 内可导.

(1) 若在区间 (a,b) 内 $f'(x)>0$，则函数 $y=f(x)$ 在区间 $[a,b]$ 上单调增加；

(2) 若在区间 (a,b) 内 $f'(x)<0$，则函数 $y=f(x)$ 在区间 $[a,b]$ 上单调减少.

这个定理可以运用拉格朗日中值定理进行证明，证明留给读者自己完成.

使得导数 $f'(x)=0$ 的点称为函数 $y=f(x)$ 的**驻点**(或**稳定点**)，它是判断导数 $f'(x)>0$ 与 $f'(x)<0$ 的分界点.

引例 1　企业员工的工作效率.

对某企业员工的工作效率研究表明，一个班次(8 h)的中等水平员工早上8:00开始工作，在 t h 后，生产的效率为

$$Q(t)=-t^3+6t^2+15t,$$

试讨论该班次的生产效率.

解　工作效率由函数 $Q(t)=-t^3+6t^2+15t$ 决定，而工作效率的提高和下降分

别由函数的单调增加与减少来体现,变量 t 的范围是$[0,8]$.

函数 $Q(t)$ 的导数 $Q'(t)=-3t^2+12t+15=-3(t^2-4t-5)$,考虑到 $t\in[0,8]$,则当 $Q'(t)>0$ 时,$0<t<5$,此时间段工作效率是提高的;当 $Q'(t)<0$ 时,$5<t<8$,此时间段工作效率是降低的.

例 1　讨论函数 $f(x)=\dfrac{1}{3}x^3+\dfrac{1}{2}x^2-2x$ 的单调性.

解　(1) 求函数 $f(x)$ 的导数. $f'(x)=x^2+x-2=(x+2)(x-1)$.

(2) 求函数 $f(x)$ 的驻点. 令 $f'(x)=0$,得驻点 $x_1=-2,x_2=1$.

(3) 列表(见表 2-1)讨论如下.

表 2-1

x	$(-\infty,-2)$	-2	$(-2,1)$	1	$(1,+\infty)$
$f'(x)$	+	0	−	0	+
$f(x)$	↗		↘		↗

综上所述,当 $-\infty<x<-2$ 或 $1<x<+\infty$ 时,函数 $f(x)$ 是单调增加的;当 $-2<x<1$ 时,函数 $f(x)$ 是单调减少的,如图 2-9 所示.

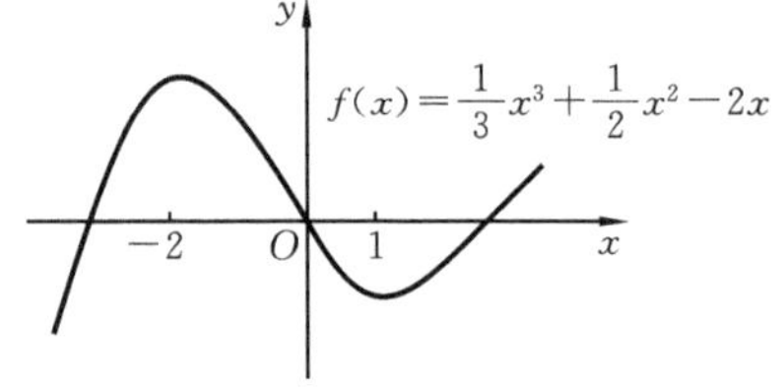

图 2-9

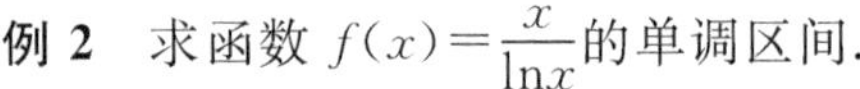

例 2　求函数 $f(x)=\dfrac{x}{\ln x}$ 的单调区间.

解　(1) 求函数 $f(x)$ 的导数.

$$f'(x)=\frac{-1+\ln x}{(\ln x)^2}.$$

(2) 求函数 $f(x)$ 的驻点. 令 $f'(x)=0$,得驻点 $x_1=\mathrm{e}$.

(3) 列表(见表 2-2)讨论如下.

表 2-2

x	$(0,1)$	1	$(1,\mathrm{e})$	e	$(\mathrm{e},+\infty)$
$f'(x)$	−		−	0	+
$f(x)$	↘	无定义	↘		↗

综上所述,函数 $f(x)$ 的单调增区间为$[\mathrm{e},+\infty)$,单调减区间为$(0,1)\cup(1,\mathrm{e}]$,如图 2-10 所示.

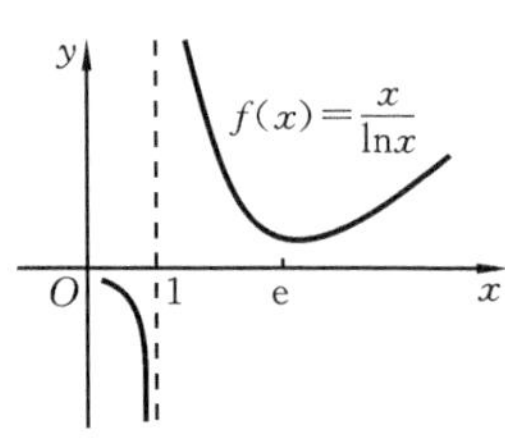

图 2-10

2. 函数的极值

函数的极值研究的是函数的局部性质.

从图 2-11 可以看出,函数 $y=f(x)$ 在点 x_2,x_5 处的函数值 y_2,y_5 比它们邻近各点的函数值都大;在点 x_1,x_4,x_6 处的函数值 y_1,y_4,y_6 比它们邻近各点的函数值都小,对于函数曲线具有这种性质的点 x_i 和对应的函数值 y_i,给出如下定义.

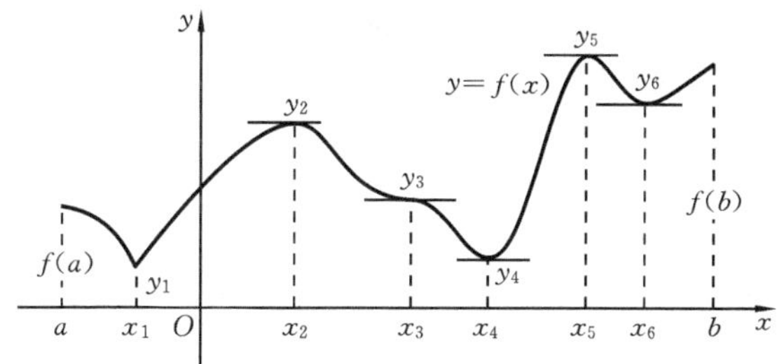

图 2-11

定义 1　设函数 $y=f(x)$在点 x_0 的某邻域内有定义，若对于点 x_0 邻域内不同于 x_0 的所有 x，均有 $f(x)<f(x_0)$，则称 $f(x_0)$是函数 $y=f(x)$的一个极大值，x_0 称为极大值点；若对于点 x_0 邻域内不同于 x_0 的所有 x，均有 $f(x)>f(x_0)$，则称 $f(x_0)$是函数 $y=f(x)$的一个极小值，x_0 称为极小值点.

函数的极大值与极小值统称为极值，极大值点和极小值点统称为极值点.

由图 2-11 可知，y_2，y_5 为函数的极大值，x_2，x_5 为极大值点；y_1，y_4，y_6 为极小值，x_1，x_4，x_6 为极小值点.

下面再来具体介绍极值的求法.

由图 2-11 可以看出，在函数取得极值处，曲线的切线是水平的，即在极值点处函数的导数为零，于是可得到下面的定理.

定理 2(函数极值的必要条件)　设函数 $y=f(x)$在点 x_0 处可导，且在点 x_0 处取得极值，则函数在点 x_0 处的导数为零，即 $f'(x_0)=0$.

如图 2-11 所示，函数的极值点必是它的驻点，但函数的驻点并不一定是它的极值点(如点 x_3)；此外，函数连续不可导的点也可能是极值点(如点 x_1 是极小值点).

下面给出判定哪些驻点是极值点的方法.

定理 3(极值的第一判别法)　设函数 $y=f(x)$在点 x_0 的邻域内可导且 $f'(x_0)=0$，则

(1) 如果当 x 取点 x_0 左侧邻近的值时，$f'(x_0)>0$，当 x 取点 x_0 右侧邻近的值时，$f'(x_0)<0$，则 x_0 为函数 $y=f(x)$的极大值点，$f(x_0)$为极大值；

(2) 如果当 x 取点 x_0 左侧邻近的值时，$f'(x_0)<0$，当 x 取点 x_0 右侧邻近的值时，$f'(x_0)>0$，则 x_0 为函数 $f(x)$的极小值点，$f(x_0)$为极小值；

(3) 如果当 x 取点 x_0 左、右两侧邻近的值时，$f'(x_0)$不改变符号，则函数 $f(x)$在点 x_0 处不取得极值.

根据定理 3，求可导函数的极值点和极值的步骤如下：

(1) 确定函数的定义域；

(2) 求函数的导数 $f'(x)$，并求出函数 $f(x)$的全部驻点及不可导点；

(3) 列表考察每个驻点左、右两侧 $f'(x)$的符号情况及不可导点的情况，然后根据定理 3 判定极值点和极值.

例 3 求函数 $y=2x^3-6x^2-18x+7$ 的极值.

解 (1) 函数 $f(x)$的定义域为$(-\infty,+\infty)$.

(2) 由 $y'=6x^2-12x-18=6(x+1)(x-3)=0$ 得驻点 $x_1=-1, x_2=3$.

(3) 列表(见表 2-3)讨论如下.

表 2-3

x	$(-\infty,-1)$	-1	$(-1,3)$	3	$(3,+\infty)$
y'	+	0	−	0	+
y	↗	极大值	↘	极小值	↗

综上所述,函数的极大值为 $y|_{x=-1}=17$,极小值为 $y|_{x=3}=-47$.

例 4 求函数 $f(x)=3x-x^3$ 的单调区间与极值.

解 (1) 函数 $f(x)$的定义域为$(-\infty,+\infty)$.

(2) 由 $f'(x)=3-3x^2=-3(x+1)(x-1)=0$ 得驻点 $x_1=-1, x_2=1$.

(3) 列表(见表 2-4)讨论如下.

表 2-4

x	$(-\infty,-1)$	-1	$(-1,1)$	1	$(1,+\infty)$
$f'(x)$	−	0	+	0	−
$f(x)$	↘	极小值	↗	极大值	↘

综上所述,函数 $f(x)$的单调增区间为$(-1,1)$,单调减区间为$(-\infty,-1)$和$(1,+\infty)$;函数的极大值为 $f(1)=2$,极小值为 $f(-1)=-2$.

例 5 求函数 $f(x)=(2x-5)\sqrt[3]{x^2}$的极值.

解 (1) 函数 $f(x)$的定义域为$(-\infty,+\infty)$.

(2) 由 $f'(x)=2\sqrt[3]{x^2}+(2x-5)\dfrac{2}{3\sqrt[3]{x}}=\dfrac{10(x-1)}{3\sqrt[3]{x}}=0$,则驻点为 $x_1=1$,此外还有不可导点 $x_2=0$.

(3) 列表(见表 2-5)讨论如下.

表 2-5

x	$(-\infty,0)$	0	$(0,1)$	1	$(1,+\infty)$
$f'(x)$	+	不存在	−	0	+
$f(x)$	↗	极大值	↘	极小值	↗

综上所述,函数的极大值为 $f(0)=0$,极小值为 $f(1)=-3$.

此例表明,当函数 $f(x)$在点 $x=x_0$ 处 $f'(x)$不存在时,$f(x_0)$仍然可能取得极值.事实上,函数在两端点处也可能取得极值.

定理4(极值的第二判别法)　设函数 $y=f(x)$ 在点 x_0 的邻域内具有二阶导数，且 $f'(x_0)=0, f''(x_0)\neq 0$，则

(1) 当 $f''(x_0)<0$ 时，函数 $f(x)$ 在点 x_0 处取得极大值；

(2) 当 $f''(x_0)>0$ 时，函数 $f(x)$ 在点 x_0 处取得极小值.

例6　求函数 $f(x)=e^x\cos x$ 在区间$[0,2\pi]$上的极值.

解　函数的一阶导数和二阶导数分别为

$$f'(x)=e^x(\cos x-\sin x),\quad f''(x)=-2e^x\sin x.$$

令 $f'(x)=0$，得驻点 $x_1=\dfrac{\pi}{4}$ 或 $x_2=\dfrac{5\pi}{4}$，此时有

$$f''\left(\frac{\pi}{4}\right)<0,\quad f''\left(\frac{5\pi}{4}\right)>0.$$

所以，函数的极大值为 $f\left(\dfrac{\pi}{4}\right)=\dfrac{1}{\sqrt{2}}e^{\pi/4}$，极小值为 $f\left(\dfrac{5\pi}{4}\right)=-\dfrac{1}{\sqrt{2}}e^{5\pi/4}$.

2.6.2　曲线的凹凸性与拐点

由导数 $f'(x)$ 的符号，可知函数 $f(x)$ 的单调性，但是单调增加(或减少)还有不同情况. 例如，函数 $y=x^3$ 与 $y=\sqrt{x}$(见图2-12)在区间$(0,+\infty)$内都是单调增加的，但是增加的方式却不同，曲线 $y=x^3$ 是上凹的，而曲线 $y=\sqrt{x}$是上凸的. 因此，对于单调增加(或减少)的情形，只有分清楚曲线的凹凸性之后，才能正确地描绘出函数的图形.

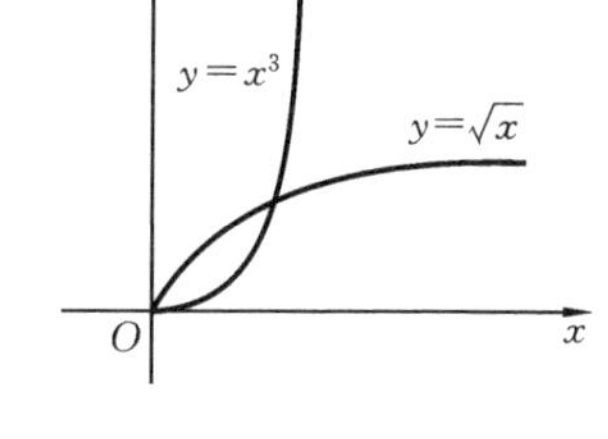

图2-12

定义2　设函数 $y=f(x)$ 在区间(a,b)内可导，如果曲线弧位于切线的上方，则称此曲线弧在区间(a,b)内是凹的(可参见图2-7)；如果曲线弧位于切线的下方，则称此曲线弧在区间(a,b)内是凸的(可参见图2-8). 改变曲线弧凹凸性的分界点称为拐点(见图2-11中的点(x_3,y_3)).

下面分别给出判别曲线弧的凹凸性及求拐点的方法.

定理5　设函数 $y=f(x)$ 在区间(a,b)内具有二阶导数，那么

(1) 若在区间(a,b)内，$f''(x)>0$，则曲线在区间(a,b)内是凹的；

(2) 若在区间(a,b)内，$f''(x)<0$，则曲线在区间(a,b)内是凸的.

定理6　设函数 $y=f(x)$ 在点 x_0 处连续，且在点 x_0 有二阶导数 $f''(x_0)=0$，当 x 在点 x_0 的左右两侧 $f''(x)$ 异号时，则点$(x_0,f(x_0))$是曲线的拐点.

引例2　股票曲线.

假设 $P(t)$ 代表在时刻 t 某公司的股票价格，请根据以下叙述判定 $P(t)$ 的一阶、二阶导数的正负号：

(1) 股票价格上升得越来越慢(见图2-13)；

(2) 股票价格接近最低点;

(3) 图 2-14 为某种股票某天的价格走势曲线,请说明该股票当天的走势.

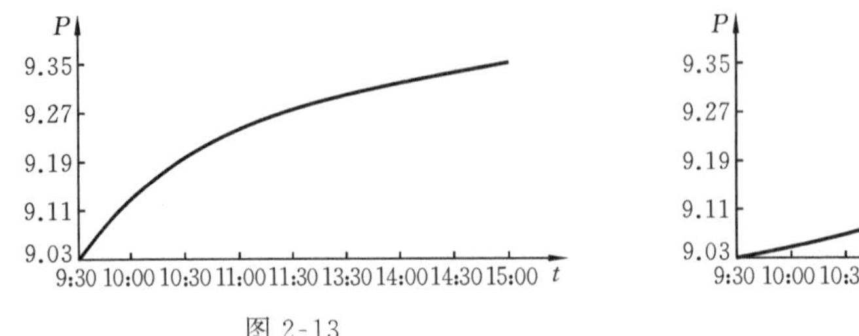

图 2-13　　　　图 2-14

分析　(1) 股票价格上升得越来越慢,一方面说明股票价格在上升,即$\frac{\mathrm{d}P}{\mathrm{d}t}>0$,另一方面说明上升的速度是单调减少的,即$\frac{\mathrm{d}^2P}{\mathrm{d}t^2}<0$.

(2) 股票价格接近最低点时,应满足$\frac{\mathrm{d}P}{\mathrm{d}t}=0$.

(3) 从股票的价格走势来看,此曲线是单调增加且为凹的,即$\frac{\mathrm{d}P}{\mathrm{d}t}>0$,且$\frac{\mathrm{d}^2P}{\mathrm{d}t^2}>0$.这说明该股票当日的价格上升得越来越快.

例 7　判断曲线 $y=x^4-2x^3$ 的凹凸性并求其拐点.

解　(1) 函数的一阶、二阶导数分别为

$$y'=4x^3-6x^2,\quad y''=12x^2-12x=12x(x-1).$$

(2) 令 $y''=0$,得 $x_1=0,x_2=1$.

(3) 列表(见表 2-6)讨论如下.

表 2-6

x	$(-\infty,0)$	0	$(0,1)$	1	$(1,+\infty)$
y''	+	0	−	0	+
y	凹	拐点	凸	拐点	凹

综上所述,曲线在区间$(-\infty,0)$和$(1,+\infty)$内是凹的,在区间$(0,1)$内是凸的;曲线的拐点是$(0,0)$和$(1,-1)$.

例 8　求曲线 $y=(x-2)^{\frac{5}{3}}$ 的凹凸区间和拐点.

解　(1) 函数的定义域为$(-\infty,+\infty)$,函数的一阶、二阶导数分别为

$$y'=\frac{5}{3}(x-2)^{\frac{2}{3}},\quad y''=\frac{10}{9}(x-2)^{-\frac{1}{3}}.$$

(2) 令 $y''=0$,无解;但是在点 $x=2$ 处,y''不存在.

(3) 列表(见表 2-7)讨论如下.

表 2-7

x	$(-\infty,2)$	2	$(2,+\infty)$
y''	$-$	不存在	$+$
y	凸	拐点	凹

综上所述，曲线的凸区间为$(-\infty,2)$，凹区间为$(2,+\infty)$，拐点为$(2,0)$.

此例表明，当函数 $f(x)$在点 $x=x_0$ 处 $f''(x)$不存在时，点$(x_0,f(x_0))$仍然可能为拐点.

练　习　2.6

1. 求下列函数的单调区间.

(1) $f(x)=x^2-2x+4$；　(2) $f(x)=\sqrt[3]{x^2}$；　(3) $f(x)=2x^2-\ln x$.

2. 证明不等式：$x>\ln(1+x)\ (x>0)$.

3. 求下列函数的极值.

(1) $f(x)=x^2-2x+3$；　(2) $f(x)=x-\ln x$；　(3) $f(x)=x+\sqrt{1-x}$.

4. 求下列函数的凹凸区间和拐点.

(1) $y=x+\dfrac{1}{x}$；　(2) $y=xe^{-x}$；　(3) $y=2x^3+3x^2+x+2$.

2.7　最大值与最小值问题

在工程技术、经济管理、工农业生产中，常常需要解决在一定条件下，怎样才能使产量最高、材料最省、成本最低、利润最大、耗时最少等问题. 这些问题在数学上可归结为求函数的最大值和最小值问题(统称为最优化问题). 与前述函数的极值是函数的局部性质不同的是，函数的最大值和最小值是函数在定义域内的整体性质.

2.7.1　函数的最大值与最小值

设函数 $f(x)$是闭区间$[a,b]$上的连续函数，由闭区间上连续函数的性质可知，函数 $f(x)$在闭区间$[a,b]$上一定存在最大值和最小值，统称为最值. 显然，函数的最值只能在区间(a,b)内的极值点和区间的端点处取得. 因此，求函数 $f(x)$在闭区间$[a,b]$上的最值步骤如下：

(1) 求出函数 $f(x)$在区间(a,b)内的一切驻点及不可导点；

(2) 计算函数 $f(x)$在这些点和端点处的函数值，并将这些值加以比较，其中最大的为最大值，最小的为最小值.

例 1　求函数 $f(x)=3x^4-4x^3-12x^2+1$ 在区间$[-3,3]$上的最大值和最小值.

解　函数的导数为 $f'(x)=12x^3-12x^2-24x$.

令 $f'(x)=0$,得到驻点 $x_1=-1, x_2=0$ 或 $x_3=2$.

由于 $f(-1)=-4, f(0)=1, f(2)=-31, f(-3)=244, f(3)=28$,比较上面函数值的大小,可以得到 $f(x)$ 在区间 $[-3,3]$ 上的最大值为 $f(-3)=244$,最小值为 $f(2)=-31$.

例 2 求函数 $f(x)=(x^2-1)^{1/3}+1$ 的最值.

解 函数的导数为 $f'(x)=\dfrac{2x}{3(x^2-1)^{2/3}}$.

令 $f'(x)=0$,得到驻点 $x=0$,根据极值的判别法可知,$x=0$ 是函数在整个定义域内唯一的极小值点.故函数的最小值为 $f(0)=0$,不存在最大值.

2.7.2 最大值与最小值的应用

例 3 案例 1"矩形断面横梁的抗弯强度"的解答.

解 如图 2-15 所示,b 和 h 的关系为 $h^2=d^2-b^2$,因此,横梁的抗弯强度为

$$W(b)=kbh^2=kb(d^2-b^2)\ (0<b<d),$$

其中 k 为比例系数.

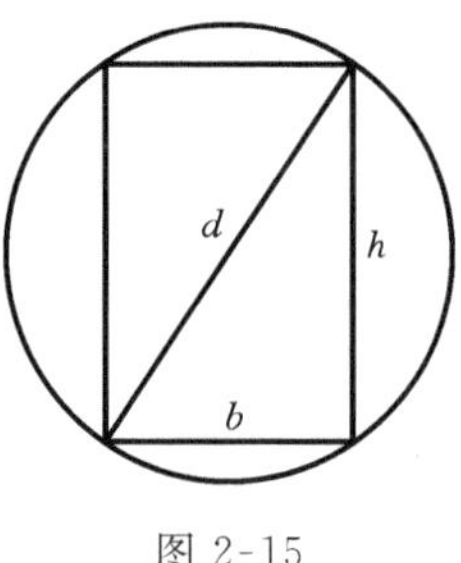

图 2-15

因为 $W'(b)=k(d^2-3b^2)$,令 $W'(b)=0$,得 $b=\dfrac{d}{\sqrt{3}}$. 由于在区间 $(0,d)$ 内,$W(b)$ 只有一个驻点 $b=\dfrac{d}{\sqrt{3}}$,所以直径为 d 的圆木锯成宽 $b=\dfrac{d}{\sqrt{3}}$、高 $h=\sqrt{\dfrac{2}{3}}d$ 的矩形截面时,横梁的抗弯强度最大.

例 4 铝罐制品厂的最优设计问题.

大学生李明毕业后到一家铝罐制品厂工作,他工作的主要内容是负责工厂的成本控制.该厂为国外一家软饮料厂制作 100 万个容积为 500 cm^3 的圆柱形铝罐,不考虑其他成本影响因素,单就材料使用方面,李明应怎样控制该车间的材料成本预算?

解 设铝罐的底半径为 r cm,高为 h cm,表面积为 A cm^2,如图 2-16 所示,则

$$A=\text{两底圆面积}+\text{侧面面积}=2\pi r^2+2\pi rh.$$

由于铝罐的体积为 500 cm^3,所以有

$$\pi r^2 h=500 \Rightarrow h=\frac{500}{\pi r^2}.$$

于是,表面积 A 与底半径 r 的函数关系为

$$A=2\pi r^2+\frac{1000}{r},\quad r\in(0,+\infty).$$

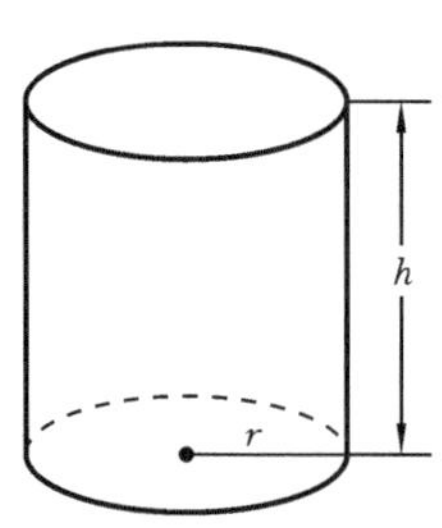

图 2-16

于是,该问题转化为如何求函数 $A=2\pi r^2+\dfrac{1000}{r}$, $r\in(0,+\infty)$

的最小值问题，由$\frac{\mathrm{d}A}{\mathrm{d}r}=4\pi r-\frac{1000}{r^2}=0$，得到驻点 $r=\sqrt[3]{\frac{250}{\pi}}\ \mathrm{cm}=4.30\ \mathrm{cm}$.

由于在定义域$(0,+\infty)$内，函数 $A(r)$处处可导，又由于

$$\left.\frac{\mathrm{d}^2A}{\mathrm{d}r^2}\right|_{r=4.30}=\left.\left(4\pi+\frac{2000}{r^3}\right)\right|_{r=4.30}>0,$$

则 $r=\sqrt[3]{\frac{250}{\pi}}\ \mathrm{cm}=4.30\ \mathrm{cm}$ 是极小值点．由于函数 $A(r)$在其定义域$(0,+\infty)$内只有一个极小值，故此极小值点就是最小值点．由上面 h 的关系式可知

$$h=\frac{500}{\pi r^2}=2\sqrt[3]{\frac{250}{\pi}}=8.60\ \mathrm{cm}.$$

因此，当铝罐底半径 $r=4.30\ \mathrm{cm}$，高 $h=8.60\ \mathrm{cm}$ 时，用料最省．

本案例实际上是一个几何应用问题．

例 5　最大利润问题．

某工厂生产某种产品 x(百个)的总成本函数为 $C(x)=2x^2+3$，该种产品的需求函数为 $x=\frac{20}{3}-\frac{1}{3}P$ (P 是产品的销售价格，单位为万元)．试求：

(1) 当生产该种产品多少时，其利润最大；

(2) 当利润最大时，该种产品的价格．

解　(1) 该种产品的总收益函数为 $R(x)=xP$，即 $R(x)=20x-3x^2$.

由于“利润＝总收益－总成本”，故利润函数为

$$L(x)=R(x)-C(x)=(20x-3x^2)-(2x^2+3)=-5x^2+20x-3,$$

又由 $L'(x)=-10x+20=0$ 得 $x=2$，且 $L''(x)=-10<0$.

而利润函数 $L(x)$在其定义域内只有一个极大值点，且此极大值点就是最大值点．即当生产该种产品 200 个时，利润最大，最大利润为 $L(2)=17$ 万元．

(2) 当利润最大时，产品的价格为 $P=20-3x=14$，即利润最大时，该种产品的价格为 14 万元．

利用导数求最值的有关知识，在经济决策和计量管理方面有着重要的应用．

练　习　2.7

1. 求下列函数在指定区间上的最大值和最小值．

(1) $f(x)=2x^3-6x^2-18x+4, x\in[-4,4]$；　(2) $f(x)=\frac{x}{1+x^2}, x\in[0,2]$；

(3) $f(x)=x+2\cos x, x\in\left[0,\frac{\pi}{2}\right]$.

2. 某车间靠墙壁要盖一间长方形小屋，现有砖只够砌 20 cm 长的墙壁，问应围成怎样的长方形才能使这间小屋的面积最大？

3. 铁路线上 AB 的距离为 100 km，工厂 C 距离 A 处为 20 km，AC 垂直于 AB(见图 2-17)，为

了运输上的需要，要在 AB 上选定一点 D 向工厂修筑一条公路. 已知铁路货运的费用与公路货运的费用的运价之比为 3∶5，为了使货物从供应车站 B 运到工厂 C 的总运费最省，问 D 应选在何处?

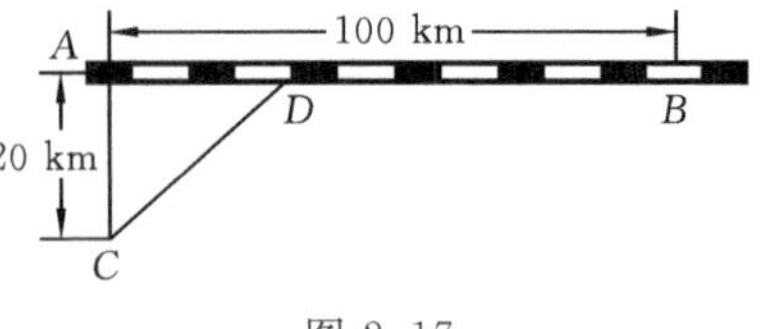

图 2-17

2.8 微分及其应用

函数的导数是表示函数在点 x_0 处的变化率，它描述了函数在点 x_0 处变化的快慢程度. 在许多实际问题中，还需要计算当自变量有微小的变化时函数的改变量. 然而，计算函数的改变量往往比较复杂，这就需要寻找求函数的改变量近似值的方法，使它既便于计算又能保证有一定的精确度. 这样就产生了微分的概念，微分就是联系着这样的应用发展起来的. 下面先讨论两个具体案例.

案例 1 如何预留铁路钢轨空隙?

设有一块边长为 x 的正方形金属钢轨，其边长随气温的变化而发生变化(热胀冷缩)，它的面积 $A=x^2$ 是 x 的函数. 当气温变化时，其边长由 x 变到 $x+\Delta x$，问此时钢轨的面积改变了多少?

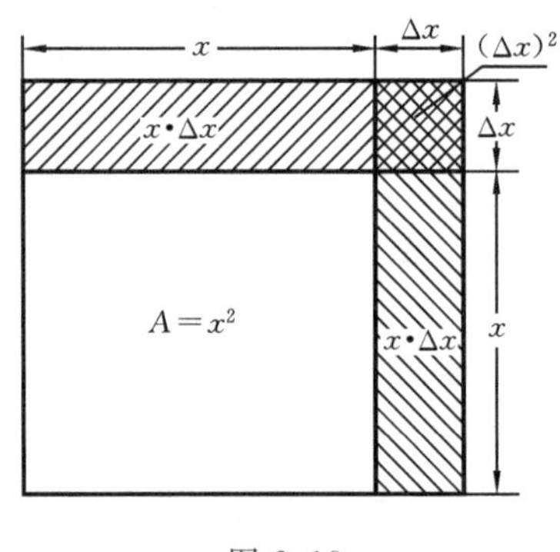

图 2-18

分析 根据函数增量的定义，由图 2-18 可知

$$\begin{aligned}\Delta A &= A(x+\Delta x)-A(x)=(x+\Delta x)^2-x^2\\&=2x\cdot\Delta x+(\Delta x)^2.\end{aligned}$$

由此可以看出，ΔA 可分成两部分：第一部分是 $2x\cdot\Delta x$，它是 Δx 的线性函数，即图中带有斜线阴影的两个矩形的面积；另一部分是 $(\Delta x)^2$，即图中带有交叉斜线阴影的小正方形的面积. 显然，ΔA 的主要部分是 $2x\cdot\Delta x$，次要部分是 $(\Delta x)^2$. 如果 $|\Delta x|$ 很小时，$(\Delta x)^2$ 将比 $2x\cdot\Delta x$ 要小得多，这样面积增量可以近似地用 $2x\cdot\Delta x$ 表示，即

$$\Delta A\approx 2x\cdot\Delta x.$$

由此式作为 ΔA 的近似值，略去的部分 $(\Delta x)^2$ 是比 Δx 高阶的无穷小量. 又因为 $A'(x)=2x$，所以有 $\Delta A\approx 2x\cdot\Delta x=A'(x)\cdot\Delta x$.

2.8.1 函数的微分

由上可知，函数的改变量的近似值可表示为函数的导数与自变量改变量的乘积，而产生的误差是一个比自变量的改变量高阶的无穷小量，这就是下面所要研究的微分.

1. 微分的定义

定义 1 设函数 $y=f(x)$ 在点 x 的某个邻域内有定义，则对于自变量 x 处的改变量 Δx，其相应的因变量的改变量 Δy 为

$$\Delta y=f(x+\Delta x)-f(x)=f'(x)\cdot\Delta x+o(\Delta x),$$

其中 $o(\Delta x)$是 Δx 的高阶无穷小量，则称 $f'(x)\cdot\Delta x$ 为函数 $y=f(x)$的微分，记为

$$\mathrm{d}y=f'(x)\cdot\Delta x.$$

对于函数 $y=f(x)$在某一点 x_0 处的微分，记为

$$\mathrm{d}y|_{x=x_0}=f'(x_0)\cdot\Delta x.$$

当$|\Delta x|$很小时，函数 $y=f(x)$在点 x_0 处的改变量近似等于函数 $y=f(x)$在点 x_0 处的微分，即 $\Delta y\approx\mathrm{d}y=f'(x_0)\cdot\Delta x$.

由微分的定义知，自变量 x 本身的微分是 $\mathrm{d}x=(x)'\cdot\Delta x=\Delta x$，所以上面的微分又可以写成

$$\mathrm{d}y=f'(x)\mathrm{d}x.$$

由此可以得到 $f'(x)=\dfrac{\mathrm{d}y}{\mathrm{d}x}$，即函数可微与可导是等价的. 因此，若要求函数的微分，其关键是要先求出函数的导数，再乘以自变量的微分即可.

可以证明，函数在点 x_0 处可微的充分必要条件是函数 $y=f(x)$在点 x_0 处可导，且 $\mathrm{d}y|_{x=x_0}=f'(x_0)\cdot\mathrm{d}x$.

2. 微分的几何意义

如图 2-19 所示，当自变量由 x_0 增加到 $x_0+\Delta x$ 时，对应曲线 $y=f(x)$的纵坐标的改变量为

$$\Delta y=f(x_0+\Delta x)-f(x_0)=|MQ|.$$

对应曲线 $y=f(x)$在点$(x_0,f(x_0))$处的切线的纵坐标的改变量为

$$\mathrm{d}y=f'(x_0)\cdot\Delta x=|MT|.$$

于是 Δy 与 $\mathrm{d}y$ 之差$|TQ|$随着 Δx 趋于零而趋于零，且为 Δx 的高阶无穷小量. 因此，微分的几何意义是：在点 x_0 的一个充分小的范围内，可用点 x_0 处的切线段的改变量近似代替在点 x_0 处曲线段的改变量.

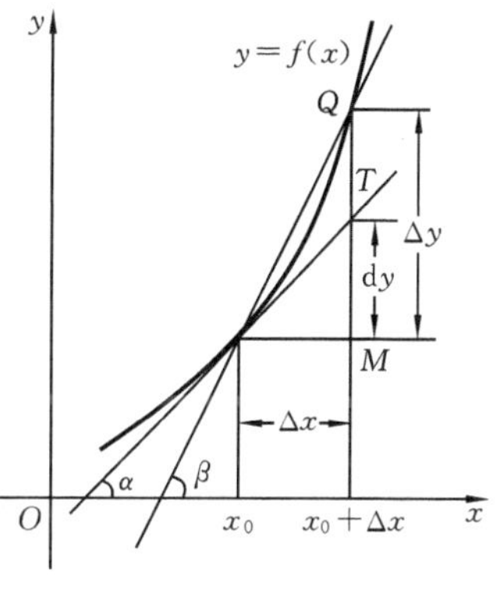

图 2-19

3. 微分的运算

由微分的定义 $\mathrm{d}y=f'(x)\mathrm{d}x$ 知，计算函数的微分实际上可归结为计算函数的导数. 由导数的基本公式和运算法则，可以立即推出微分的如下基本公式和运算法则.

1）微分基本公式

(1) $\mathrm{d}(C)=0$ (C 为常数)；　(2) $\mathrm{d}(x^\mu)=\mu x^{\mu-1}\mathrm{d}x$ ($\mu\in\mathbf{R}$)；

(3) $\mathrm{d}(a^x)=a^x\cdot\ln a\mathrm{d}x$ ($a>0,a\neq1$)；　(4) $\mathrm{d}(\mathrm{e}^x)=\mathrm{e}^x\mathrm{d}x$；

(5) $\mathrm{d}(\log_a x)=\dfrac{1}{x\cdot\ln a}\mathrm{d}x$ ($a>0,a\neq1$)；　(6) $\mathrm{d}(\ln x)=\dfrac{1}{x}\mathrm{d}x$；

(7) $\mathrm{d}(\sin x)=\cos x\mathrm{d}x$；　(8) $\mathrm{d}(\cos x)=-\sin x\mathrm{d}x$；

(9) $d(\tan x)=\sec^2 x dx$;

(10) $d(\cot x)=-\csc^2 x dx$;

(11) $d(\sec x)=\sec x\tan x dx$;

(12) $d(\csc x)=-\csc x\cot x dx$;

(13) $d(\arcsin x)=\frac{1}{\sqrt{1-x^2}}dx$;

(14) $d(\arccos x)=-\frac{1}{\sqrt{1-x^2}}dx$;

(15) $d(\arctan x)=\frac{1}{1+x^2}dx$;

(16) $d(\operatorname{arccot} x)=-\frac{1}{1+x^2}dx$.

2) 微分运算法则

(1) $d(u\pm v)=du\pm dv$;

(2) $d(uv)=vdu+udv$;

(3) $d\left(\frac{u}{v}\right)=\frac{vdu-udv}{v^2}$ $(v\neq 0)$.

例 1 求函数 $f(x)=x^2-3$,当 $x=1,\Delta x=0.1$ 时的增量 Δy 及微分 dy.

解 函数的增量为

$$\Delta y=f(x+\Delta x)-f(x)=f(1+0.1)-f(1)=1.1^2-1^2=0.21,$$

由微分的定义知

$$dy=f'(x)\cdot\Delta x=2x\cdot\Delta x.$$

将 $x=1,\Delta x=0.1$ 代入上式,得 $dy=2\times1\times0.1=0.2$.

注 dy 与 Δy 之差为 0.01,所以当 $|\Delta x|$ 很小时,可用 dy 近似表示 Δy.

4. 微分形式不变性

把复合函数 $y=f[\varphi(x)]$ 分解为 $y=f(u),u=\varphi(x)$. 如果 $u=\varphi(x)$ 可微,且在相应点处 $y=f(u)$ 也可微,则

$$dy=(f[\varphi(x)])'dx=f'(u)\varphi'(x)dx=f'(u)d\varphi(x)=f'(u)du,$$

即

$$dy=f'(u)du.$$

也就是说,无论 u 是自变量还是中间变量,$y=f(u)$ 的微分 dy 总可以写成 $dy=f'(u)du$ 的形式,这一性质称为微分形式的不变性. 通常利用这一性质求复合函数的微分,显得比较方便.

例 2 求函数 $y=\ln(\sin x)$ 的微分.

解 设 $u=\sin x$,则有

$$dy=d(\ln u)=\frac{1}{u}du=\frac{1}{\sin x}d(\sin x)=\frac{1}{\sin x}\cdot\cos x dx=\cot x dx.$$

例 3 求函数 $y=e^{3-2x}\cos x^2$ 的微分.

解 由微分的运算法则及微分形式不变性,得

$$\begin{aligned}dy&=d(e^{3-2x}\cos x^2)=\cos x^2 d(e^{3-2x})+e^{3-2x}d(\cos x^2)\\&=e^{3-2x}\cos x^2 d(3-2x)-e^{3-2x}\sin x^2 d(x^2)\\&=-2e^{3-2x}\cos x^2 dx-2xe^{3-2x}\sin x^2 dx\\&=-2e^{3-2x}(\cos x^2+x\sin x^2)dx.\end{aligned}$$

2.8.2 微分在近似计算中的应用

由微分的定义可知,若函数 $y=f(x)$ 在点 x_0 处可微,那么当 $|\Delta x|$ 很小时,有

$$\Delta y \approx \mathrm{d}y = f'(x)\cdot\Delta x,\quad 即\quad f(x_0+\Delta x)-f(x_0)\approx f'(x_0)\Delta x,$$

从而有

$$f(x_0+\Delta x)\approx f(x_0)+f'(x_0)\Delta x.$$

以上公式被广泛用于计算函数增量的近似值，即当自变量的增量$|\Delta x|$很小时，可用函数的微分来近似代替函数的改变量.

当$|x|$很小时，常用到下面的近似公式：

(1) $(1+x)^m\approx 1+mx$；　(2) $\sqrt[n]{a^n+x}\approx a\left(1+\dfrac{x}{na^n}\right)$；　(3) $\mathrm{e}^x\approx 1+x$；

(4) $\ln(1+x)\approx x$；　(5) $\sin x\approx x$ (x以弧度为单位)；

(6) $\tan x\approx x$ (x以弧度为单位).

例4　求下列的近似值：

(1) $\sqrt[3]{1.02}$；　(2) $\sqrt[3]{3377}$；　(3) $\mathrm{e}^{1.002}$.

解　(1) 设$f(x)=\sqrt[4]{x}$，$x=0.02$，$m=\dfrac{1}{4}$，根据近似公式$(1+x)^m\approx 1+mx$，得

$$\sqrt[4]{1.02}\approx 1+\frac{1}{4}\times 0.02=1.005.$$

(2) 因$\sqrt[3]{3377}=\sqrt[3]{3375+2}=\sqrt[3]{15^3+2}$，根据近似公式$\sqrt[n]{a^n+x}\approx a\left(1+\dfrac{x}{na^n}\right)$，而$\left|\dfrac{x}{na^n}\right|=\left|\dfrac{2}{3\times 15^3}\right|$很小，从而有

$$\sqrt[3]{3377}=\sqrt[3]{15^3+2}\approx 15\left(1+\frac{2}{3\times 15^3}\right)=15+0.00296=15.00296.$$

(3) 设$f(x)=\mathrm{e}^x$，$x=0.002$，根据近似公式$\mathrm{e}^x\approx 1+x$，得

$$\mathrm{e}^{1.002}=\mathrm{e}\cdot\mathrm{e}^{0.002}\approx\mathrm{e}(1+0.002)=2.71828\times 1.002\approx 2.72372.$$

例5　设有一电阻$R=25\ \Omega$，现在负载功率P从400 W变到401 W，求负载两端电压u的改变量.

解　由电学知识知，负载功率$P=\dfrac{u^2}{R}$，即$u=\sqrt{RP}$，故

$$\mathrm{d}u=(\sqrt{RP})'_P\,\mathrm{d}P=\frac{R}{2\sqrt{RP}}\mathrm{d}P,$$

所以，电压u的改变量为

$$\Delta u\approx\frac{25}{2\sqrt{25\times 400}}\times 1\ \mathrm{V}=0.125\ \mathrm{V}.$$

练　习　2.8

1. 求函数$y=\arctan\sqrt{x}$当$x=1$，$\Delta x=0.2$时的微分.

2. 求下列函数的微分.

(1) $f(x)=x\sin x$； (2) $f(x)=\dfrac{x}{1+x}$； (3) $f(x)=\cos x^2$； (4) $f(x)=\arctan\dfrac{1}{x}$.

3. 计算下列各数的近似值.

(1) $\sqrt[3]{126}$； (2) $\sin 59°$； (3) $\ln 1.002$.

4. 有一批半径为 1 cm 的球，为了降低球的表面粗糙度，要镀上一层厚度为 0.01 cm 的铜，已知铜的密度为 8.9 $\mathrm{g/cm^3}$，试估计一下每个球需用多少铜？

综合练习 2

一、选择题

1. 设函数 $f(x)$ 在点 x_0 处不连续，则(　　).

(A) $f'(x_0)$ 必存在　　(B) $f'(x_0)$ 必不存在

(C) $\lim\limits_{x\to x_0}f(x_0)$ 必存在　　(D) $\lim\limits_{x\to x_0}f(x_0)$ 必不存在

2. 设函数 $f(x)$ 是可导函数，且 $\lim\limits_{h\to 0}\dfrac{f(x_0+2h)-f(x_0)}{h}=1$，则 $f'(x_0)$ 为(　　).

(A) 3　　(B) 0　　(C) 2　　(D) $\dfrac{1}{2}$

3. $y=\sin^2 x$，则 $y''=$(　　).

(A) $2\sin x$　　(B) $\sin 2x$　　(C) $2\cos 2x$　　(D) $\cos 2x$

4. 下列函数中在点 $x=0$ 处的导数等于零的是(　　).

(A) $y=x(1-x)$　　(B) $y=2\sin x+\mathrm{e}^{-2x}$

(C) $y=\cos x-\arctan x$　　(D) $y=\ln(1+x)$

5. 下列函数中在点 $x=0$ 处可导的是(　　).

(A) $y=|x|$　　(B) $y=x^3$　　(C) $y=2\sqrt{x}$　　(D) $y=\begin{cases}x, & x\leqslant 0\\ x^2, & x>0\end{cases}$

6. 设 $f(x-1)=x(x-1)$，则 $f'(x)$ 为(　　).

(A) $2x+1$　　(B) $x(x+1)$　　(C) $x(x-1)$　　(D) $2x-1$

7. 若参数方程为 $\begin{cases}x=1+2t,\\ y=\ln(1+t^2),\end{cases}$ 则 $\left.\dfrac{\mathrm{d}y}{\mathrm{d}x}\right|_{t=1}$(　　).

(A) $\dfrac{1}{4}$　　(B) $\dfrac{1}{2}$　　(C) 2　　(D) 4

8. 直线 l 与 x 轴平行，且与曲线 $y=x-\mathrm{e}^x$ 相切，则切点的坐标是(　　).

(A) $(1,1)$　　(B) $(-1,1)$　　(C) $(0,-1)$　　(D) $(0,1)$

9. 设 $f(x)=x(x-1)(x-2)\cdots(x-99)(x-100)$，则 $f'(0)$ 等于(　　).

(A) -100　　(B) 0　　(C) 100　　(D) $100!$

10. 设 $a<0$，则当满足条件(　　)时，函数 $f(x)=ax^3+3ax^2+8$ 为增函数.

(A) $x<-2$　　(B) $-2<x<0$　　(C) $x>0$　　(D) $x<-2$ 或 $x>0$

二、计算题

1. 设曲线 $y=x^2+3x+1$ 上某点处的切线方程为 $y=mx$，试求 m 的值.

2. 求下列函数的一阶导数.

(1) $y=\sqrt{1+x^2}\cdot\sin\ln x$；　(2) $y=(\cot x)^{1/2}$；　(3) $y=x^{\cos x}$.

3. 设 $f(x)=2^x$，$g(x)=x^2$，求 $f'(g'(x))$.

4. 设 $\ln\sqrt{x^2+y^2}=\arctan\dfrac{y}{x}$，求 y'.

5. 已知函数的参数方程为 $\begin{cases}x=\cos t,\\ y=\sin t-t\cos t,\end{cases}$ 求 $\dfrac{\mathrm{d}y}{\mathrm{d}x}$.

6. 设 $f(2x+1)=\mathrm{e}^x$，求 $f'(\ln x)$.

7. 设函数 $f(x)=\dfrac{x}{1-\sin x}-\ln x$，求 $f'(\pi)$.

8. 设 $y=(1+x^2)\arctan x$，求 y''.

9. 设 $y=\ln(\cos\sqrt{x})$，求 $\mathrm{d}y$.

10. 求下列函数的极限.

(1) $\lim\limits_{x\to\infty}\left(\dfrac{x-1}{x+1}\right)^{\frac{x}{2}+4}$；　(2) $\lim\limits_{x\to 0}\dfrac{\ln(1-3x)}{\sin 2x}$；　(3) $\lim\limits_{x\to 1}\dfrac{x^3-1}{\sqrt{x-1}}$；

(4) $\lim\limits_{x\to 0}\dfrac{\sin 4x^2}{\sqrt{x^2+1}-1}$；　(5) $\lim\limits_{x\to\infty}x(\mathrm{e}^{\frac{1}{x}}-1)$；　(6) $\lim\limits_{x\to 0}\dfrac{x-\arctan x}{\ln(1+x^2)}$；

(7) $\lim\limits_{x\to+\infty}\dfrac{\ln(1+1/x)}{\mathrm{arccot}\,x}$；　(8) $\lim\limits_{x\to\pi}(x-\pi)\tan\dfrac{x}{2}$；　(9) $\lim\limits_{x\to 0}\left(\dfrac{1}{x}-\dfrac{1}{\mathrm{e}^x-1}\right)$；

(10) $\lim\limits_{x\to\infty}\dfrac{x-\sin x}{x+\sin x}$；　(11) $\lim\limits_{x\to 1}\dfrac{x^3-3x+2}{x^3-x^2-x+1}$；　(12) $\lim\limits_{x\to+\infty}\dfrac{\mathrm{arccot}\,x}{\mathrm{e}^{-x}}$.

11. 求函数 $y=\mathrm{e}^{2x-x^2}$ 的单调区间、极值、曲线的凹凸区间及拐点.

12. 求函数 $y=x\mathrm{e}^{-x}$ 在区间$[0,2]$上的最大值和最小值.

第 3 章　不定积分及其应用

一元函数的积分学包括两部分内容：不定积分与定积分（定积分将在第 4 章介绍）. 定积分的计算依赖于被积函数的原函数，而原函数的个数是不唯一的，如何表示被积函数的所有原函数就是研究不定积分的意义所在. 本章主要介绍不定积分的基本概念、性质、求不定积分的两种基本方法及微分方程的基本知识.

案例 1　曳物线.

汽车后挂一长为 a 的钢索拖带重物，开始时汽车位于坐标原点（见图 3-1），重物在点 $A(0,a)$ 处，若汽车沿 x 轴正向移动，求重物运动轨迹的方程.

案例 2　水流出半球形容器底部小孔的速度.

有一半径为 1 m 的半球形容器，里面盛满了水，水从容器底部的小孔流出. 已知小孔截面积 $A=1\ \text{cm}^3$，由水力学知，当水面高度为 h cm 时，水从容器底部的小孔流出的速度为 $0.62A\sqrt{2gh}\ \text{cm}^3/\text{s}$（见图 3-2），求水面高度 h 与时间 t 的函数关系.

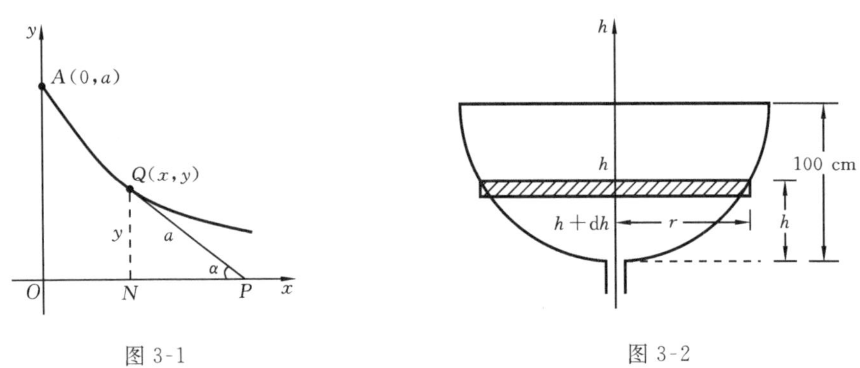

图 3-1　　　　图 3-2

案例 3　旋转容器内的液面形状问题.

研究盛有某种液体的圆筒形容器绕铅直中心轴以匀角速度 ω 旋转时，其液面的形状问题（见图 3-3）.

案例 4　求该 RL 电路中的电流问题.

在 RL 电路中，电源电动势 $E=E_0\sin\omega t$（E_0，ω 为常数），已知电阻 R 及电感 L，当 $t=0$ 时合上电键 S（见图 3-4），求该 RL 电路中的电流 $i(t)$.

解决以上案例所提出的问题，需要用到不定积分及微分方程的知识，下面先介绍不定积分的概念与性质.

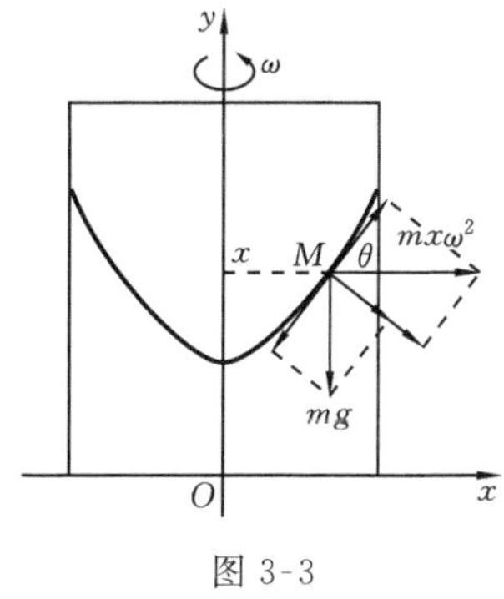

图 3-3

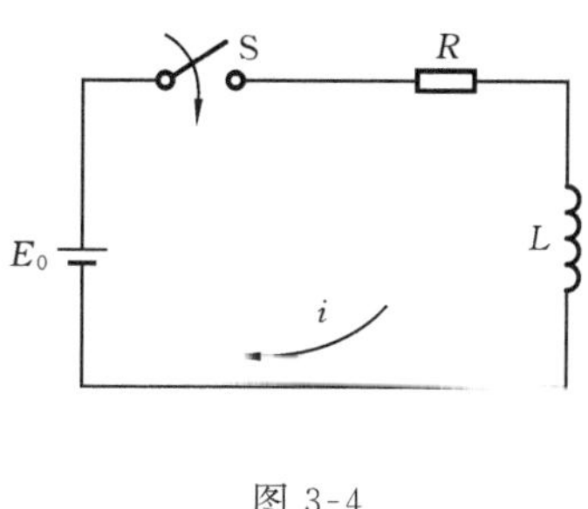

图 3-4

3.1 不定积分的概念和性质

3.1.1 不定积分的概念

定义 1 如果在区间 I 上,可导函数 $F(x)$的导函数为 $f(x)$, 即当 $x\in I$ 时,

$$F'(x)=f(x) \quad 或 \quad d(F(x))=f(x)dx,$$

则称 $F(x)$为 $f(x)$在区间 I 上的原函数.

例如,在区间$(-\infty,+\infty)$内,$(x^2)'=2x$,故 x^2 是 $2x$ 在 $\mathbf{R}$ 上的一个原函数;在区间$(-\infty,+\infty)$内,$(\sin x)'=\cos x$,故 $\sin x$ 是 $\cos x$ 在区间$(-\infty,+\infty)$内的一个原函数;等等.

可以证明,原函数存在的一个充分条件是:连续函数一定有原函数. 而初等函数在其定义区间内连续,所以初等函数在其定义区间内一定有原函数.

定理 1 如果 $F(x)$是 $f(x)$在 I 上的一个原函数,即当 $x\in I$ 时,$F'(x)=f(x)$,则对于任意常数 C,函数 $F(x)+C$ 也是 $f(x)$的原函数.

事实上,对于任意常数 C,显然有$[F(x)+C]'=f(x)$.

这表明,如果 $f(x)$有一个原函数,那么 $f(x)$就有无限多个原函数.

定理 2 在区间 I 上,如果 $F(x)$,$G(x)$都是 $f(x)$的原函数,那么,

$$F(x)-G(x)=C \quad (C 是任意常数).$$

定义 2 若 $F(x)$是 $f(x)$在区间 I 上的一个原函数,则函数 $f(x)$的一切原函数称为 $f(x)$在区间 I 上的不定积分,记为

$$\int f(x)dx, \quad 即 \quad \int f(x)dx = F(x)+C,$$

其中,记号"$\int$"称为积分号,x 称为积分变量,$f(x)$ 称为被积函数,$f(x)dx$ 称为被积表达式,C 称为积分常数.

由定理 2 知,求一个函数 $f(x)$ 的不定积分,实际上关键是要求出它的一个原函数 $F(x)$,然后再加上一个任意常数 C.

3.1.2 不定积分的性质

由不定积分的定义,可得如下性质.

性质 1 $\left[\int f(x)\mathrm{d}x\right]' = f(x)$ 或 $\mathrm{d}\left[\int f(x)\mathrm{d}x\right] = f(x)\mathrm{d}x$.

性质 2 $\int F'(x)\mathrm{d}x = F(x) + C$ 或 $\int \mathrm{d}F(x) = F(x) + C$.

性质 3 $\int [f(x) \pm g(x)]\mathrm{d}x = \int f(x)\mathrm{d}x \pm \int g(x)\mathrm{d}x$.

这个性质可推广到有限个函数的代数和的情形.

性质 4 $\int kf(x)\mathrm{d}x = k\int f(x)\mathrm{d}x$ (其中 k 是常数,且 $k \neq 0$).

例 1 求:(1) $\int x^2\mathrm{d}x$; (2) $\int \frac{1}{x}\mathrm{d}x$.

解 (1) 因为$\left(\frac{1}{3}x^3\right)' = x^2$,所以$\frac{1}{3}x^3$ 是 x^2 的一个原函数,得$\int x^2\mathrm{d}x = \frac{1}{3}x^3 + C$.

(2) 当 $x > 0$ 时,因为$(\ln x)' = \frac{1}{x}$, 所以 $\ln x$ 是$\frac{1}{x}$ 在区间$(0, +\infty)$ 内的一个原函数,即在区间$(0, +\infty)$ 内,$\int \frac{1}{x}\mathrm{d}x = \ln x + C$.

当 $x < 0$ 时,因为$[\ln(-x)]' = \left(-\frac{1}{x}\right)\cdot(-1) = \frac{1}{x}$, 所以在区间$(-\infty, 0)$ 内,$\ln(-x)$ 是$\frac{1}{x}$ 的一个原函数,故有$\int \frac{1}{x}\mathrm{d}x = \ln(-x) + C$.

综上所述,得
$$\int \frac{1}{x}\mathrm{d}x = \ln|x| + C.$$

例 2 求:(1) $\int a^x\mathrm{d}x$; (2) $\int \cos x\mathrm{d}x$; (3) $\int \frac{x^4}{1+x^2}\mathrm{d}x$.

解 (1) 因为$\left(\frac{1}{\ln a}a^x\right)' = a^x$,所以$\frac{1}{\ln a}a^x$ 是 a^x 的一个原函数,故有
$$\int a^x\mathrm{d}x = \frac{1}{\ln a}a^x + C.$$

特别地,当 $a = \mathrm{e}$ 时,有
$$\int \mathrm{e}^x\mathrm{d}x = \mathrm{e}^x + C.$$

(2) 因为$(\sin x)' = \cos x$,所以 $\sin x$ 是 $\cos x$ 的一个原函数,因此有
$$\int \cos x\mathrm{d}x = \sin x + C.$$

(3)
$$\begin{aligned}\int \frac{x^4}{1+x^2}\mathrm{d}x &= \int \frac{x^4-1+1}{1+x^2}\mathrm{d}x = \int \frac{(x^2+1)(x^2-1)+1}{1+x^2}\mathrm{d}x \\ &= \int \left(x^2 - 1 + \frac{1}{1+x^2}\right)\mathrm{d}x = \int x^2\mathrm{d}x - \int \mathrm{d}x + \int \frac{1}{1+x^2}\mathrm{d}x \\ &= \frac{1}{3}x^3 - x + \arctan x + C.\end{aligned}$$

3.1.3 基本积分公式

根据积分法和微分法的互逆关系，可以从基本导数公式得到相应的基本积分公式.

(1) $\int 0\mathrm{d}x = C$；

(2) $\int x^n\mathrm{d}x = \frac{1}{n+1}x^{n+1} + C\ (n \neq -1)$；

(3) $\int \frac{1}{x}\mathrm{d}x = \ln|x| + C$；

(4) $\int a^x\mathrm{d}x = \frac{1}{\ln a}a^x + C\quad (a > 0 \text{ 且 } a \neq 1)$；

(5) $\int \mathrm{e}^x\mathrm{d}x = \mathrm{e}^x + C$；

(6) $\int \cos x\mathrm{d}x = \sin x + C$；

(7) $\int \sin x\mathrm{d}x = -\cos x + C$；

(8) $\int \sec^2 x\mathrm{d}x = \tan x + C$；

(9) $\int \csc^2 x\mathrm{d}x = -\cot x + C$；

(10) $\int \tan x\sec x\mathrm{d}x = \sec x + C$；

(11) $\int \cot x\csc x\mathrm{d}x = -\csc x + C$；

(12) $\int \frac{1}{1+x^2}\mathrm{d}x = \arctan x + C$；

(13) $\int \frac{1}{\sqrt{1-x^2}}\mathrm{d}x = \arcsin x + C$；

(14) $\int \sinh x\mathrm{d}x = \cosh x + C$；

(15) $\int \cosh x\mathrm{d}x = \sinh x + C$.

这些公式可通过对等式右端的函数求导后等于左端的被积函数来直接验证.

例 3 求：(1) $\int \sin^2\frac{x}{2}\mathrm{d}x$；　(2) $\int (10^x + \cot^2 x)\mathrm{d}x$；

(3) $\int \frac{1}{\sin^2 x\cos^2 x}\mathrm{d}x$；　(4) $\int \frac{(x-\sqrt{x})(1+\sqrt{x})}{\sqrt[3]{x}}\mathrm{d}x$.

解 (1) $\int \sin^2\frac{x}{2}\mathrm{d}x = \int \frac{1-\cos x}{2}\mathrm{d}x = \frac{1}{2}\int (1-\cos x)\mathrm{d}x$

$$= \frac{1}{2}\left(\int \mathrm{d}x - \int \cos x\mathrm{d}x\right) = \frac{1}{2}(x - \sin x) + C.$$

(2) $\int (10^x + \cot^2 x)\mathrm{d}x = \int 10^x\mathrm{d}x + \int \cot^2 x\mathrm{d}x = \int 10^x\mathrm{d}x + \int (\csc^2 x - 1)\mathrm{d}x$

$$= \int 10^x\mathrm{d}x + \int \csc^2 x\mathrm{d}x - \int \mathrm{d}x = \frac{10^x}{\ln 10} - \cot x - x + C.$$

(3) $\int \frac{1}{\sin^2 x\cos^2 x}\mathrm{d}x = \int \frac{\sin^2 x + \cos^2 x}{\sin^2 x\cos^2 x}\mathrm{d}x = \int \frac{1}{\cos^2 x}\mathrm{d}x + \int \frac{1}{\sin^2 x}\mathrm{d}x.$

$$= \tan x - \cot x + C.$$

(4) $\int \frac{(x-\sqrt{x})(1+\sqrt{x})}{\sqrt[3]{x}}\mathrm{d}x = \int \frac{x\sqrt{x} - \sqrt{x}}{\sqrt[3]{x}}\mathrm{d}x = \int x^{7/6}\mathrm{d}x - \int x^{1/6}\mathrm{d}x$

$$= \frac{6}{13}x^{13/6} - \frac{6}{7}x^{7/6} + C.$$

练　习　3.1

1. 求下列不定积分.

(1) $\int \frac{1}{x^2}\mathrm{d}x$；　　(2) $\int \sin x\mathrm{d}x$；　　(3) $\int \mathrm{e}^x\mathrm{d}x$；

(4) $\int \frac{1}{1+x^2}\mathrm{d}x$；　　(5) $\int (x^2+1)^2\mathrm{d}x$；　　(6) $\int \frac{x^2}{1+x^2}\mathrm{d}x$；

(7) $\int 3^{-x}(2\cdot 3^x - 3\cdot 2^x)\mathrm{d}x$；　　(8) $\int \sec x(\sec x - \tan x)\mathrm{d}x$.

2. 一物体由静止开始作直线运动，经 t s 后的速度为 $3t^2$ m/s，问：

(1) 经 3 s 后，物体离开出发点的距离是多少？

(2) 物体与出发点的距离为 360 m 时，经过了多少时间？

3. 证明：函数 $\arcsin(2x-1)$，$\arccos(1-2x)$，$2\arcsin\sqrt{x}$ 都是 $\frac{1}{\sqrt{x(1-x)}}$ 的原函数.

3.2　换元积分法

利用基本积分公式和不定积分的性质能够求出不定积分的函数是非常有限的，因此有必要进一步研究不定积分的求法. 把复合函数的微分法反过来用于求不定积分，利用中间变量的代换，得到复合函数的积分法. 称为换元积分法，简称换元法. 换元法通常有两类，即第一类换元法和第二类换元法.

3.2.1　第一类换元法

定理 1　设 $f(u)$ 具有原函数，即 $\int f(u)\mathrm{d}u = F(u)+C$，又 $u=\varphi(x)$ 可导，则有换元公式

$$\int f[\varphi(x)]\varphi'(x)\mathrm{d}x = \int f(u)\mathrm{d}u = F[\varphi(x)]+C.$$

例 1　求：(1) $\int 3\cos 3x\mathrm{d}x$；　(2) $\int 2x\mathrm{e}^{x^2}\mathrm{d}x$；　(3) $\int \tan x\mathrm{d}x$.

解　(1) 在被积函数中，$\cos 3x$ 是一个复合函数，令 $u=3x$，$\cos 3x=\cos u$，作变换得

$$\int 3\cos 3x\mathrm{d}x = \int \cos 3x(3x)'\mathrm{d}x = \int \cos 3x\mathrm{d}(3x) = \int \cos u\mathrm{d}u$$
$$= \sin u + C = \sin 3x + C.$$

(2) 因为 $(x^2)'=2x$，令 $u=x^2$，于是有

$$\int 2x\mathrm{e}^{x^2}\mathrm{d}x = \int \mathrm{e}^{x^2}(x^2)'\mathrm{d}x = \int \mathrm{e}^{x^2}\mathrm{d}(x^2) = \int \mathrm{e}^u\mathrm{d}u = \mathrm{e}^u + C = \mathrm{e}^{x^2}+C.$$

(3) $\int \tan x \mathrm{d}x = \int \frac{\sin x}{\cos x}\mathrm{d}x = -\int \frac{(\cos x)'}{\cos x}\mathrm{d}x = -\int \frac{1}{\cos x}\mathrm{d}(\cos x)$

$$\xlongequal{令 u=\cos x} -\int \frac{1}{u}\mathrm{d}u = -\ln|u| + C = -\ln|\cos x| + C,$$

即
$$\int \tan x \mathrm{d}x = -\ln|\cos x| + C.$$

用类似的方法，可求得

$$\int \cot x \mathrm{d}x = \ln|\sin x| + C.$$

例 2　求：(1) $\int \frac{1}{4+x^2}\mathrm{d}x$；　(2) $\int \frac{1}{\sqrt{a^2-x^2}}\mathrm{d}x\,(a>0)$；　(3) $\int \frac{1}{a^2+x^2}\mathrm{d}x\,(a\neq 0)$.

解　(1) $\int \frac{1}{4+x^2}\mathrm{d}x = \frac{1}{4}\int \frac{1}{1+(x/2)^2}\mathrm{d}x = \frac{1}{2}\int \frac{1}{1+(x/2)^2}\mathrm{d}\frac{x}{2}$

$$\xlongequal{令 u=x/2} \frac{1}{2}\int \frac{1}{1+u^2}\mathrm{d}u = \frac{1}{2}\arctan u + C$$

$$= \frac{1}{2}\arctan\frac{x}{2} + C.$$

(2) $$\int \frac{1}{\sqrt{a^2-x^2}}\mathrm{d}x = \int \frac{1}{\sqrt{1-(x/a)^2}}\mathrm{d}(x/a) = \arcsin\frac{x}{a} + C,$$

即有
$$\int \frac{1}{\sqrt{a^2-x^2}}\mathrm{d}x = \arcsin\frac{x}{a} + C.$$

(3) $\int \frac{1}{a^2+x^2}\mathrm{d}x = \int \frac{1}{a^2[1+(x/a)^2]}\mathrm{d}x = \int \frac{1}{a[1+(x/a)^2]}\mathrm{d}(x/a)$

$$= \frac{1}{a}\int \frac{1}{1+(x/a)^2}\mathrm{d}(x/a) = \frac{1}{a}\arctan\frac{x}{a} + C,$$

即有
$$\int \frac{1}{a^2+x^2}\mathrm{d}x = \frac{1}{a}\arctan\frac{x}{a} + C.$$

从以上例题可以看出，第一类换元法方法是：所求的积分不能直接使用基本公式，通过变换积分变量后（换元）可以凑成基本公式（通常称之为凑微分法），然后求出不定积分，最后还原回原来的积分变量.

例 3　求：(1) $\int \frac{1}{x^2-a^2}\mathrm{d}x\,(a>0)$；　(2) $\int \sin^2 x \mathrm{d}x$；　(3) $\int \sec x \mathrm{d}x$.

解　(1) $\int \frac{1}{x^2-a^2}\mathrm{d}x = \int \frac{1}{(x-a)(x+a)}\mathrm{d}x = \frac{1}{2a}\int \frac{(x+a)-(x-a)}{(x-a)(x+a)}\mathrm{d}x$

$$= \frac{1}{2a}\int \left(\frac{1}{x-a} - \frac{1}{x+a}\right)\mathrm{d}x$$

$$= \frac{1}{2a}\ln|x-a| - \frac{1}{2a}\ln|x+a| + C = \frac{1}{2a}\ln\left|\frac{x-a}{x+a}\right| + C.$$

(2) $\int \sin^2 x \mathrm{d}x = \int \frac{1-\cos 2x}{2}\mathrm{d}x = \int \frac{1}{2}(1-\cos 2x)\mathrm{d}x$

$$= \frac{1}{2}\left(x - \frac{1}{2}\sin 2x\right) + C = \frac{1}{2}x - \frac{1}{4}\sin 2x + C.$$

(3) $\int \sec x \mathrm{d}x = \int \frac{1}{\cos x}\mathrm{d}x = \int \frac{\cos x}{\cos^2 x}\mathrm{d}x = \int \frac{\mathrm{d}(\sin x)}{1 - \sin^2 x}$

$$\xlongequal{\text{令 } u = \sin x} \int \frac{\mathrm{d}u}{1-u^2} = \frac{1}{2}\ln\left|\frac{1+u}{1-u}\right| + C = \frac{1}{2}\ln\left|\frac{1+\sin x}{1-\sin x}\right| + C$$

$$= \ln|\tan x + \sec x| + C,$$

即
$$\int \sec x \mathrm{d}x = \ln|\tan x + \sec x| + C.$$

用类似的方法,可求得 $\int \csc x \mathrm{d}x = \ln|\cot x - \csc x| + C.$

3.2.2 第二类换元法

定理 2 设$[\varphi(u)]\varphi'(u)$具有原函数,即$\int [\varphi(u)]\varphi'(u)\mathrm{d}x = F(u) + C$,又$x = \varphi(u)$具有连续的导数,且$\varphi'(u) \neq 0$,$u = \varphi^{-1}(x)$是$x = \varphi(u)$的反函数,则有换元积分公式:

$$\int f(x)\mathrm{d}x = F[\varphi^{-1}(x)] + C.$$

在使用第一类换元积分法时,要凑成哪一个基本公式,目标是明确的. 但是在考虑运用第二类换元积分法时,并不知道换元后的不定积分能否求出,没有确定的规律,有尝试求出不定积分的过程.

例 4 求:(1) $\int \frac{x+1}{x\sqrt{x-2}}\mathrm{d}x$; (2) $\int \frac{1}{\sqrt{x}+\sqrt[3]{x}}\mathrm{d}x$.

解 (1) 令$\sqrt{x-2} = t$, 即$x = t^2 + 2$,$\mathrm{d}x = 2t\mathrm{d}t$,于是

$$\int \frac{x+1}{x\sqrt{x-2}}\mathrm{d}x = \int \frac{t^2+3}{(t^2+2)t}\cdot 2t\mathrm{d}t = 2\int \frac{t^2+3}{t^2+2}\mathrm{d}t = 2\left(\int \mathrm{d}t + \int \frac{1}{t^2+2}\mathrm{d}t\right)$$

$$= 2t + \sqrt{2}\arctan\frac{t}{\sqrt{2}} + C = 2\sqrt{x-2} + \sqrt{2}\arctan\sqrt{\frac{x-2}{2}} + C.$$

(2) 令$\sqrt[6]{x} = t$,即$x = t^6$,$\mathrm{d}x = 6t^5\mathrm{d}t$,于是

$$\int \frac{1}{\sqrt{x}+\sqrt[3]{x}}\mathrm{d}x = \int \frac{6t^5}{t^3+t^2}\mathrm{d}t = 6\int \frac{t^3}{t+1}\mathrm{d}t = 6\int \frac{t^3+1-1}{t+1}\mathrm{d}t$$

$$= 6\left(\frac{t^3}{3} - \frac{t^2}{2} + t - \ln|t+1|\right) + C$$

$$= 2\sqrt{x} - 3\sqrt[3]{x} + 6\sqrt[6]{x} - 6\ln|\sqrt[6]{x}+1| + C.$$

第二类换元法运用起来十分灵活,换元的方法也是多种多样的,能解决求不定积分的许多问题. 其中,由于三角函数有许多个公式可供选择,有些类型的不定积分,利用三角函数进行代换,可化简被积函数,从而使不定积分易于求出,这里介绍常用

的几种三角代换法.

例 5　求:(1) $\int \sqrt{a^2-x^2}\mathrm{d}x\ (a>0)$;　　(2) $\int \dfrac{\mathrm{d}x}{\sqrt{x^2+a^2}}\ (a>0)$;

(3) $\int \dfrac{\mathrm{d}x}{\sqrt{x^2-a^2}}\ (a>0)$.

解　(1) 为去掉根号,利用正弦代换(见图 3-5). 令 $x=a\sin t\ (-\pi/2<t<\pi/2)$,则 $t=\arcsin\dfrac{x}{a}$,所以

$$\sqrt{a^2-x^2}=a\cos t,\quad \mathrm{d}x=a\cos t\mathrm{d}t,$$

得 $$\int \sqrt{a^2-x^2}\mathrm{d}x=\int a^2\cos^2 t\mathrm{d}t=a^2\int \frac{1+\cos 2t}{2}\mathrm{d}t=a^2\left(\frac{t}{2}+\frac{\sin 2t}{4}\right)+C$$
$$=\frac{a^2}{2}t+\frac{a^2}{2}\sin t\cos t+C.$$

代回原变量,则 $\sin t=\dfrac{x}{a}$,$\cos t=\dfrac{\sqrt{a^2-x^2}}{a}$,故

$$\int \sqrt{a^2-x^2}\mathrm{d}x=\frac{x}{2}\sqrt{a^2-x^2}+\frac{a^2}{2}\arcsin\frac{x}{a}+C.$$

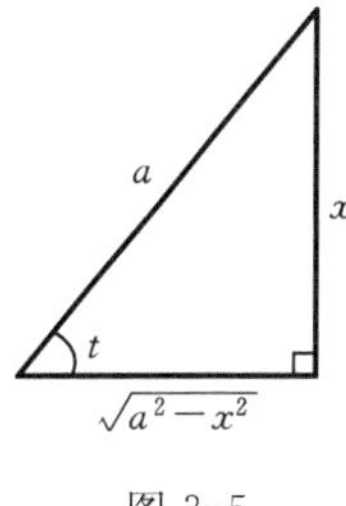

图 3-5

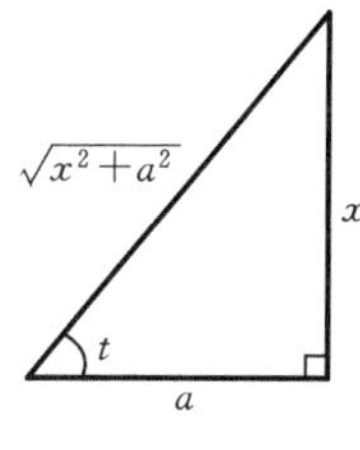

图 3-6

本题也可以利用余弦代换求出不定积分.

(2) 为去掉根号,作正切代换(见图 3-6). 令 $x=a\tan t\ (-\pi/2<t<\pi/2)$,则 $t=\arctan\dfrac{x}{a}$,$\sqrt{x^2+a^2}=a\sec t$,$\mathrm{d}x=a\sec^2 t\mathrm{d}t$,于是

$$\int \frac{\mathrm{d}x}{\sqrt{x^2+a^2}}=\int \frac{a\sec^2 t}{a\sec t}\mathrm{d}t=\int \sec t\mathrm{d}t=\ln|\sec t+\tan t|+C_1.$$

而 $\tan t=\dfrac{x}{a}$,$\sec t=\dfrac{\sqrt{x^2+a^2}}{a}$,故

$$\int \frac{\mathrm{d}x}{\sqrt{a^2+x^2}}=\ln\left|\frac{x}{a}+\frac{\sqrt{x^2+a^2}}{a}\right|+C_1$$
$$=\ln|x+\sqrt{x^2+a^2}|+C\ (\text{其中 } C=C_1-\ln a),$$

即 $$\int \frac{\mathrm{d}x}{\sqrt{x^2+a^2}}=\ln|x+\sqrt{x^2+a^2}|+C.$$

本题也可以利用余切代换求出不定积分.

(3) 由于 $|x|>|a|>0$,为去掉根号,作正割代换(见图 3-7).

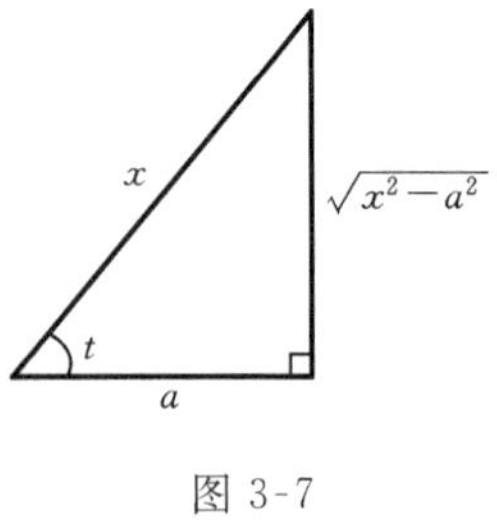

图 3-7

当 $x>a$ 时,令 $x=a\sec t\ (0<t<\pi/2)$,则

$$\sqrt{x^2-a^2}=a\tan t,\quad dx=a\sec t\tan t dt,$$

于是
$$\int\frac{dx}{\sqrt{x^2-a^2}}=\int\frac{a\sec t\tan t}{a\tan t}dt=\int\sec t dt$$
$$=\ln|\sec t+\tan t|+C_1.$$

而
$$\sec t=\frac{x}{a},\quad \tan t=\frac{\sqrt{x^2-a^2}}{a},$$

故
$$\int\frac{dx}{\sqrt{x^2-a^2}}=\ln\left|\frac{x}{a}+\frac{\sqrt{x^2-a^2}}{a}\right|+C_1$$
$$=\ln|x+\sqrt{x^2-a^2}|+C_1'\quad (x>a).$$

当 $x<-a$ 时,令 $x=-a\sec t\ (0<t<\pi/2)$,于是

$$\int\frac{dx}{\sqrt{x^2-a^2}}=-\int\frac{a\sec t\tan t}{a\tan t}dt=-\int\sec t dt=-\ln(\sec t+\tan t)+C_2$$
$$=-\ln\left|\frac{\sqrt{x^2-a^2}-x}{a}\right|+C_2=\ln\left|\frac{a(\sqrt{x^2-a^2}+x)}{(\sqrt{x^2-a^2}-x)(\sqrt{x^2-a^2}+x)}\right|+C_2$$
$$=\ln\left|\frac{x}{a}+\frac{\sqrt{x^2-a^2}}{a}\right|+C_2=\ln|x+\sqrt{x^2-a^2}|+C_2.$$

综上所述,得

$$\int\frac{dx}{\sqrt{x^2-a^2}}=\ln|x+\sqrt{x^2-a^2}|+C.$$

本题也可以利用余割代换求出不定积分.

练　习　3.2

用换元积分法求下列不定积分.

(1) $\int\sin(2x+1)dx$;　(2) $\int e^{-\frac{1}{3}x}dx$;　(3) $\int\sin x\cos x dx$;

(4) $\int\frac{dx}{e^x+e^{-x}}$;　(5) $\int\frac{x}{\sqrt{2-3x^2}}dx$;　(6) $\int\frac{2x-1}{\sqrt{1-x^2}}dx$.

3.3　分部积分法

上一节介绍了换元积分法,本节介绍利用函数乘积的求导法则,可以推得另一个求不定积分的基本方法——分部积分法.

由两个函数乘积的导数公式 $(uv)' = u'v + uv'$，得

$$uv' = (uv)' - u'v,$$

两边求不定积分，得

$$\int uv'\mathrm{d}x = uv - \int u'v\mathrm{d}x,$$

即 $\int u\mathrm{d}v = uv - \int v\mathrm{d}u$. 这就是分部积分法公式.

分部积分法的作用在于：如果不定积分 $\int v\mathrm{d}u$ 较积分 $\int u\mathrm{d}v$ 易于求得，利用分部积分法可化难为易.

例 1　求：(1) $\int x\cos x\mathrm{d}x$；　(2) $\int x\mathrm{e}^x\mathrm{d}x$.

解　(1) 选取 $u = x, \mathrm{d}v = \cos x\mathrm{d}x$，则 $\mathrm{d}u = \mathrm{d}x, v = \sin x$，代入分部积分公式，得

$$\int x\cos x\mathrm{d}x = x\sin x - \int \sin x\mathrm{d}x,$$

而 $\int \sin x\mathrm{d}x$ 已知，于是

$$\int x\cos x\mathrm{d}x = x\sin x + \cos x + C.$$

注　如果取 $u = \cos x, \mathrm{d}v = x\mathrm{d}x$，则 $\mathrm{d}u = -\sin x\mathrm{d}x, v = \frac{1}{2}x^2$，于是

$$\int x\cos x\mathrm{d}x = \frac{1}{2}x^2\cos x - \int \frac{1}{2}x^2\sin x\mathrm{d}x,$$

此积分比原积分更难求出.

由此可见，使用分部积分法，必须恰当地选取 u 和 $\mathrm{d}v$. 当被积函数是某两个基本初等函数的乘积时，可考虑使用分部积分法. 经验表明，用分部积分法时要正确选取 u 及 $\mathrm{d}v$，一般应该考虑以下两点：① v 要容易求得；② $\int v\mathrm{d}u$ 要比原积分 $\int u\mathrm{d}v$ 容易积出.

(2) 被积函数是幂函数与指数函数之积. 设 $u = x, \mathrm{d}v = \mathrm{e}^x\mathrm{d}x$，则 $\mathrm{d}u = \mathrm{d}x, v = \mathrm{e}^x$，因此

$$\int x\mathrm{e}^x\mathrm{d}x = x\mathrm{e}^x - \int \mathrm{e}^x\mathrm{d}x = x\mathrm{e}^x - \mathrm{e}^x + C.$$

为了简化手续，用分部积分法求解积分时，$u, \mathrm{d}v$ 可不必写出，用凑微分的方法将积分的被积表达式分为两个部分，凑成分部积分公式的形状，然后代入公式即可.

例 2　求：(1) $\int x\ln x\mathrm{d}x$；　(2) $\int \arccos x\mathrm{d}x$；　(3) $\int \mathrm{e}^x\sin x\mathrm{d}x$.

解　(1) 被积函数是幂函数与对数函数之积. 设 $u = \ln x, \mathrm{d}v = x\mathrm{d}x = \mathrm{d}\left(\frac{1}{2}x^2\right)$，则有

$$\int x\ln x\mathrm{d}x=\int \ln x\mathrm{d}\left(\frac{1}{2}x^2\right)=\frac{1}{2}x^2\ln x-\int\frac{1}{2}x^2\mathrm{d}(\ln x)$$

$$=\frac{1}{2}x^2\ln x-\frac{1}{2}\int x^2\cdot\frac{1}{x}\mathrm{d}x=\frac{1}{2}x^2\ln x-\frac{1}{4}x^2+C.$$

(2) 被积函数是幂函数(x^0)与反三角函数之积. 设 $u=\arccos x$,$\mathrm{d}v=\mathrm{d}x$,则有

$$\int\arccos x\mathrm{d}x=x\arccos x-\int x\mathrm{d}(\arccos x)=x\arccos x+\int\frac{x}{\sqrt{1-x^2}}\mathrm{d}x$$

$$=x\arccos x-\sqrt{1-x^2}+C.$$

(3) $\int \mathrm{e}^x\sin x\mathrm{d}x=\int\sin x\mathrm{d}(\mathrm{e}^x)=\mathrm{e}^x\sin x-\int\mathrm{e}^x\cos x\mathrm{d}x=\mathrm{e}^x\sin x-\int\cos x\mathrm{d}\mathrm{e}^x$

$$=\mathrm{e}^x\sin x-\left[\mathrm{e}^x\cos x-\int\mathrm{e}^x\mathrm{d}(\cos x)\right]$$

$$=\mathrm{e}^x(\sin x-\cos x)-\int\mathrm{e}^x\sin x\mathrm{d}x,$$

右边积分与原积分相同,经移项整理得

$$\int\mathrm{e}^x\sin x\mathrm{d}x=\frac{1}{2}\mathrm{e}^x(\sin x-\cos x)+C.$$

例 3 求:(1) $\int x\cos^3x\mathrm{d}x$; (2) $\int\sec^3x\mathrm{d}x$.

解 (1) $\int x\cos^3x\mathrm{d}x=\int x\cos^2x\mathrm{d}(\sin x)=\int x(1-\sin^2x)\mathrm{d}(\sin x)$

$$=\int x\mathrm{d}\left(\sin x-\frac{1}{3}\sin^3x\right)$$

$$=x\left(\sin x-\frac{1}{3}\sin^3x\right)-\int\left(\sin x-\frac{1}{3}\sin^3x\right)\mathrm{d}x$$

$$=x\left(\sin x-\frac{1}{3}\sin^3x\right)+\int\left[1-\frac{1}{3}(1-\cos^2x)\right]\mathrm{d}(\cos x)$$

$$=x\left(\sin x-\frac{1}{3}\sin^3x\right)+\frac{2}{3}\cos x+\frac{1}{9}\cos^3x+C.$$

(2) 令 $u=\sec x$,$\mathrm{d}v=\sec^2x\mathrm{d}x=\mathrm{d}(\tan x)$,利用分部积分公式,得

$$\int\sec^3x\mathrm{d}x=\int\sec x\mathrm{d}(\tan x)=\sec x\tan x-\int\sec x\tan^2x\mathrm{d}x$$

$$=\sec x\tan x-\int\sec x(\sec^2x-1)\mathrm{d}x$$

$$=\sec x\tan x-\int\sec^3x\mathrm{d}x+\int\sec x\mathrm{d}x$$

$$=\sec x\tan x+\ln|\sec x+\tan x|-\int\sec^3x\mathrm{d}x,$$

从而有 $$\int\sec^3x\mathrm{d}x=\frac{1}{2}(\sec x\tan x+\ln|\sec x+\tan x|)+C.$$

计算不定积分要比计算导数复杂和困难得多,人们通常把常用的积分公式汇集

起来，列成积分表（见附录“简易积分表”），于是可以根据被积函数的不同类型，选用适当的积分公式，以便求出其结果.

需要顺便指出的是，有些不定积分不能用初等函数表达，例如，$\int \sin x^2 \mathrm{d}x$，$\int \frac{\mathrm{d}x}{\ln x}$，$\int \frac{\sin x}{x}\mathrm{d}x$，$\int \mathrm{e}^{-x^2}\mathrm{d}x$，$\int \sqrt{1-k^2\sin^2 x}\mathrm{d}x$，等等. 在实际应用中，利用计算机程序，可以求出其任意精度要求的近似值，以满足解决实际问题的需要.

练　习　3.3

1. 用分部积分法求下列不定积分.

(1) $\int x\arctan x\mathrm{d}x$；　(2) $\int \mathrm{e}^x\cos x\mathrm{d}x$；　(3) $\int (\sec x)^3\mathrm{d}x$；

(4) $\int \mathrm{e}^{\sqrt{x}}\mathrm{d}x$；　(5) $\int x\ln(x^2+1)\mathrm{d}x$；　(6) $\int \mathrm{e}^{\sqrt[3]{x}}\mathrm{d}x$.

2. 求下列不定积分.

(1) $\int (2x-3)^5\mathrm{d}x$；　(2) $\int x\mathrm{e}^{-x^2}\mathrm{d}x$；　(3) $\int \sin^2 x\cos^3 x\mathrm{d}x$；

(4) $\int \frac{\sqrt{x^2-a^2}}{x}\mathrm{d}x$；　(5) $\int \frac{\mathrm{d}x}{1+\sqrt{1+x}}$；　(6) $\int x\sqrt{x+1}\mathrm{d}x$；

(7) $\int x\sin^2 x\mathrm{d}x$；　(8) $\int \mathrm{e}^{\sqrt{x+1}}\mathrm{d}x$；　(9) $\int \sin\sqrt{x}\mathrm{d}x$；

(10) $\int \frac{1}{1+\sin x}\mathrm{d}x$.

3. 已知 $f(x)$ 的一个原函数 $\sin x$，试求$\int xf'(x)\mathrm{d}x$.

4. 已知 $f(x)$ 的一个原函数是 e^x，试求$\int xf''(x)\mathrm{d}x$.

3.4　微分方程的概念、可分离变量的微分方程

在科学研究、工程技术和生产实际中，经常要寻求表示客观事物的变量之间的函数关系，这种函数关系常常不能直接得到，但可以得到含有未知函数的导数（或微分）的关系式，即通常所说的微分方程. 因此，微分方程是描述客观事物的数量关系的一种重要的数学模型. 本节简介微分方程的基本概念及可分离变量的微分方程的解法.

3.4.1　微分方程的概念

引例 1　求已知切线斜率的曲线方程.

一条曲线通过点(1,2),且在该曲线上任意点 $M(x,y)$ 处的切线的斜率为 $2x$,求这条曲线的方程.

解 设所求的曲线为 $y = f(x)$,依题意知,未知函数 $f(x)$ 应满足关系式

$$\frac{\mathrm{d}y}{\mathrm{d}x} = 2x. \tag{①}$$

此外,$f(x)$ 还应满足条件:当 $x = 1$ 时,

$$y = 2. \tag{②}$$

对于式 ①,两边对 x 积分,得

$$y = \int 2x\mathrm{d}x = x^2 + C. \tag{③}$$

将条件式 ② 代入式 ③,得 $2 = 1 + C \Rightarrow C = 1$. 把 $C = 1$ 代入式 ③,即得所求的曲线方程为 $y = x^2 + 1$.

引例 2 放射性元素的衰变.

放射性元素镭不断地放出射线而质量逐渐减少的现象称为衰变. 经测定,其衰变的速度与元素剩余量成正比,如果已知剩余量在时间 t_0 的质量为 m_0. 试求出它在任何时刻 t 的质量.

解 由题意可知

$$\frac{\mathrm{d}m}{\mathrm{d}t} = km \quad (k < 0). \tag{④}$$

其中 $m = m(t)$ 为元素的质量,$\frac{\mathrm{d}m}{\mathrm{d}t}$ 表示衰变的速率,k 是比例常数. 此外,$m(t)$ 还必须满足条件:当 $t = t_0$ 时,

$$m = m_0. \tag{⑤}$$

对于式 ④,两边同乘以$\frac{\mathrm{d}t}{m}$,再积分,得

$$\int \frac{\mathrm{d}m}{m} = \int k\mathrm{d}t + \ln C, \quad 即 \quad m = Ce^{kt}, \tag{⑥}$$

其中 C 是任意常数.

容易验证,对于任意常数 C,$m = Ce^{kt}$ 均是式 ④ 的解,要使所求的解还满足条件式 ⑤,就必须选取适当的 C 值.

若令 $m(t_0) = Ce^{kt_0}$,则有 $C = m(t_0)e^{-kt_0} = m_0e^{-kt_0}$,代入式 ⑥,得到所求解为 $m = m_0e^{k(t-t_0)}$.

例中式 ④ 含有未知函数的导数是一个微分方程.

一般地,凡表示未知函数的导数(或微分)及自变量之间的关系的方程,称为微分方程. 在微分方程中,可能不显含自变量或未知函数,但必须显含未知函数的导数(或微分).

例如,$y' = 2x$,$y' - y = 0$,$y'' - 2y' - 3y = \sin x$ 等都是微分方程.

微分方程中所出现的未知函数导数的最高阶数,称为微分方程的阶. 例如,$y' =$

$2x$ 是一阶微分方程，$y''' - 2y' - 3y = 3x$ 是三阶微分方程.

能使微分方程成立的未知函数称为微分方程的解. 如果微分方程中的解含有任意常数，且相互独立的任意常数的个数与微分方程的阶数相同，这样的解称为微分方程的通解. 例如，$y = x^2 + C$ 是 $y' = 2x$ 的通解. 可以确定通解中的任意常数 C 的条件称为初始条件，确定了任意常数 C 的解称为微分方程的特解. 例如，$y = x^2 + 1$ 是微分方程 $y' = 2x$ 满足初始条件 $y\,|_{x=0} = 1$ 的特解.

对于微分方程，最重要的是求解问题. 求微分方程解的过程称为解微分方程.

例 1　求微分方程 $y' - x = 0$ 满足初始条件 $y\,|_{x=0} = 1$ 的特解.

解　原方程即为 $y' = x$，而 $\left(\frac{1}{2}x^2\right)' = x$，所以方程的通解为 $y = \frac{1}{2}x^2 + C$. 把初始条件 $y\,|_{x=0} = 1$ 代入通解得 $C = 1$，故满足初始条件 $y\,|_{x=0} = 1$ 的特解为

$$y = \frac{1}{2}x^2 + 1.$$

例 2　验证函数 $x = C_1\cos kt + C_2\sin kt$ 是微分方程 $\frac{\mathrm{d}^2 x}{\mathrm{d}t^2} + k^2 x = 0\ (k \neq 0)$ 的通解.

证　求出所给函数 $x = C_1\cos kt + C_2\sin kt$ 的一阶及二阶导数，即

$$\frac{\mathrm{d}x}{\mathrm{d}t} = -C_1 k\sin kt + C_2 k\cos kt,\quad \frac{\mathrm{d}^2 x}{\mathrm{d}t^2} = -k^2(C_1\cos kt + C_2\sin kt),$$

代入方程得

$$-k^2(C_1\cos kt + C_2\sin k) + k^2(C_1\cos kt + C_2\sin kt) = 0,$$

所以函数 $x = C_1\cos kt + C_2\sin kt$ 是方程 $\frac{\mathrm{d}x^2}{\mathrm{d}t^2} + k^2 x = 0\ (k \neq 0)$ 的解，且为通解.

3.4.2　可分离变量的微分方程

引例 3　受外力作用质点的速度函数.

质量为 m_0 的质点受外力 F 作用开始作直线运动，外力 F 与时间 t 成正比，与质点运动速度 v 的二次方成反比(比例系数为 k)，求质点的速度函数(单位制：cm/s).

解　设质点的速度函数为 $v = v(t)$，由物理知识及题设知

$$F = ma,\quad a = \frac{\mathrm{d}v}{\mathrm{d}t},\quad m = m_0,$$

所以

$$F = m_0\frac{\mathrm{d}v}{\mathrm{d}t}.$$

又因为 F 与 t 成正比，与 v 的二次方成反比，比例系数为 k，所以

$$F = k\frac{t}{v^2},\quad \frac{\mathrm{d}v}{\mathrm{d}t} = kt\cdot\frac{1}{m_0 v^2} \Rightarrow v^2\,\mathrm{d}v = \frac{k}{m_0}t\,\mathrm{d}t, \tag{①}$$

两边积分，得 $\int v^2\,\mathrm{d}v = \frac{k}{m_0}\int t\,\mathrm{d}t$，则 $\frac{v^3}{3} = \frac{k}{2m_0}t^2 + C_1$，即

$$v^3=\frac{3k}{2m_0}t^2+C\quad(C=3C_1).\tag{②}$$

又由初始条件 $v|_{t=0}=0$,得 $C=0$. 将 $C=0$ 代入式 ②,得所求质点的速度函数为

$$v^3=\frac{3k}{2m_0}t^2.$$

式 ① 对于微分方程的变量 t 与 v 进行分离,即 $v^2\mathrm{d}v=\frac{k}{m_0}t\mathrm{d}t$. 分离变量后的方程两边都可以直接积分,从而得到这个微分方程的通解 $v^3=\frac{3k}{2m_0}t^2+C$. 这种将变量分离的方法称为分离变量法. 变量能够分离的方程称为可分离变量的微分方程.

可分离变量的一阶微分方程的一般形式为 $\frac{\mathrm{d}y}{\mathrm{d}x}=f(x)g(y)$,其求解步骤如下:

(1) 分离变量 $\frac{\mathrm{d}y}{g(y)}=f(x)\mathrm{d}x$;

(2) 两边积分 $\int\frac{\mathrm{d}y}{g(y)}=\int f(x)\mathrm{d}x$;

(3) 求出积分得通解 $G(y)=F(x)+C$,其中 $G(y)$,$F(x)$ 分别是 $\frac{1}{g(y)}$,$f(x)$ 的一个原函数.

例 3 求微分方程 $\frac{\mathrm{d}y}{\mathrm{d}x}=xy$ 的通解.

解 此微分方程是可分离变量的,分离变量后得 $\frac{\mathrm{d}y}{y}=x\mathrm{d}x$,两端积分得

$$\int\frac{1}{y}\mathrm{d}y=\int x\mathrm{d}x\Rightarrow\ln|y|=\frac{1}{2}x^2+C_1\Rightarrow|y|=\mathrm{e}^{C_1}\mathrm{e}^{x^2/2}\Rightarrow y=\pm\mathrm{e}^{C_1}\mathrm{e}^{x^2/2}.$$

因 $\pm\mathrm{e}^{C_1}$ 是任意常数,把它记 C,得方程的通解为 $y=C\mathrm{e}^{\frac{x^2}{2}}$. 当 $C=0$ 时,通解 $y=C\mathrm{e}^{\frac{x^2}{2}}$ 也满足方程 $\frac{\mathrm{d}y}{\mathrm{d}x}=xy$,因此,所求方程的通解为 $y=C\mathrm{e}^{\frac{x^2}{2}}$,其中 $C\in\mathbf{R}$.

例 4 求微分方程 $\frac{\mathrm{d}y}{\mathrm{d}x}=2xy^2$ 的通解.

解 分离变量,得 $\frac{1}{y^2}\mathrm{d}y=2x\mathrm{d}x$. 方程两边积分,得

$$\int\frac{1}{y^2}\mathrm{d}y=\int 2x\mathrm{d}x,$$

故所求的通解为 $-\frac{1}{y}=x^2+C$ 或 $y=-\frac{1}{x^2+C}$,其中 C 为任意常数.

有些方程不能直接分离变量,但通过作一些简单的代换就可以使之变成可分离变量的微分方程.

例 5(降落伞的下落速度) 运动员的降落伞从跳伞塔下落后,所受空气阻力与下落速度成正比(比例系数为 k,且 $k>0$),设降落伞脱钩时($t=0$)速度为 0,求降落

伞下落速度与时间的函数关系.

解　设降落伞下落速度为 $v(t)$，它在下落时，同时受到重力 P 与阻力 R 的作用（见图 3-8），重力的大小为 mg，方向与 v 一致，阻力的大小为 kv，方向与 v 相反，从而降落伞所受外力为 $F = mg - kv$. 根据牛顿第二运动定律（设加速度为 a）$F = ma = m\dfrac{\mathrm{d}v}{\mathrm{d}t}$，得函数 $v(t)$ 应满足的微分方程为

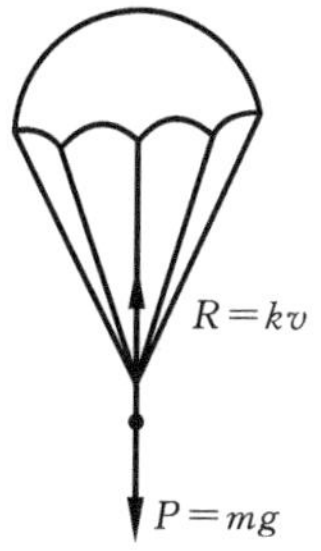

$$m\frac{\mathrm{d}v}{\mathrm{d}t} = mg - kv, \tag{③}$$

$R = kv$

$P = mg$

图 3-8

且有初值条件 $v\big|_{t=0} = 0$，把方程式 ③ 分离变量，得 $\dfrac{\mathrm{d}v}{mg - kv} = \dfrac{1}{m}\mathrm{d}t$，显然 $mg - kv > 0$，方程两边积分，得

$$-\frac{1}{k}\ln(mg - kv) = \frac{t}{m} + C_1,$$

有
$$mg - kv = \mathrm{e}^{-\frac{k}{m}t - kC_1}, \quad v = \frac{mg}{k} - C\mathrm{e}^{-\frac{k}{m}t} \quad \left(C = \frac{1}{k}\mathrm{e}^{-kC_1}\right),$$

以初值条件 $v\big|_{t=0} = 0$ 代入，得 $C = \dfrac{mg}{k}$. 于是，降落伞下落速度与时间的函数关系为

$$v = \frac{mg}{k}(1 - \mathrm{e}^{-\frac{k}{m}t})(0 \leqslant k \leqslant T).$$

例 6　案例 1“曳物线问题”的解答.

解　设汽车移动到点 P 时，重物在点 $Q(x, y)$（见图 3-1），PQ 是重物轨迹曲线的切线，即 $y' = -\dfrac{y}{|NP|}$；又由于 $|PQ| \equiv a$，故 $|NP| = \sqrt{a^2 - y^2}$，从而得到关于未知函数的微分方程

$$y' = \frac{-y}{\sqrt{a^2 - y^2}}, \tag{④}$$

且 $y(0) = a$. 将式 ④ 分离变量，得

$$\frac{\sqrt{a^2 - y^2}}{y}\mathrm{d}y = -\mathrm{d}x,$$

方程两边积分，得

$$\int \frac{\sqrt{a^2 - y^2}}{y}\mathrm{d}y = -\int \mathrm{d}x,$$

作三角代换 $y = a\sin\alpha$，可以求得曳物线的不定积分模型为

$$x + C = a\ln\frac{a + \sqrt{a^2 - y^2}}{y} - \sqrt{a^2 - y^2},$$

其中，常数 C 由初始条件 $y(0) = a$ 可得 $C = 0$，从而得重物轨迹的方程为

$$x = a\ln\frac{a+\sqrt{a^2-y^2}}{y} - \sqrt{a^2-y^2}.$$

练　习　3.4

1. 指出下列各微分方程的阶数.

(1) $xy' + 2xy' - 3y = 0$；　(2) $x^3y''' - xy' + x = 0$；

(3) $(2x-3y)\mathrm{d}x + (x+2y)\mathrm{d}y = 0$；　(4) $L\frac{\mathrm{d}^2Q}{\mathrm{d}t^2} + R\frac{\mathrm{d}Q}{\mathrm{d}t} + \frac{1}{c}Q = 0$.

2. $y = x^2\mathrm{e}^x$ 是不是微分方程 $y'' - 2y' + y = 0$ 的一个解？

3. $y = \ln\sec(x+1)$ 是不是微分方程 $y'' = 1 + y'^2$ 的一个解？

4. 求下列微分方程的通解或特解.

(1) $\frac{\mathrm{d}y}{\mathrm{d}x} = ay$；　(2) $y' = \mathrm{e}^{x-y}$；　(3) $\begin{cases} 2y\mathrm{d}x + x\mathrm{d}y = 0, \\ y\mid_{x=2} = 1; \end{cases}$　(4) $\begin{cases} y'\sin x = y\ln y, \\ y\mid_{x=\frac{\pi}{2}} = \mathrm{e}. \end{cases}$

3.5　一阶线性微分方程

下面先来看两个例子.

引例 1　与椭圆处处正交的曲线.

曲线 $y = f(x)$ 与曲线族 $\frac{x^2}{2} + y^2 = C$ 中的任一椭圆都正交(交点处互相垂直)，若已知曲线 $y = f(x)$ 经过点 (a,b)(其中 $ab \neq 0$)，求此曲线所满足的微分方程.

解　曲线 $y = f(x)$ 上任一点 (x,y) 处的切线斜率为 $k_1 = y'$，而椭圆族中过该点的那个椭圆在该点的切线斜率可以求出为 $k_2 = -\frac{x}{2y}$，由正交性条件知 $k_1k_2 = -1$，即可得到未知曲线应满足的微分方程为

$$y' = \frac{2y}{x} \quad \text{或} \quad y' - \frac{2}{x}y = 0. \tag{①}$$

引例 2　物体的冷却速度.

物体冷却速度与该物体和周围介质的温度差成正比，具有温度为 T_0 的物体放在保持常温为 T_1 的室内，求温度 T 与时间 t 所满足的微分方程.

解　根据牛顿冷却定律知，冷却速度与物体和空气的温度差成正比，所以

$$\frac{\mathrm{d}T}{\mathrm{d}t} = -k(T - T_1) \quad \text{或} \quad \frac{\mathrm{d}T}{\mathrm{d}t} + kT = kT_1. \tag{②}$$

式 ①、式 ② 均为一阶线性微分方程，可用分离变量法求解.

3.5.1　一阶线性齐次微分方程

定义　形如

$$\frac{\mathrm{d}y}{\mathrm{d}x} + p(x)y = q(x) \tag{③}$$

的方程称为一阶线性微分方程，其中 $p(x),q(x)$ 为已知函数.

所谓线性微分方程是指方程中出现的未知函数及未知函数的导数都是一次的，例如，$\frac{\mathrm{d}y}{\mathrm{d}x}+x^2y=\sin x$ 是一阶线性微分方程，$y\frac{\mathrm{d}y}{\mathrm{d}x}+x^2y=\sin x$ 不是一阶线性微分方程. 当 $q(x)\equiv 0$ 时，称微分方程③是齐次的. 例如，引例1的微分方程①是齐次线性微分方程.

对于齐次方程 $\frac{\mathrm{d}y}{\mathrm{d}x}+p(x)y=0$，分离变量后可得其通解为

$$y=C\mathrm{e}^{-\int p(x)\mathrm{d}x}. \tag{④}$$

例 1　求解微分方程 $\frac{\mathrm{d}y}{\mathrm{d}x}-\frac{y}{x}=0$.

解　移项得 $\frac{\mathrm{d}y}{\mathrm{d}x}=\frac{y}{x}$，分离变量 $\frac{\mathrm{d}y}{y}=\frac{\mathrm{d}x}{x}$，方程两边积分 $\int\frac{\mathrm{d}y}{y}=\int\frac{\mathrm{d}x}{x}$，得

$$\ln|y|=\ln|x|+C_1 \quad\Rightarrow\quad y=\pm C_1x \quad (C_1\in\mathbf{R}).$$

当 $C_1=0$ 时，$y=0$ 也是微分方程的解，于是得到方程的通解为

$$y=Cx \quad (C\in\mathbf{R}).$$

此例也可以利用式④来求解，计算

$$p(x)=-\frac{1}{x},\quad \int p(x)\mathrm{d}x=-\int\frac{\mathrm{d}x}{x}=-\ln|x|,$$

代入即得通解.

例 2　求微分方程 $\frac{\mathrm{d}y}{\mathrm{d}x}+y=0$ 的通解.

解　分离变量 $\frac{\mathrm{d}y}{y}=-\mathrm{d}x$，方程两边积分得 $\int\frac{1}{y}\mathrm{d}y=-\int\mathrm{d}x$，则方程的通解为

$$\ln|y|=-x+C_1 \quad\Rightarrow\quad y=\pm\mathrm{e}^{C_1}\mathrm{e}^{-x} \quad (C_1\in\mathbf{R}).$$

又 $y=0$ 也是微分方程的解，于是得到方程的通解为 $y=C\mathrm{e}^{-x}$ $(C\in\mathbf{R})$.

类似地，此例也可以利用式④求解.

利用式④求解通常比分离变量法来得简单，但分离变量法十分重要，必须熟练地掌握这种方法.

3.5.2　一阶线性非齐次微分方程

当 $q(x)\neq 0$ 时，称方程③是非齐次的，如引例2的微分方程②是非齐次线性微分方程. 齐次方程与非齐次方程的解有着非常密切的关系. 首先，把式④中的常数 C“变易”成 x 的未知函数 $C(x)$，设 $y=C(x)\mathrm{e}^{-\int p(x)\mathrm{d}x}$ 为非齐次线性方程③的解，再代入方程，得

$$C'(x)\mathrm{e}^{-\int p(x)\mathrm{d}x}=q(x) \quad\Rightarrow\quad C'(x)=q(x)\mathrm{e}^{\int p(x)\mathrm{d}x},$$

两边积分，得 $C(x)=\int q(x)e^{\int p(x)dx}dx+C$，将 $C(x)$ 代入 $y=C(x)e^{-\int p(x)dx}$ 得微分方程 ③ 的通解公式为

$$y=e^{-\int p(x)dx}\left[\int q(x)e^{\int p(x)dx}dx+C\right]. \qquad ⑤$$

式 ⑤ 可以变形为

$$y=Ce^{-\int p(x)dx}+e^{-\int p(x)dx}\int q(x)e^{\int p(x)dx}dx. \qquad ⑥$$

由式 ⑥ 可知，一阶非齐次线性微分方程的通解等于对应的齐次线性微分方程的通解与非齐次线性微分方程的一个特解(读者自己验证)之和. 上述求解方法称为常数变易法.

用常数变易法求一阶非齐次线性微分方程的通解的步骤如下：

(1) 先求出非齐次线性微分方程 ③ 所对应的齐次线性微分方程 $\frac{dy}{dx}+p(x)y=0$ 的通解；

(2) 根据所求齐次线性微分方程的通解 $y=Ce^{-\int p(x)dx}$，将任意常数 C 变易为待定函数 $C(x)$；

(3) 将含有待定函数的解 $y=C(x)e^{-\int p(x)dx}$ 代入非齐次线性微分方程 ③，求出 $C(x)$，并写出非齐次线性微分方程的通解.

例 3 求微分方程 $\frac{dy}{dx}+y=e^{-x}$ 的通解.

解 由例 2 知，微分方程 $\frac{dy}{dx}+y=0$ 的通解为 $y=Ce^{-x}$. 用常数变易法，设 $C=C(x)$，将 $y=C(x)e^{-x}$ 代入原方程，得

$$C'(x)e^{-x}-C(x)e^{-x}+C(x)e^{-x}=e^{-x}\Rightarrow C'(x)=1\Rightarrow C(x)=C+x,$$

所以原微分方程的通解是 $y=(x+C)e^{-x}$.

例 4 求解微分方程 $\frac{dy}{dx}-\frac{y}{x}=x^2$ 的通解.

解 由例 1 知，微分方程 $\frac{dy}{dx}-\frac{y}{x}=0$ 的通解为 $y=Cx$. 用常数变易法，设 $C=C(x)$，将 $y=C(x)x$ 代入原非齐次方程方程，则有 $\frac{dC(x)}{dx}=x$，解得

$$C(x)=\frac{1}{2}x^2+C_1,$$

所以原微分方程通解为

$$y=\frac{1}{2}x^3+C_1x.$$

以上两例也可以直接运用式 ⑤ 求解.

例 5　求解微分方程$\dfrac{\mathrm{d}y}{\mathrm{d}x}-\dfrac{y}{x}=-1$.

解　将$p(x)=-\dfrac{1}{x}$,$q(x)=-1$代入一阶线性非齐次微分方程的通解公式,得

$$y=\mathrm{e}^{\int\frac{\mathrm{d}x}{x}}\left(C+\int-\mathrm{e}^{-\int\frac{\mathrm{d}x}{x}}\mathrm{d}x\right)=\mathrm{e}^{\ln|x|}\left(C-\int\mathrm{e}^{-\ln|x|}\mathrm{d}x\right)=x\left(C-\int\frac{\mathrm{d}x}{x}\right)=x(C-\ln|x|),$$

所以原微分方程通解为$y-x(C-\ln|x|)$.

由此可知,利用式⑤求解通常比常数变易法简单得多,应该熟练公式法求解.但常数变易法也很重要,必须掌握这种方法.

例 6　已知某曲线过原点,并且在任意一点(x,y)处的切线斜率总是等于$2x+y$,求该曲线的方程.

解　依题意,可得一阶线性微分方程为

$$\frac{\mathrm{d}y}{\mathrm{d}x}=2x+y\quad 或\quad \frac{\mathrm{d}y}{\mathrm{d}x}-y=2x,\ 且\ y(0)=0.$$

由式④得对应的齐次方程$\dfrac{\mathrm{d}y}{\mathrm{d}x}=y$的通解为$y=C_1\mathrm{e}^x$.

设$C_1=C(x)$,将$y=C(x)\mathrm{e}^x$代入微分方程$\dfrac{\mathrm{d}y}{\mathrm{d}x}=2x+y$,得

$$C'(x)\mathrm{e}^x+C(x)\mathrm{e}^x=2x+C(x)\mathrm{e}^x\Rightarrow C'(x)=2x\mathrm{e}^{-x},$$

即

$$C(x)=\int 2x\mathrm{e}^{-x}\mathrm{d}x\Rightarrow C(x)=-2(x+1)\mathrm{e}^{-x}+C,$$

所以原微分方程$\dfrac{\mathrm{d}y}{\mathrm{d}x}=2x+y$的通解为

$$y=-2x-2+C\mathrm{e}^x.$$

将初始条件$y|_{x=0}=0$代入,得$C=2$. 于是,所求该曲线的方程为

$$y=2(\mathrm{e}^x-x-1).$$

练　习　3.5

1. 解下列微分方程.

(1) $(x+2y)\mathrm{d}x-x\mathrm{d}y=0$;　　(2) $(y^2-2xy)\mathrm{d}x+x^2\mathrm{d}y=0$;

(3) $(x^2+y^2)\dfrac{\mathrm{d}y}{\mathrm{d}x}=2xy$;　　(4) $xy'-y=x\tan\dfrac{y}{x}$;

(5) $xy'-y=(x+y)\ln\dfrac{x+y}{x}$;　　(6) $xy'=\sqrt{x^2-y^2}+y$.

2. 镭的衰变有如下的规律:镭的衰变速度与它的现存质量m成正比,由实验得知,镭经过1600年以后,只余下原始质量m_0的一半,试求镭的现存质量m与时间t的函数关系.

3. 求下列微分方程的通解或特解.

(1) $\dfrac{\mathrm{d}y}{\mathrm{d}x}+y=\mathrm{e}^{-x}$;　　(2) $y'+2xy=4x$;

(3) $\frac{\mathrm{d}p}{\mathrm{d}\theta}+3p=2$；　　(4) $y'+y\tan x=\sin 2x$；

(5) $y'-y\tan x=\sec x$，$y(0)=0$；　　(6) $y'+\frac{y}{x}=\frac{\sin x}{x}$，$y(\pi)=1$；

(7) $y'+y\cot x=5\mathrm{e}^{\cos x}$，$y\left(\frac{\pi}{2}\right)=-4$；(8) $y'+\frac{2-3x^2}{x^3}y=1$，$y(1)=0$.

综合练习 3

一、选择题

1. 下列函数中原函数为 $\ln(ax)$ $(a\neq 0)$ 的是(　　).

(A) $\frac{1}{ax}$　　(B) $\frac{1}{x}$　　(C) $\frac{k}{x}$　　(D) $\frac{1}{k^2}$

2. 函数 e^{-x} 的一个原函数是(　　).

(A) e^{-x}　　(B) $-\mathrm{e}^{-x}$　　(C) e^{x}　　(D) $-\mathrm{e}^{x}$

3. 设 $\int \mathrm{e}^{1-x}\mathrm{d}x=$ (　　).

(A) $\mathrm{e}^{1-x}+C$　　(B) e^{1-x}　　(C) $x\mathrm{e}^{1-x}+C$　　(D) $-\mathrm{e}^{1-x}+C$

4. 下列等式中正确的是(　　).

(A) $\frac{\mathrm{d}}{\mathrm{d}x}\int_a^b f(x)\mathrm{d}x=f(x)$　　(B) $\frac{\mathrm{d}}{\mathrm{d}x}\int f(x)\mathrm{d}x=f(x)+C$

(C) $\frac{\mathrm{d}}{\mathrm{d}x}\int_a^x f(t)\mathrm{d}t=f(x)$　　(D) $\frac{\mathrm{d}}{\mathrm{d}x}\int f'(x)\mathrm{d}x=f(x)$

5. 设有微分方程：(1) $y''^2+5y'-y+x=0$，(2) $y''+5y'+4y^2-8x=0$，(3) $(3x+2)\mathrm{d}x+(x-y)\mathrm{d}y=0$，则(　　).

(A) 方程(1)是线性微分方程　　(B) 方程(2)是线性微分方程

(C) 方程(3)是线性微分方程　　(D) 它们都不是线性微分方程

6. 微分方程 $y'+\frac{2}{x}y+x=0$，满足 $y(2)=0$ 的特解是 $y=$ (　　).

(A) $\frac{4}{x^2}-\frac{x^2}{4}$　　(B) $\frac{x^2}{4}-\frac{4}{x^2}$　　(C) $x^2(\ln 2-\ln x)$　　(D) $x^2(\ln x-\ln 2)$

二、填空题

1. 函数______的原函数为 $\ln 5x$.

2. 已知 $\int f(x)\mathrm{d}x=a^x+\sqrt{x}+c$，则 $f(x)=$ ______.

3. $\int x\mathrm{d}\mathrm{e}^{-x}=$ ______.

4. 方程 $y'\sin x=y\ln y$ 满足初始条件 $y\left(\frac{\pi}{2}\right)=\mathrm{e}$ 的特解是______.

5. 一曲线过原点，且曲线上各点处切线的斜率等于该点横坐标的 2 倍，则此曲线方程为______.

6. 曲线 $e^{x-y}=\frac{dy}{dx}$ 过点(1,1),则 $y(0)=$ ______.

三、解答题

1. 计算下列不定积分.

(1) $\int\frac{(2x-1)(\sqrt{x}+1)}{\sqrt{x}}dx$;　　(2) $\int 9^x e^x dx$;

(3) $\int\cos^2\frac{x}{4}dx$;　　(4) $\int\frac{\cos 2x}{\sin^2 x\cdot\cos^2 x}dx$.

2. 求下列微分方程的通解.

(1) $y\ln x dx + x\ln y dy = 0$;　　(2) $yy' + e^{y^2} + 3x = 0$;

(3) $y' + \sin\frac{x+y}{2} = \sin\frac{x-y}{2}$;　　(4) $y' - e^{x-y} + e^x = 0$.

3. 求一曲线,曲线上各点处的切线、切点到原点的连线及 x 轴可以围成一个以 x 轴为底的等腰三角形,且通过点(1,2).

4. 一质量为 m 的物体受到冲击而获速度为 v_0,沿着水平面滑动,设所受的摩擦力与质量成正比,比例系数为 k,试求此物体走过的距离 s.

第4章　定积分及其应用

如前所述,微积分是联系着应用发展起来的,它极大地推动了自然科学、社会科学及应用科学的发展.定积分作为微积分的另一个核心概念,在工程技术、管理科学、经济生活等各个领域同样有着广泛的应用.

案例1　飞机着陆的滑行距离.

测得一架飞机着地时的水平速度为500 km/h,假定这架飞机着地后的加速度为$a=-20\ \mathrm{m/s^2}$.飞机从开始着地到完全停止,飞机滑行了多少距离?

案例2　潜水艇观察窗所受的压力.

在潜水艇上装有若干个观察窗,为了使观察窗的设计更科学、更合理,必须先计算出加在观察窗的压力.如果假定窗户是垂直于海平面的,其形状为圆形,半径为r,窗户中心距海平面深为h,海水的密度为ρ,求潜水艇观察窗所受海水压力的数学模型(见图4-1).

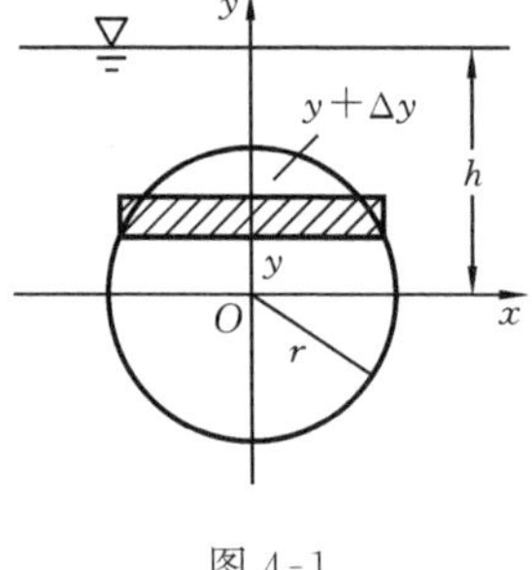

图4-1

案例3　投资问题.

现有a元货币,按年利率r作连续复利计算,t年后的本息共为ae^{rt}元;反过来,若t年后有货币a元,按连续复利计算,现在应有现金ae^{-rt}元,称为资本现值.如何进行现值、纯收入现值、投资回收期的计算?

案例4　交流电的有效值.

交流电是随时间变化的,通常用有效值来说明它的大小.交流电的有效值是指当交流电流i和直流电流I通过同样大小的电阻R时,如果在交流电的一个周期T内,两个电流产生的热量相等,则把这个直流电流的数值I称为交流电流i的有效值,试求之.

在工程技术和生产、生活中类似于上述案例中的问题很多,解决这类问题需要用到定积分的知识.有了第3章不定积分的知识准备,本章将从实际问题出发讨论定积分,主要研究定积分的定义、性质、计算方法及其应用.

4.1　定积分的概念与性质

积分方法是研究许多实际问题的重要方法.例如:物理学中的变力做功、变速运动的路程、液体的静压力、静力矩、重心;电工学中的功率,各种整流电路中电流、电压平均值;数学中的几何图形的面积、体积;化学生物中的差热分析的热量计算;以及经济学中的已知边际变量(成本、收益、利润)求总变量;等等,都要用定积分方法来解决.

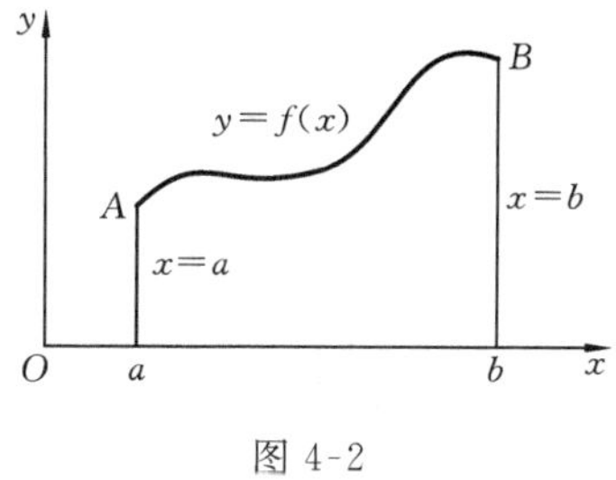

图 4-2

引例 1　曲边梯形的面积.

由定义在闭区间$[a,b]$上的连续曲线$y=f(x)(f(x)>0)$,x轴及两直线$x=a$,$x=b$所围成的平面图形(见图 4-2)称为曲边梯形,其中曲线弧称为曲边.

可按以下三步计算曲边梯形的面积A.

(1) 分割:在闭区间$[a,b]$上任意插入$n-1$个分点,即

$$a=x_0<x_1<x_2<\cdots<x_{i-1}<x_i<\cdots<x_{n-1}<x_n=b,$$

将闭区间$[a,b]$分成n个小区间,即

$$[x_0,x_1],\ [x_1,x_2],\ \cdots,\ [x_{i-1},x_i],\ \cdots,\ [x_{n-1},x_n],$$

它们的长度依次为

$$\Delta x_1=x_1-x_0,\ \Delta x_2=x_2-x_1,\ \cdots,\ \Delta x_i=x_i-x_{i-1},\cdots,\Delta x_n=x_n-x_{n-1}.$$

过每一个分点作平行于y轴的直线,把曲边梯形分成n个小曲边梯形.

(2) 求和:在每个小区间$[x_{i-1},x_i](i=1,2,\cdots,n)$上任取一点$\xi_i(x_{i-1}\leqslant\xi_i\leqslant x_i)$,以小区间$\Delta x_i=x_i-x_{i-1}$为底、$f(\xi_i)$为高作小矩形,用小矩形的面积$f(\xi_i)\Delta x_i$近似代替相应的小曲边梯形的面积$\Delta A$,即

$$\Delta A=f(\xi_i)\Delta x_i\quad(i=1,2,\cdots,n).$$

把这样得到的n个小矩形的面积加起来,得和式$\sum\limits_{i=1}^{n}f(\xi_i)\Delta x_i$,将其作为曲边梯形面积的近似值,即

$$A=\sum_{i=1}^{n}\Delta A_i\approx\sum_{i=1}^{n}f(\xi_i)\Delta x_i.$$

(3) 取极限:当分点个数n无限增加,且小区间长度的最大值$\lambda(\lambda=\max\{\Delta x_i\})$趋于零时,上述和式的极限值就是曲边梯形面积的精确值,即

$$A=\lim_{\lambda\to 0}\sum_{i=1}^{n}f(\xi_i)\Delta x_i.$$

引例 2　变速直线运动的路程.

设一物体作变速直线运动,已知速度$v=v(t)(v(t)\geqslant 0)$是时间段$[T_1,T_2]$内t的连续函数,求在时间段$[T_1,T_2]$内物体经过的路程s.

解　由于物体作变速直线运动,不能像匀速直线运动那样用速度乘以时间来求其路程.但是,由于速度是连续变化的,如果t在时间段$[T_1,T_2]$内某点处变化很小,则相应的速度$v=v(t)$也变化不大.因此,完全可以用类似于求曲边梯形面积的方法来计算路程.

(1) 分割:在时间段$[T_1,T_2]$内任意插入$n-1$个时刻,即

$$T_1 = t_0 < t_1 < t_2 < \cdots < t_{i-1} < t_i < \cdots < t_n = T_2,$$

将时间段$[T_1, T_2]$分成 n 个小时间段,即

$$[t_0, t_1], [t_1, t_2], \cdots, [t_{i-1}, t_i], \cdots, [t_{n-1}, t_n],$$

它们的时间间隔依次为

$$\Delta t_1 = t_1 - t_0, \Delta t_2 = t_2 - t_1, \cdots, \Delta t_i = t_i - t_{i-1}, \cdots, \Delta t_n = t_n - t_{n-1}.$$

相应地,在各段时间内,物体经过的路程依次为

$$\Delta s_1, \Delta s_2, \cdots, \Delta s_i, \cdots, \Delta s_n;$$

(2) 求和:在每个小时间段内任取一时刻 $\xi_i(t_{i-1} \leqslant \xi_i \leqslant t_i)$,用时刻 ξ_i 的速度 $v(\xi_i)$ 近似代替物体在小时间段内的速度.用乘积 $v(\xi_i)\Delta t_i$ 近似代替物体在小时间段$[t_{i-1}, t_i]$内经过的路程,即

$$\Delta s_i \approx v(\xi_i)\Delta t_i \quad (i = 1, 2, \cdots, n).$$

把 n 个小时间段内物体经过的路程 Δs_i 的近似值加起来得和式$\sum_{i=1}^{n} v(\xi_i)\Delta t_i$,它就是物体在时间段$[T_1, T_2]$内所经过路程 s 的近似值,即

$$s = \sum_{i=1}^{n} \Delta s_i \approx \sum_{i=1}^{n} v(\xi_i)\Delta t_i.$$

(3) 取极限:当小时间段的段数 n 无限增加,且小时间段的最大值 $\lambda(\lambda = \max\{\Delta x_i\})$ 趋于零时,上述和式的极限值就是物体在时间段$[T_1, T_2]$内所经过的路程 s 的精确值,即

$$s = \lim_{\lambda \to 0} \sum_{i=1}^{n} v(\xi_i)\Delta t_i.$$

4.1.1 定积分定义

定义 设函数 $y = f(x)$ 在闭区间$[a, b]$上有界,在闭区间$[a, b]$中任意插入 $n-1$ 个分点,即

$$a = x_0 < x_1 < x_2 < \cdots < x_{i-1} < x_i < \cdots < x_{n-1} < x_n = b,$$

将区间$[a, b]$分成 n 个小区间,即

$$[x_0, x_1], [x_1, x_2], \cdots, [x_{i-1}, x_i], \cdots, [x_{n-1}, x_n],$$

各小区间的长度依次为

$$\Delta x_1 = x_1 - x_0, \Delta x_2 = x_2 - x_1, \cdots, \Delta x_i = x_i - x_{i-1}, \cdots, \Delta x_n = x_n - x_{n-1}.$$

在每个小区间上任取一点 $\xi_i(x_{i-1} \leqslant \xi_i \leqslant x_i)$,作函数值 $f(\xi_i)$ 与小区间长度 Δx_i 的乘积 $f(\xi_i)\Delta x_i(i = 1, 2, \cdots, n)$,并作和$\sum_{i=1}^{n} f(\xi_i)\Delta x_i$,记 $\lambda = \max\{\Delta x_i\}$ $(i = 1, 2, \cdots, n)$. 当 n 无限增大且 $\lambda \to 0$ 时,若上述和式的极限存在,则称函数 $y = f(x)$ 在区间$[a, b]$上可积,并将此极限值称为函数 $y = f(x)$ 在区间$[a, b]$上的定积分,记为

$$\int_a^b f(x)\mathrm{d}x, \quad 即 \quad \int_a^b f(x)\mathrm{d}x = \lim_{\lambda \to 0} \sum_{i=1}^{n} f(\xi_i)\Delta x_i,$$

其中 x 称为积分变量，$f(x)$ 称为被积函数，$f(x)\mathrm{d}x$ 称为被积表达式，a 称为积分下限，b 称为积分上限，$[a,b]$ 称为积分区间，符号 $\int_a^b f(x)\mathrm{d}x$ 读作函数 $f(x)$ 从 a 到 b 的定积分.

关于定积分的定义作以下几点说明.

(1) 和式的极限 $\lim\limits_{\lambda\to 0}\sum\limits_{i=1} f(\xi_i)\Delta x_i$ 存在（即函数 $f(x)$ 在区间 $[a,b]$ 上可积）是指不论对区间 $[a,b]$ 怎样分法，也不论对点 $\xi_i(x_{i-1}\leqslant\xi_i\leqslant x_i)$ 怎样取法，极限都存在.

(2) 和式的极限仅与被积函数 $f(x)$ 的表达式及积分区间 $[a,b]$ 有关，与积分变量使用什么字母无关，即

$$\int_a^b f(x)\mathrm{d}x=\int_a^b f(t)\mathrm{d}t=\int_a^b f(u)\mathrm{d}u.$$

根据定积分的定义，前面所讨论的两个引例都可以表示为定积分.

(1) 由曲线 $y=f(x)(f(x)\geqslant 0)$，x 轴及直线 $x=a$，$x=b$ 所围成的曲边梯形的面积 A 等于函数 $f(x)$ 在区间 $[a,b]$ 上的定积分，即

$$A=\int_a^b f(x)\mathrm{d}x.$$

(2) 物体以变速 $v=v(t)(v(t)\geqslant 0)$，作直线运动，从时刻 T_1 到 T_2 所经过的路程 s 等于函数 $v(t)$ 在区间 $[T_1,T_2]$ 上的定积分，即

$$s=\int_{T_1}^{T_2} v(t)\mathrm{d}t.$$

4.1.2　定积分的几何意义

当 $f(x)\geqslant 0$ 时，由前述可知，定积分 $\int_a^b f(x)\mathrm{d}x$ 在几何上表示由曲线 $y=f(x)$，两直线 $x=a$，$x=b$ 及 x 轴所围成的曲边梯形的面积.

如果 $f(x)\leqslant 0$，这时曲边梯形位于 x 轴下方，定积分 $\int_a^b f(x)\mathrm{d}x$ 在几何上表示上述曲边梯形面积的负值，如图 4-3 所示.

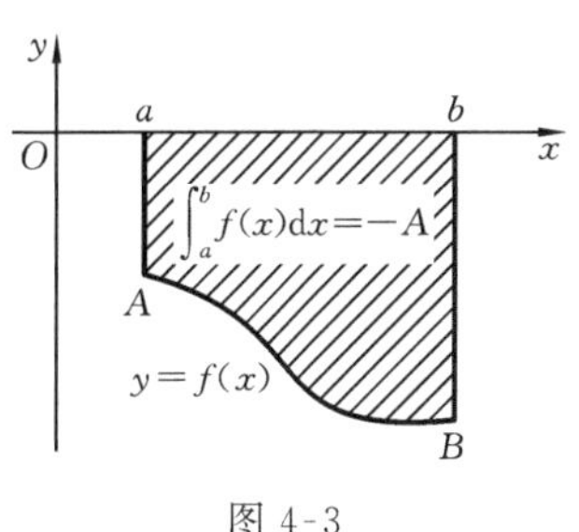

图 4-3

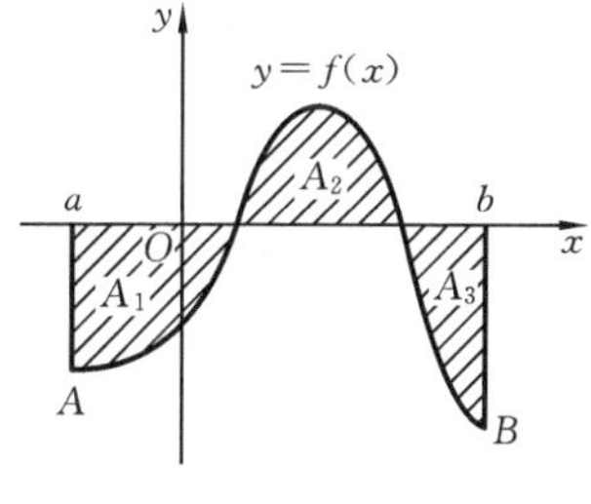

图 4-4

当 $f(x)$ 在区间 $[a,b]$ 上有正有负时，定积分 $\int_a^b f(x)\mathrm{d}x$ 在几何上表示 x 轴，曲线 $y=f(x)$ 及两直线 $x=a$，$x=b$ 所围成的各个曲边梯形面积的代数和（见图 4-4），即

$$\int_a^b f(x)\mathrm{d}x = -A_1 + A_2 - A_3.$$

4.1.3 定积分的性质

以下性质中函数均是可积的.

性质 1 当 $a<b$ 时,$\int_a^b f(x)\mathrm{d}x = -\int_b^a f(x)\mathrm{d}x$.

特别地,当 $a=b$ 时,$\int_a^a f(x)\mathrm{d}x = 0$.

性质 2 函数和(差)的定积分等于它们定积分的和(差),即

$$\int_a^b [f(x) \pm g(x)]\mathrm{d}x = \int_a^b f(x)\mathrm{d}x \pm \int_a^b g(x)\mathrm{d}x.$$

性质 2 可推广到有限多个函数代数和的情形.

性质 3 被积函数的常数因子可以提到定积分的符号外面,即

$$\int_a^b kf(x)\mathrm{d}x = k\int_a^b f(x)\mathrm{d}x \quad (k \text{ 为常数}).$$

性质 4 如果在区间$[a,b]$上 $f(x)\equiv C$,则

$$\int_a^b f(x)\mathrm{d}x = \int_a^b C\mathrm{d}x = C(b-a).$$

性质 4 的几何意义如图 4-5 所示.

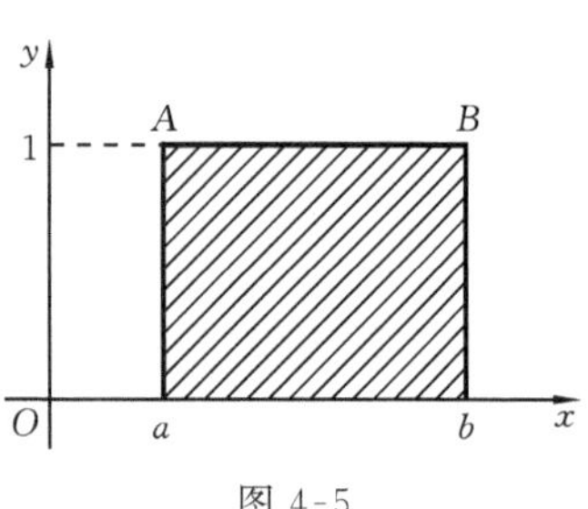

图 4-5

性质 5(积分区间的可加性) 如果积分区间$[a,b]$被点 c 分成两个区间$[a,c]$和$[c,b]$,则在整个区间上的定积分等于这两个区间上定积分的和,即

$$\int_a^b f(x)\mathrm{d}x = \int_a^c f(x)\mathrm{d}x + \int_c^b f(x)\mathrm{d}x.$$

练 习 4.1

1. 利用定积分的定义计算由抛物线 $y=x^2+1$,两直线 $x=a,x=b(b>a)$ 及 x 轴所围成的图形的面积.

2. 利用定积分的定义求下列积分.

(1) $\int_a^b (2x+1)\mathrm{d}x$; (2) $\int_0^1 \mathrm{e}^x\mathrm{d}x$.

3. 利用定积分的几何意义,说明下列等式的几何意义.

(1) $\int_0^1 2x\mathrm{d}x = 1$; (2) $\int_0^1 \sqrt{1-x^2}\mathrm{d}x = \frac{\pi}{4}$;

(3) $\int_{-\pi}^{\pi} \sin x\mathrm{d}x = 0$; (4) $\int_{-\frac{\pi}{2}}^{\frac{\pi}{2}} \cos x\mathrm{d}x = 2\int_0^{\frac{\pi}{2}} \cos x\mathrm{d}x$.

4.2　微积分基本定理

从上一节中利用定积分的定义计算定积分看到，被积函数虽然是简单的一次函数，但直接由定义来计算它的定积分是一件不太容易的事. 如果被积函数是其他复杂的函数，则计算量更大. 因此，需要找出一个计算定积分的有效、简便的方法.

4.2.1　变上限的定积分

由定积分的几何意义可知，定积分$\int_a^b f(x)\mathrm{d}x$ 表示连续曲线 $y=f(x)$ 在区间$[a,b]$上的曲边梯形 $AabB$ 的面积. 如果 x 是区间$[a,b]$上的任一点，同样，定积分$\int_a^x f(t)\mathrm{d}t$ 表示曲线$y=f(x)$在部分区间$[a,x]$上的曲边梯形 $AaxC$（见图 4-6 中阴影部分）的面积. 当x在区间$[a,b]$上变化时，阴影部分的曲边梯形面积也随之变化，即 x 有一个确定值，定积分$\int_a^x f(t)\mathrm{d}t$ 就有一个确定的值与之对应，所以定积分$\int_a^x f(t)\mathrm{d}t$ 是上限变量 x 的函数，称为变上限的定积分，记为 $\Phi(x)$，即

$$\Phi(x)=\int_a^x f(t)\mathrm{d}t \quad (a\leqslant x\leqslant b).$$

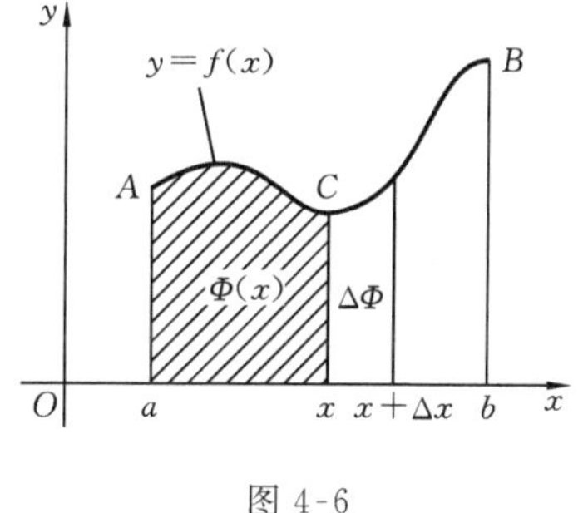

图 4-6

变上限的定积分有以下重要的定理.

定理 1　若函数 $f(x)$ 在区间$[a,b]$上连续，则变上限的定积分

$$\Phi(x)=\int_a^x f(t)\mathrm{d}t$$

在区间$[a,b]$上可导，并且它的导数等于被积函数在上限的值，即

$$\Phi'(x)=\left(\int_a^x f(t)\mathrm{d}t\right)'=f(x).$$

定理 1 表明了一个重要结论：变上限的定积分 $\Phi(x)=\int_a^x f(t)\mathrm{d}t$ 是连续函数 $f(x)$ 在区间$[a,b]$上的一个原函数.

定理 2　如果函数 $f(x)$ 在区间$[a,b]$上连续，则函数

$$\Phi(x)=\int_a^x f(t)\mathrm{d}t$$

就是 $f(x)$ 在区间$[a,b]$上的一个原函数.

定理 2 的重要意义在于：一方面肯定了连续函数的原函数是存在的，另一方面揭示了积分学中的定积分与原函数之间的联系. 因此就有可能通过原函数来计算定积分.

例 1 已知 $\Phi(x)=\int_{e}^{x}\mathrm{e}^{t^2}\mathrm{d}t$，求 $\Phi'(x)$.

解 根据定理 1 知，$\Phi'(t)=\left(\int_{a}^{x}\mathrm{e}^{t^2}\mathrm{d}t\right)'=\mathrm{e}^{x^2}$.

4.2.2 微积分基本定理

以下的重要定理，给出了用原函数来计算定积分的公式.

定理 3 如果函数 $f(x)$ 在区间 $[a,b]$ 上连续，$F(x)$ 是 $f(x)$ 在区间 $[a,b]$ 上的任一原函数，即 $F'(x)=f(x)$，则

$$\int_{a}^{b}f(x)\mathrm{d}x=F(b)-F(a).$$

证 $\Phi(x)=\int_{a}^{x}f(t)\mathrm{d}t$ 是 $f(x)$ 在区间 $[a,b]$ 上的一个原函数，又因 $F(x)$ 也是 $f(x)$ 在区间 $[a,b]$ 上的一个原函数. 由原函数的性质可知，同一函数的两个不同原函数仅相差一个常数，即

$$F(x)-\int_{a}^{x}f(t)\mathrm{d}t=C\quad(a\leqslant x\leqslant b).\qquad ①$$

把 $x=a$ 代入式 ①，得 $F(a)-\int_{a}^{a}f(t)\mathrm{d}t=C$，即 $C=F(a)$，于是有

$$F(x)-\int_{a}^{x}f(t)\mathrm{d}t=F(a).\qquad ②$$

把 $x=b$ 代入式 ②，得 $F(b)-\int_{a}^{b}f(t)\mathrm{d}t=F(a)$，移项得

$$\int_{a}^{b}f(t)\mathrm{d}t=F(b)-F(a),$$

再将积分变量 t 换成 x，得

$$\int_{a}^{b}f(x)\mathrm{d}x=F(b)-F(a).\qquad ③$$

为了使用公式的方便，将式 ③ 右边的 $F(b)-F(a)$ 记为 $F(x)\Big|_{a}^{b}$，于是有

$$\int_{a}^{b}f(x)\mathrm{d}x=F(x)\Big|_{a}^{b}=F(b)-F(a).\qquad ④$$

式 ④ 称为牛顿 - 莱布尼茨公式，也称为微积分基本公式. 该公式的重要性在于把定积分的计算问题转化为求被积函数的原函数问题，从而为定积分的计算提供了一个简便而有效的方法.

例 2 计算下列定积分.

(1) $\int_{0}^{1}x^2\mathrm{d}x$； (2) $\int_{-1}^{1}\frac{1}{1+x^2}\mathrm{d}x$； (3) $\int_{-2}^{-1}\frac{1}{x}\mathrm{d}x$.

解 (1) 由于 $\frac{x^3}{3}$ 是 x 的一个原函数，所以根据牛顿 - 莱布尼茨公式，得

$$\int_0^1 x^2 \mathrm{d}x = \frac{x^3}{3}\Big|_0^1 = \frac{1^2}{3} - \frac{0^2}{3} = \frac{1}{3}.$$

(2) 由于 $\arctan x$ 是 $\frac{1}{1+x^2}$ 的一个原函数，所以

$$\int_{-1}^1 \frac{1}{1+x^2}\mathrm{d}x = \arctan x\Big|_{-1}^1 = \arctan 1 - \arctan(-1) = \frac{\pi}{4} - \left(-\frac{\pi}{4}\right) = \frac{\pi}{2}.$$

(3) 当 $x < 0$ 时，$\ln(-x)$ 是 $\frac{1}{x}$ 的一个原函数，所以

$$\int_{-2}^{-1} \frac{1}{x}\mathrm{d}x = \ln(-x)\Big|_{-2}^{-1} = \ln 1 - \ln 2 = -\ln 2.$$

例 3　计算余弦曲线 $y = \cos x$ 在区间 $[0, \pi/2]$ 上与 x 轴及 y 轴所围成的平面图形的面积 A（见图 4-7）.

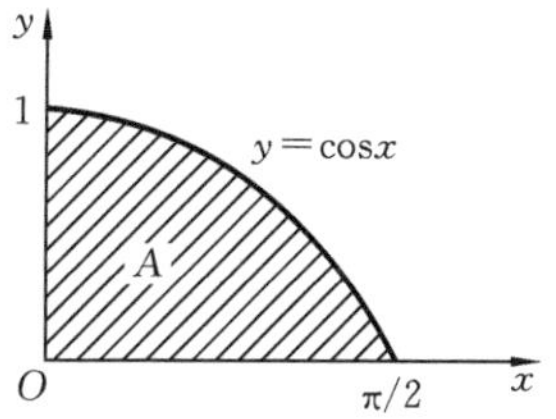

解　$A = \int_0^{\pi/2} \cos x \mathrm{d}x$，由于 $\sin x$ 是 $\cos x$ 的一个原函数，所以

$$A = \int_0^{\pi/2} \cos x \mathrm{d}x = \sin x\Big|_0^{\pi/2} = \sin\frac{\pi}{2} - \sin 0 = 1.$$

图 4-7

例 4　案例“飞机着陆的滑行距离”的解答.

解　依题意，$v(0) = 500\ \mathrm{km/h} = \frac{1250}{9}\ \mathrm{m/s}$，因为飞机制动后是匀减速运动，所以

$$v(t) = v(0) + at = \frac{1250}{9} - 20t.$$

由飞机完全停止时 $v(t) = 0$ 得 $t = \frac{125}{18}$ s，因此在这段时间内，飞机滑行距离为

$$s = \int_0^{\frac{125}{18}} v(t)\mathrm{d}t = \int_0^{\frac{125}{18}} \left(\frac{1250}{9} - 20t\right)\mathrm{d}t = \left(\frac{1250}{9}t - 10t^2\right)\Big|_0^{\frac{125}{18}} = \frac{78125}{162}\ \mathrm{m} \approx 482.3\ \mathrm{m}.$$

即飞机滑行约 482.3 m 后完全停止.

例 5　案例“投资问题”的解答.

解　(1) 现值的计算. 设在时间段 $[0, T]$ 内 t 时刻的收入率 $f(t)$（即单位时间内的收入）是均匀的，即 $f(t) = A$（A 为常数），年利率 r 为常数，其按连续复利计算，则在时间段 $[0, T]$ 内的总收入现值为

$$R = \int_0^T A\mathrm{e}^{-rt}\mathrm{d}t = -\frac{A}{r}\mathrm{e}^{-rt}\Big|_0^T = \frac{A}{r}(1 - \mathrm{e}^{-rT}).$$

(2) 纯收入（贴）现值的计算. 由 (1) 的结论知，投资后 T 年中总收入的现值为 $R = \frac{A}{r}(1 - \mathrm{e}^{-rT})$，所以投资获得的纯收入（贴）现值为 $R - a = \frac{A}{r}(1 - \mathrm{e}^{-rT}) - a$.

(3) 投资回收期的计算. 收回投资，即总收入现值等于投资，即 $\frac{A}{r}(1 - \mathrm{e}^{-rT}) = a$，

解得

$$T=\frac{1}{r}\ln\frac{A}{A-ar}.$$

练　习　4.2

1. 利用洛必达法则求下列极限.

(1) $\lim\limits_{x\to 0}\dfrac{\int_0^x \cos t^2\,\mathrm{d}t}{x}$；　　(2) $\lim\limits_{x\to 0}\dfrac{\int_0^{x^2} t^{\frac{3}{2}}\,\mathrm{d}t}{\int_0^x t(t-\sin t)\,\mathrm{d}t}$.

2. 求下列函数的导数.

(1) $\Phi(x)=\int_0^x \cos\pi t^2\,\mathrm{d}t$；　(2) $F(x)=\int_x^3 \dfrac{1}{\sqrt{1+t^2}}\mathrm{d}t$；　(3) $G(x)=\int_x^{x^2} t^2\mathrm{e}^{-t}\,\mathrm{d}t$.

3. 计算下列定积分.

(1) $\int_{\frac{1}{\sqrt{3}}}^{\sqrt{3}} \dfrac{1}{1+x^2}\mathrm{d}x$；　(2) $\int_{-\frac{1}{2}}^{\frac{1}{2}} \dfrac{1}{\sqrt{1-x^2}}\mathrm{d}x$；　(3) $\int_1^{\sqrt{3}} \dfrac{1+2x^2}{x^2(1+x^2)}\mathrm{d}x$；

(4) $\int_{-1}^0 \dfrac{3x^4+3x^2+1}{x^2+1}\mathrm{d}x$；　(5) $\int_{-(e+1)}^{-2} \dfrac{1}{x+1}\mathrm{d}x$；　(6) $\int_{-\frac{\pi}{2}}^{\frac{\pi}{2}} \sqrt{\cos^3 x-\cos^5 x}\,\mathrm{d}x$；

(7) $\int_0^{\frac{\pi}{4}} \tan^3\theta\,\mathrm{d}\theta$；　(8) $\int_0^{\frac{\pi}{2}} |\sin x-\cos x|\,\mathrm{d}x$；　(9) $\int_0^{\pi} \sqrt{1+\cos 2x}\,\mathrm{d}x$.

4.3　定积分的计算

由牛顿 - 莱布尼茨公式可知,定积分的计算问题可归结为求被积函数的原函数问题. 而原函数的求法在第 3 章不定积分中已经解决了. 但定积分有上、下限,这是与不定积分的不同之处,因此在定积分的计算中如何处理好积分限是本节的一个重要问题. 根据牛顿 - 莱布尼茨公式及不定积分的换元积分法和分部积分法可以类似地推导出定积分的换元积分法和分部积分法.

4.3.1　定积分的换元积分法

例 1　计算$\int_0^1 \sqrt{1-x^2}\,\mathrm{d}x$.

解　首先,求不定积分$\int \sqrt{1-x^2}\,\mathrm{d}x$,用不定积分的换元法. 令 $x=\sin t$,则 $\mathrm{d}x=\cos t\,\mathrm{d}t$,于是

$$\int \sqrt{1-x^2}\,\mathrm{d}x=\int \cos^2 t\,\mathrm{d}t=\int \frac{1+\cos 2t}{2}\mathrm{d}t=\frac{1}{2}\int(1+\cos 2t)\,\mathrm{d}t$$

$$=\frac{1}{2}\left(t+\frac{1}{2}\sin 2t\right)+C,$$

把变量还原成 x，即

$$\int \sqrt{1-x^2}\,\mathrm{d}x = \frac{1}{2}\left(t+\frac{1}{2}\sin 2t\right)+C = \frac{1}{2}\left(t+\frac{1}{2}\times 2\sin t\cos t\right)+C$$

$$= \frac{1}{2}(\arcsin x + x\sqrt{1-x^2}) + C.$$

再由牛顿-莱布尼茨公式，有

$$\int_0^1 \sqrt{1-x^2}\,\mathrm{d}x = \frac{1}{2}(\arcsin x + x\sqrt{1-x^2})\Big|_0^1 = \frac{\pi}{4}.$$

为了简化计算过程，下面介绍一种简便的方法 —— 定积分的换元法.

定理 假设(1) 函数 $f(x)$ 在区间$[a,b]$上连续；(2) 函数 $x=\varphi(t)$ 在区间$[\alpha,\beta]$上是单值的，且有连续导数；(3) 当 t 在区间$[\alpha,\beta]$上变化时，$x=\varphi(t)$ 的值在区间$[a,b]$上变化，且 $\varphi(\alpha)=a,\varphi(\beta)=b$；则

$$\int_a^b f(x)\,\mathrm{d}x = \int_\alpha^\beta f[\varphi(t)]\varphi'(t)\,\mathrm{d}t. \qquad ①$$

式 ① 称为定积分的换元积分公式. 应用时，要注意"换元同时换限，求出原函数后，直接代入新积分的上、下限".

例 2 利用定积分的换元积分法，重新计算例 1 的积分.

解 令 $x=\sin t$，则 $\mathrm{d}x=\cos t\mathrm{d}t$. 当 $x=0$ 时，$t=0$；当 $x=1$ 时，$t=\pi/2$. 于是

$$\int_0^1 \sqrt{1-x^2}\,\mathrm{d}x = \int_0^{\pi/2}\cos^2 t\,\mathrm{d}t = \int_0^{\pi/2}\frac{1+\cos 2t}{2}\mathrm{d}t = \frac{1}{2}\left(t+\frac{1}{2}\sin 2t\right)\Big|_0^{\pi/2} = \frac{\pi}{4}.$$

显然，用定积分的换元法计算定积分，要比用不定积分的换元法计算定积分简便.

例 3 用定积分的换元法计算下列积分.

(1) $\displaystyle\int_0^4 \frac{\mathrm{d}x}{1+\sqrt{x}}$； (2) $\displaystyle\int_{\ln 3}^{3\ln 2}\sqrt{1+\mathrm{e}^x}\,\mathrm{d}x$； (3) $\displaystyle\int_0^{\pi/2}\cos^5 x\sin x\,\mathrm{d}x$.

解 (1) 令$\sqrt{x}=t$，则 $x=t^2$，$\mathrm{d}x=2t\mathrm{d}t$. 当 $x=0$ 时，$t=0$；当 $x=4$ 时，$t=2$. 于是

$$\int_0^4 \frac{\mathrm{d}x}{1+\sqrt{x}}\mathrm{d}x = \int_0^2 \frac{2t}{1+t}\mathrm{d}t = 2\int_0^2\left(1-\frac{1}{1+t}\right)\mathrm{d}t = 2(t-\ln|1+t|)\Big|_0^2$$

$$= 4-2\ln 3.$$

(2) 令 $\sqrt{1+\mathrm{e}^x}=t$，则 $x=\ln(t^2-1)$，$\mathrm{d}x=\dfrac{2t}{t^2-1}\mathrm{d}t$. 当 $x=\ln 3$ 时，$t=2$；当 $x=3\ln 2$ 时，$t=3$. 于是

$$\int_{\ln 3}^{3\ln 2}\sqrt{1+\mathrm{e}^x}\,\mathrm{d}x = \int_2^3\frac{2t^2}{t^2-1}\mathrm{d}t = 2\int_2^3\left(1+\frac{1}{t^2-1}\right)\mathrm{d}t = 2\left(t+\frac{1}{2}\ln\left|\frac{t-1}{t+1}\right|\right)\Big|_2^3$$

$$= 2+\ln\frac{3}{2}.$$

(3) 令 $t=\cos x$,则 $-\sin x\mathrm{d}x=\mathrm{d}t$. 当 $x=0$ 时,$t=1$;当 $x=\pi/2$ 时,$t=0$. 于是

$$\int_0^{\pi/2}\cos^5 x\sin x\mathrm{d}x=-\int_1^0 t^5\mathrm{d}t=\int_0^1 t^5\mathrm{d}t=\left.\frac{t^6}{6}\right|_0^1=\frac{1}{6}.$$

例 4 设 $f(x)$ 是对称区间 $[-a,a]$ 上的连续函数,证明:

(1) 若 $f(x)$ 为偶函数,则 $\int_{-a}^{a}f(x)\mathrm{d}x=2\int_0^a f(x)\mathrm{d}x$;

(2) 若 $f(x)$ 为奇函数,则 $\int_{-a}^{a}f(x)\mathrm{d}x=0$.

证 (1) 因为 $f(x)$ 是偶函数,即 $f(-x)=f(x)$,则

$$\int_{-a}^{a}f(x)\mathrm{d}x=\int_0^a[f(x)+f(-x)]\mathrm{d}x=\int_0^a[f(x)+f(x)]\mathrm{d}x=2\int_0^a f(x)\mathrm{d}x.$$

(2) 因为 $f(x)$ 为奇函数,即 $f(-x)=-f(x)$,则

$$\int_{-a}^{a}f(x)\mathrm{d}x=\int_0^a[f(x)+f(-x)]\mathrm{d}x=\int_0^a[f(x)-f(x)]\mathrm{d}x=0.$$

4.3.2 定积分的分部积分法

设函数 $u=u(x)$,$v=v(x)$ 在区间 $[a,b]$ 上具有连续导数 $u'(x)$,$v'(x)$,由两函数乘积的求导法则,有 $(uv)'=u'v+uv'$,移项得 $uv'=(uv)'-u'v$,分别求此等式两端在区间 $[a,b]$ 上的定积分,得

$$\int_a^b uv'\mathrm{d}x=uv\Big|_a^b-\int_a^b u'v\mathrm{d}x, \qquad ②$$

或简写为

$$\int_a^b u\mathrm{d}v=uv\Big|_a^b-\int_a^b v\mathrm{d}u. \qquad ③$$

式 ③ 就是定积分的分部积分公式.

例 5 用定积分的分部积分法计算下列积分.

(1) $\int_1^{\mathrm{e}}\frac{\ln x}{\sqrt{x}}\mathrm{d}x$; (2) $\int_1^{\mathrm{e}}x^2\ln x\mathrm{d}x$; (3) $\int_0^{1/2}\arcsin x\mathrm{d}x$.

解 (1) 根据定积分的分部积分公式,得

$$\int_1^{\mathrm{e}}\frac{\ln x}{\sqrt{x}}\mathrm{d}x=2\int_1^{\mathrm{e}}\ln x\mathrm{d}\sqrt{x}=(2\sqrt{x}\ln x)\Big|_1^{\mathrm{e}}-2\int_1^{\mathrm{e}}\sqrt{x}\mathrm{d}(\ln x)=2\sqrt{\mathrm{e}}-2\int_1^{\mathrm{e}}\sqrt{x}\,\frac{1}{x}\mathrm{d}x$$

$$=2\sqrt{\mathrm{e}}-2\int_1^{\mathrm{e}}\frac{1}{\sqrt{x}}\mathrm{d}x=2\sqrt{\mathrm{e}}-4\sqrt{x}\Big|_1^{\mathrm{e}}=4-2\sqrt{\mathrm{e}}.$$

(2) 根据定积分的分部积分公式,得

$$\int_1^{\mathrm{e}}x^2\ln x\mathrm{d}x=\frac{1}{3}\int_1^{\mathrm{e}}\ln x\mathrm{d}(x^3)=\frac{1}{3}\left(x^3\ln x\Big|_1^{\mathrm{e}}-\int_1^{\mathrm{e}}x^2\mathrm{d}x\right)=\frac{1}{3}\left(\mathrm{e}^3-\frac{1}{3}x^3\Big|_1^{\mathrm{e}}\right)$$

$$=\frac{1}{9}(2\mathrm{e}^3+1).$$

(3) 根据定积分的分部积分公式,得

$$\int_0^{1/2}\arcsin x\mathrm{d}x = x\arcsin x\Big|_0^{1/2} - \int_0^{1/2}x\mathrm{d}(\arcsin x) = \frac{1}{2}\times\frac{\pi}{6} - \int_0^{1/2}\frac{x}{\sqrt{1-x^2}}\mathrm{d}x$$

$$= \frac{\pi}{12} + \frac{1}{2}\int_0^{1/2}(1-x^2)^{-\frac{1}{2}}\mathrm{d}(1-x^2) = \frac{\pi}{12} + (1-x^2)^{1/2}\Big|_0^{1/2}$$

$$= \frac{\pi}{12} + \frac{\sqrt{3}}{2} - 1.$$

在本题中,既应用了定积分的分部积分法,又应用了定积分的换元积分法.

例 6　计算$\int_0^1 \mathrm{e}^{\sqrt{x}}\mathrm{d}x$.

解　先用换元法,后用分部积分法求解. 令$\sqrt{x}=t$,即 $x=t^2$,则 $\mathrm{d}x=2t\mathrm{d}t$. 当 $x=0$ 时,$t=0$;当 $x=1$ 时,$t=1$. 于是

$$\int_0^1 \mathrm{e}^{\sqrt{x}}\mathrm{d}x = 2\int_0^1 t\mathrm{e}^t\mathrm{d}t = 2\int_0^1 t\mathrm{d}(\mathrm{e}^t) = 2\left(t\mathrm{e}^t\Big|_0^1 - \int_0^1\mathrm{e}^t\mathrm{d}t\right) = 2\left(\mathrm{e}-\mathrm{e}^t\Big|_0^1\right)$$

$$= 2(\mathrm{e}-\mathrm{e}+1) = 2.$$

练　习　4.3

1. 计算下列定积分.

(1) $\int_1^9 \frac{\sqrt{x}}{\sqrt{x}+1}\mathrm{d}x$;　(2) $\int_{-1}^1 \frac{x}{\sqrt{5-4x}}\mathrm{d}x$;　(3) $\int_{\pi/3}^{\pi}\sin\left(x+\frac{\pi}{3}\right)\mathrm{d}x$;

(4) $\int_0^{\pi/2}\sin\varphi\cos^3\varphi\mathrm{d}\varphi$;　(5) $\int_0^{\pi}(1-\sin^3\theta)\mathrm{d}\theta$;　(6) $\int_0^{\sqrt{2}}\sqrt{2-x^2}\mathrm{d}x$;

(7) $\int_{1/\sqrt{2}}^1 \frac{\sqrt{1-x^2}}{x^2}\mathrm{d}x$;　(8) $\int_{-2}^{-\sqrt{2}}\frac{1}{x\sqrt{x^2-1}}\mathrm{d}x$;　(9) $\int_{-1}^1\frac{1}{(1+x^2)^2}\mathrm{d}x$;

(10) $\int_1^2\frac{\mathrm{e}^{\frac{1}{x}}}{x^2}\mathrm{d}x$;　(11) $\int_0^1\frac{1}{\mathrm{e}^x+\mathrm{e}^{-x}}\mathrm{d}x$;　(12) $\int_0^3\frac{x}{\sqrt{x+1}}\mathrm{d}x$.

2. 利用函数的奇偶性计算下列积分.

(1) $\int_{-\pi}^{\pi}x^6\sin x\mathrm{d}x$;　(2) $\int_{-\pi/2}^{\pi/2}\frac{x}{1+\cos x}\mathrm{d}x$;　(3) $\int_{-\pi/2}^{\pi/2}\cos^5 x\mathrm{d}x$;

(4) $\int_{-\pi/2}^{\pi/2}\sin^5 x\mathrm{d}x$;　(5) $\int_{-1/2}^{1/2}\frac{x\arcsin x}{\sqrt{1-x^2}}\mathrm{d}x$;　(6) $\int_{-\pi}^{\pi}x\sin^7 x\mathrm{d}x$.

3. 计算下列定积分.

(1) $\int_0^1 x\mathrm{e}^{2x}\mathrm{d}x$;　(2) $\int_0^{\pi/2}\mathrm{e}^{2x}\cos x\mathrm{d}x$;　(3) $\int_{1/\mathrm{e}}^{\mathrm{e}}|\ln x|\mathrm{d}x$;

(4) $\int_{\pi/4}^{\pi/3}\frac{x}{\sin^2 x}\mathrm{d}x$;　(5) $\int_0^1 x\operatorname{arccot}x\mathrm{d}x$;　(6) $\int_1^{\mathrm{e}}x\ln x\mathrm{d}x$;

(7) $\int_0^{\pi}(x\sin x)^2\mathrm{d}x$;　(8) $\int_1^{\mathrm{e}}\sin(\ln x)\mathrm{d}x$.

*4.4　广义积分

前面所讲的定积分的积分区间都是有限区间(定积分的上、下限都是有限数),或

者被积函数是有界函数.但在一些实际问题中,常常会遇到积分区间为无穷区间,或者被积函数为无界函数的积分,它们已经不属于前面所说的定积分了.因此,可以将定积分的积分区间推广为无穷区间,或者将定积分的被积函数推广为无界函数. 推广后所得到的积分称为广义积分.

案例 1 第二宇宙速度问题.

(1) 计算将质量为 m 的物体从离地面高度为 H 处发射到无穷远处所做的功;

(2) 将质量为 m 的物体从地面铅直向空中发射,问要提供多大的初始速度 v_0 才能使物体脱离地球的引力?

案例 2 求开口曲边梯形的面积.

求由曲线 $y=\frac{1}{\sqrt{x}}$,x 轴,直线 $x=1$ 及 y 轴所围成的开口曲边梯形的面积(见图 4-8).

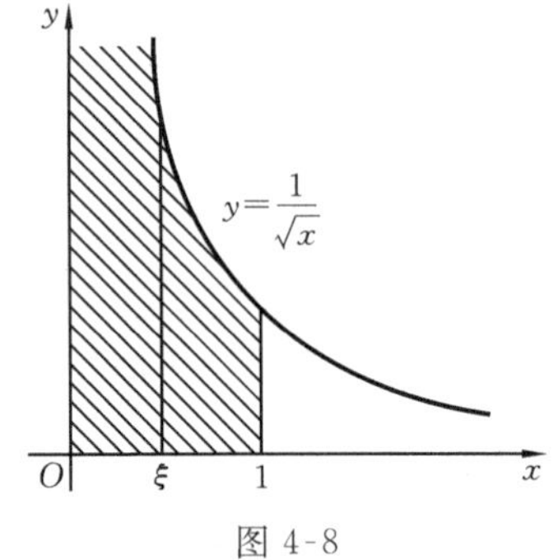

图 4-8

解决上述两个案例中的问题需要介绍广义积分的知识.

定义 1 设函数 $f(x)$ 在区间$[a,+\infty)$ 上连续,对任意的 $b>a$,如果极限 $\lim\limits_{b\to+\infty}\int_a^b f(x)\mathrm{d}x$ 存在,则称此极限值为函数 $f(x)$ 在无穷区间$[a,+\infty)$ 上的广义积分. 记为

$$\int_a^{+\infty} f(x)\mathrm{d}x,\quad 即\quad \int_a^{+\infty} f(x)\mathrm{d}x=\lim_{b\to+\infty}\int_a^b f(x)\mathrm{d}x.$$

此时也称广义积分$\int_a^{+\infty} f(x)\mathrm{d}x$ 收敛. 如果上述极限不存在,则称广义积分$\int_a^{+\infty} f(x)\mathrm{d}x$ 发散,而符号“$\int_a^{+\infty} f(x)\mathrm{d}x$” 不表示任何数值.

类似地,可定义函数在区间$(-\infty,b]$ 上的广义积分:

$$\int_{-\infty}^b f(x)\mathrm{d}x=\lim_{a\to-\infty}\int_a^b f(x)\mathrm{d}x.$$

定义 2 设函数 $f(x)$ 在区间$(-\infty,+\infty)$ 上连续,如果对任意常数 c,广义积分 $\int_{-\infty}^c f(x)\mathrm{d}x$,$\int_c^{+\infty} f(x)\mathrm{d}x$ 都收敛,则称这两广义积分之和为函数 $f(x)$ 在无穷区间$(-\infty,+\infty)$ 上的广义积分. 记为$\int_{-\infty}^{+\infty} f(x)\mathrm{d}x$,即

$$\int_{-\infty}^{+\infty} f(x)\mathrm{d}x=\int_{-\infty}^c f(x)\mathrm{d}x+\int_c^{+\infty} f(x)\mathrm{d}x=\lim_{a\to-\infty}\int_a^c f(x)\mathrm{d}x+\lim_{b\to+\infty}\int_c^b f(x)\mathrm{d}x.$$

此时也称广义积分$\int_{-\infty}^{+\infty} f(x)\mathrm{d}x$ 收敛,否则,就称广义积分$\int_{-\infty}^{+\infty} f(x)\mathrm{d}x$ 发散. 上述广义积分统称为无穷区间上的广义积分.

例 1 计算广义积分$\int_0^{+\infty} \mathrm{e}^{-x}\mathrm{d}x$.

解　任取实数 $b>0$，$f(x)=\mathrm{e}^{-x}$ 在区间 $[0,b]$ 上连续，它的一个原函数为 $-\mathrm{e}^{-x}$，由牛顿 - 莱布尼茨公式得 $\int_0^b \mathrm{e}^{-x}\mathrm{d}x=-\mathrm{e}^{-x}\Big|_0^b=1-\mathrm{e}^{-b}$，所以

$$\int_0^{+\infty}\mathrm{e}^{-x}\mathrm{d}x=\lim_{b\to+\infty}\int_0^b \mathrm{e}^{-x}\mathrm{d}x=\lim_{b\to+\infty}(1-\mathrm{e}^{-b})=1.$$

它的几何意义如图 4-9 所示，显然当 $b\to+\infty$ 时，阴影部分曲边梯形面积的极限值就是开口曲边梯形面积的精确值.

在计算无穷区间上的广义积分时，为了书写方便，在实际运算中常略去极限符号，形式上直接利用牛顿 - 莱布尼茨公式.

设 $F(x)$ 为连续函数 $f(x)$ 的一个原函数，记

$$F(+\infty)=\lim_{x\to+\infty}F(x),\quad F(-\infty)=\lim_{x\to-\infty}F(x),$$

则

$$\int_a^{+\infty}f(x)\mathrm{d}x=F(x)\Big|_a^{+\infty}=F(+\infty)-F(a),$$

$$\int_{-\infty}^b f(x)\mathrm{d}x=F(x)\Big|_{-\infty}^b=F(b)-F(-\infty),$$

$$\int_{-\infty}^{+\infty}f(x)\mathrm{d}x=F(x)\Big|_{-\infty}^{+\infty}=F(+\infty)-F(-\infty).$$

以上三个广义积分的收敛与发散就取决于极限 $F(-\infty)$、$F(+\infty)$ 是否存在及是否同时存在.

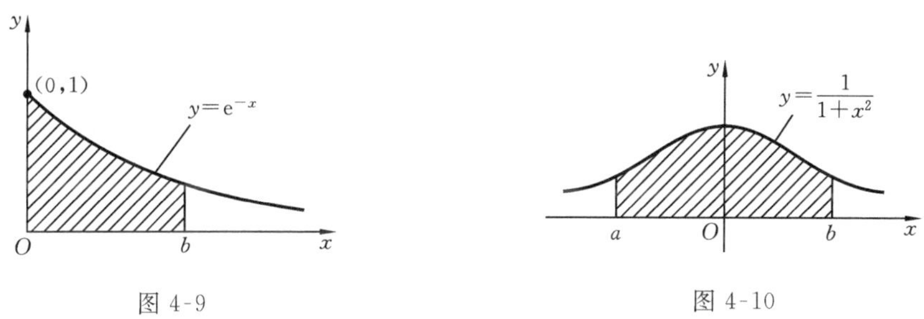

图 4-9　　　　图 4-10

例 2　计算广义积分 $\int_{-\infty}^{+\infty}\frac{1}{1+x^2}\mathrm{d}x$.

解　$\int_{-\infty}^{+\infty}\frac{1}{1+x^2}\mathrm{d}x=\arctan x\Big|_{-\infty}^{+\infty}=\frac{\pi}{2}-\left(-\frac{\pi}{2}\right)=\pi.$

此例中广义积分的几何意义是：当 $a\to-\infty$，$b\to+\infty$ 时，阴影部分曲边梯形面积的极限值，就是左、右两边开口的曲边梯形面积的精确值，如图 4-10 所示.

例 3　案例“第二宇宙速度问题”的解答.

解　(1) 以物体的起始位置为原点，沿铅直向上的方向正向建立数轴. 由万有引力定律知，地球对物体的引力的大小为

$$f=k\frac{mM}{(x+H+R)^2},$$

其中，M 为地球的质量，R 为地球的半径，k 为引力常数. 所以物体克服地球引力所做

的功是

$$W=\int_0^{+\infty}\frac{kmM}{(x+H+R)^2}\mathrm{d}x=-\frac{kmM}{x+H+R}\Bigg|_0^{+\infty}=\frac{kmM}{H+R}.$$

(2) 当物体从地面向空中铅直发射时，由(1) 知，物体脱离地球应做的功是 $\frac{kmM}{R}$，再根据能量守恒定律，得

$$\frac{kmM}{R}=\frac{1}{2}mv_0^2,$$

解得 $v_0=\sqrt{\frac{2kM}{R}}$. 又因为 $kM=gR^2$，则 $v_0=\sqrt{2gR}$. 将 $g=9.8\ \mathrm{m/s}$，$R=6.371\times 10^6\ \mathrm{m}$，代入求得

$$v_0=\sqrt{2gR}=\sqrt{2\times 9.8\times 6.371\times 10^6}\ \mathrm{m/s}\approx 11.17\ \mathrm{km/s}.$$

这个速度就是第二宇宙速度.

例 4 计算广义积分 $\int_e^{+\infty}\frac{\mathrm{d}(\ln x)}{\ln x}$，并判断其敛散性.

解 $\int_e^{+\infty}\frac{\mathrm{d}(\ln x)}{\ln x}=\ln(\ln x)\Big|_0^{+\infty}=+\infty$，所以广义积分发散.

例 5 证明广义积分 $\int_1^{+\infty}\frac{1}{x^p}\mathrm{d}x$ 当 $p>1$ 时收敛，当 $p\leqslant 1$ 时发散.

证 当 $p=1$ 时，有 $\int_1^{+\infty}\frac{1}{x}\mathrm{d}x=\lim\limits_{b\to+\infty}\ln x\Big|_1^b=+\infty$；当 $p\neq 1$，有

$$\int_1^{+\infty}\frac{1}{x^p}\mathrm{d}x=\lim_{b\to+\infty}\int_1^b\frac{1}{x^p}\mathrm{d}x=\frac{1}{1-p}\lim_{b\to+\infty}x^{1-p}\Bigg|_1^b$$

$$=\frac{1}{1-p}\lim_{b\to+\infty}(b^{1-p}-1)=\begin{cases}\dfrac{1}{p-1}, & p>1,\\ +\infty, & p<1.\end{cases}$$

综上所述可知，广义积分 $\int_1^{+\infty}\frac{1}{x^p}\mathrm{d}x$ 当 $p>1$ 时收敛，当 $p\leqslant 1$ 时发散.

练　习　4.4

计算下列广义积分.

(1) $\int_1^{+\infty}\frac{1}{x^4}\mathrm{d}x$；　(2) $\int_0^{+\infty}\mathrm{e}^{-\sqrt{x}}\mathrm{d}x$；　(3) $\int_{-\infty}^0\cos x\mathrm{d}x$；　(4) $\int_{-\infty}^{+\infty}\frac{1}{x^2+2x+2}\mathrm{d}x$.

4.5　定积分在几何中的应用

本节和下一节中将分析和解决一些实际应用问题，其目的不仅在于建立一些公式，更重要的是运用工程技术中经常采用的一种“微元法”的分析方法. 它使得定积

分应用于实践更加方便.什么是微元法呢?下面首先来回顾一下 4.1 节中讨论过的求曲边梯形的面积问题的步骤.

(1) 分割:将区间$[a,b]$任意分割成n个子区间$[x_{i-1},x_i](i=1,2,\cdots,n)$,其中$x_0=a,x_n=b$.

(2) 求和:在任意一个子区间$[x_{i-1},x_i]$上任取一点ξ_i,小曲边梯形的面积ΔA_i的近似值$\Delta A_i \approx f(\xi_i)\Delta x_i(x_{i-1}\leqslant \xi_i \leqslant x_i)$,从而得到曲边梯形的面积

$$A \approx \sum_{i=1}^{n} f(\xi_i)\Delta x_i.$$

(3) 求极限:当$n\to\infty$且$\lambda=\max\{\Delta x_i\}\to 0$时,有

$$A=\lim_{\lambda\to 0}\sum_{i=1}^{n} f(\xi_i)\Delta x_i=\int_a^b f(x)\mathrm{d}x.$$

比较第二步与第三步不难发现,如果将第三步近似值$f(\xi_i)\Delta x_i$中的ξ_i用x代替,Δx_i用$\mathrm{d}x$代替,即得$f(x)\mathrm{d}x$为第三步中的被积表达式,于是,可以将以上求曲边梯形面积的三个步骤简化为如下两个步骤.

(1) 选取积分变量(x或y),并确定其变化范围,例如选$x\in[a,b]$,在其区间上任取一个子区间$[x,x+\mathrm{d}x]$;

(2) 取曲边梯形面积A在子区间$[x,x+\mathrm{d}x]$上的部分量ΔA的近似值,即$\Delta A\approx f(x)\mathrm{d}x$,如图 4-11 所示,其中$f(x)\mathrm{d}x$称为面积微元,记为$\mathrm{d}A=f(x)\mathrm{d}x$,于是

$$A=\int_a^b f(x)\mathrm{d}x.$$

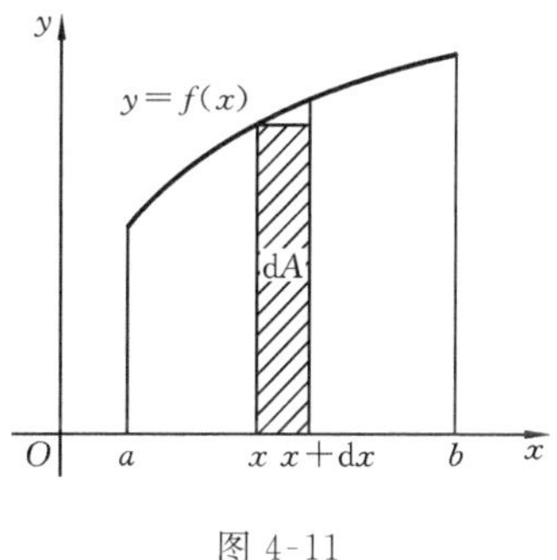

图 4-11

一般地,为求得某一实际问题中的量U,只需先求出U的微元量$\mathrm{d}U$,然后,对$\mathrm{d}U$取相应的定积分即可.这种方法通常称为微元法.下面将应用这种方法来讨论一些几何问题.

4.5.1　平面图形的面积

1. 直角坐标情形

由前面的讨论可知,如果$f(x)\geqslant 0$,则曲线$y=f(x)$与直线$x=a,x=b$及x轴所围成的平面图形的面积A的微元$\mathrm{d}A=f(x)\mathrm{d}x$;如果$f(x)\leqslant 0$,则它的面积微元$\mathrm{d}A=|f(x)|\mathrm{d}x$(见图 4-12),从而

$$A=\int_a^b |f(x)|\mathrm{d}x. \qquad ①$$

例 1　求曲线$y=x^3$与直线$x=-1,x=2$及x轴所围成的平面图形的面积(见图 4-13).

解　由式①得面积微元$\mathrm{d}A=|x^3|\mathrm{d}x$,从而

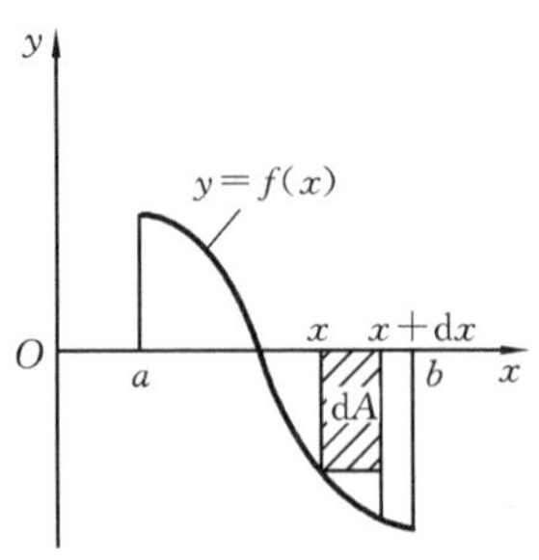

图 4-12

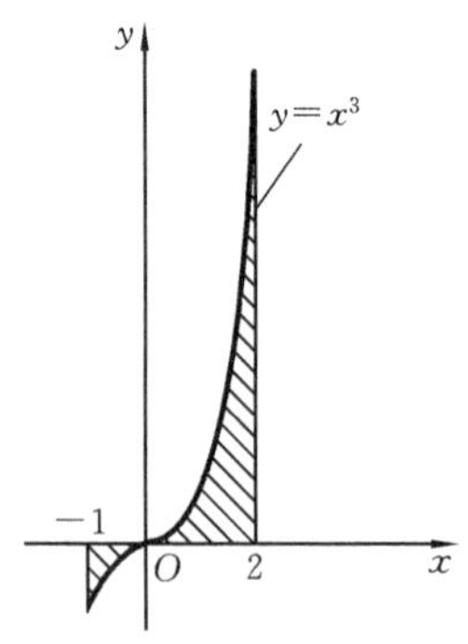

图 4-13

$$A=\int_{-1}^{2}|x^3|\,\mathrm{d}x=\int_{-1}^{0}(-x^3)\mathrm{d}x+\int_{0}^{2}x^3\,\mathrm{d}x=-\frac{x^4}{4}\Big|_{-1}^{0}+\frac{x^4}{4}\Big|_{0}^{2}=\frac{1}{4}+\frac{16}{4}=\frac{17}{4}.$$

一般地，设 $f(x),g(x)$ 是区间$[a,b]$上的两条连续曲线. 不论 $f(x),g(x)$ 的位置如何，由这两条曲线及直线 $x=a,x=b$ 所围成的平面图形的面积 A 的微元(见图 4-14) 总可以表示为 $\mathrm{d}A=|f(x)-g(x)|\,\mathrm{d}x$，从而 $A=\int_a^b|f(x)-g(x)|\,\mathrm{d}x$.

例 2 计算由抛物线 $y^2=x,y=x^2$ 所围成的平面图形的面积.

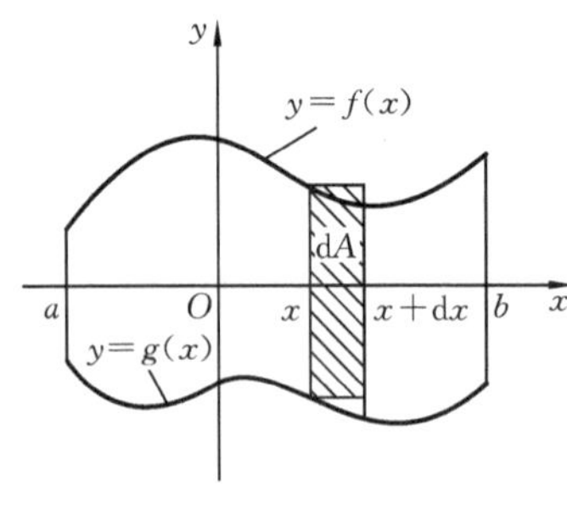

图 4-14

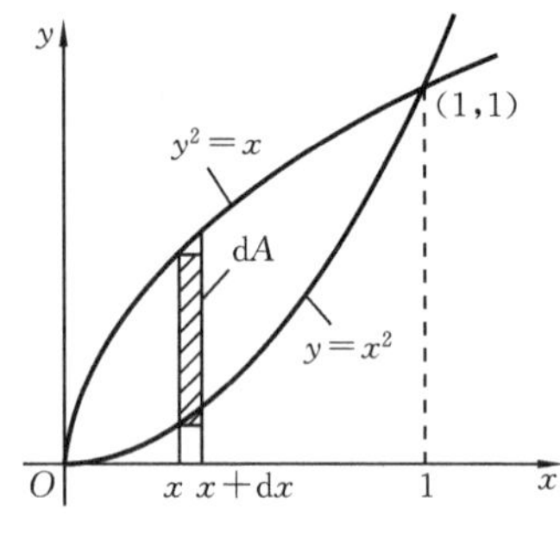

图 4-15

解 如图 4-15 所示，由方程组 $\begin{cases}y^2=x\\ y=x^2\end{cases}$，所确定的两条抛物线的交点为(0,0) 和(1,1)，且面积微元 $\mathrm{d}A=|\sqrt{x}-x^2|\,\mathrm{d}x=(\sqrt{x}-x^2)\mathrm{d}x$，从而有

$$A=\int_0^1|\sqrt{x}-x^2|\,\mathrm{d}x=\int_0^1(\sqrt{x}-x^2)\mathrm{d}x=\frac{2x^{3/2}}{3}\Big|_0^1-\frac{x^3}{3}\Big|_0^1=\frac{2}{3}-\frac{1}{3}=\frac{1}{3}.$$

在计算平面图形的面积时，恰当地选择积分变量有利于问题的解决.

例 3 计算由抛物线 $y^2=2x$ 与直线 $y=x-4$ 所围成的平面图形的面积.

解 如图 4-16 所示，求解方程组 $\begin{cases}y^2=2x,\\ y=x-4,\end{cases}$ 得抛物线与直线的交点(2,−2)和(8,4). 如果选取纵坐标 y 为积分变量，它的变化范围是$[-2,4]$，任取子区间

$[y, y+\mathrm{d}y]$，则得到面积微元 $\mathrm{d}A=\left(y+4-\frac{1}{2}y^2\right)\mathrm{d}y$，于是

$$A=\int_{-2}^{4}\left(y+4-\frac{1}{2}y^2\right)\mathrm{d}y=\frac{1}{2}y^2\Big|_{-2}^{4}+4y\Big|_{-2}^{4}-\frac{1}{6}y^3\Big|_{-2}^{4}=18.$$

如果选取横坐标 x 为积分变量，面积微元的表达式就不唯一了，从而使得定积分的计算比上面解法要复杂. 读者不妨自己试试.

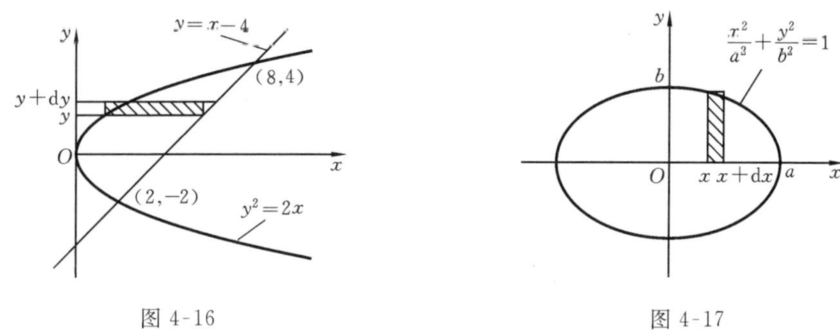

图 4-16　　　　图 4-17

例 4　求椭圆 $\frac{x^2}{a^2}+\frac{y^2}{b^2}=1$ 所围成的图形面积.

解　因为所求平面图形关于 x 轴、y 轴对称（见图 4-17），所以椭圆的面积是它在第一象限部分的面积的 4 倍，即 $A=4\int_0^a y\mathrm{d}x$. 将 $x=a\cos t, y=b\sin t$ 代入积分式，由定积分的换元法得

$$A=4\int_0^a y\mathrm{d}x=4\int_{\pi/2}^{0}b\sin t(-a\sin t)\mathrm{d}t=4ab\int_0^{\pi/2}\sin^2 t\mathrm{d}t=4ab\int_0^{\pi/2}\frac{1}{2}(1-\cos 2t)\mathrm{d}t$$

$$=4ab\cdot\frac{1}{2}\left(t-\frac{1}{2}\sin 2t\right)\Big|_0^{\pi/2}=2ab\cdot\frac{\pi}{2}=\pi ab.$$

当 $a=b=R$ 时，就是圆的面积公式 $A=\pi R^2$.

2. 极坐标情形

当某一平面图形的边界曲线用极坐标方程 $r=r(\theta)$ 表示时，在极坐标系下其面积的求法，首先是要求出最简单的“曲边扇形”的面积（见图 4-18）.

由曲线 $r=r(\theta)$ 及射线 $\theta=\alpha, \theta=\beta(\alpha<\beta)$ 所围成的图形称为曲边扇形. 取 θ 为积分变量，它的变化范围是 $[\alpha,\beta]$，应用微元法得出面积微元 $\mathrm{d}A$.

任取一个子区间 $[\theta,\theta+\mathrm{d}\theta]$，把以 θ 处的极径 $r(\theta)$ 为半径、以 $\mathrm{d}\theta$ 为圆心角的圆扇形的面积作为面积微元，如图 4-18 所示的阴影部分的面积，即

$$\mathrm{d}A=\frac{1}{2}[r(\theta)]^2\mathrm{d}\theta, \quad ②$$

于是

$$A=\int_\alpha^\beta\frac{1}{2}[r(\theta)]^2\mathrm{d}\theta. \quad ③$$

这就是极坐标系中平面图形面积的计算公式.

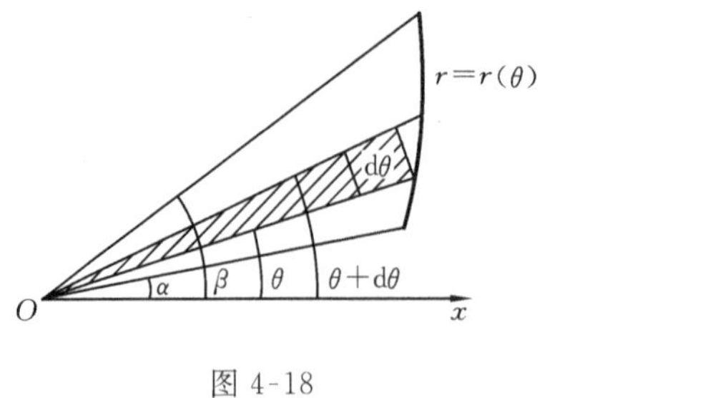

图 4-18

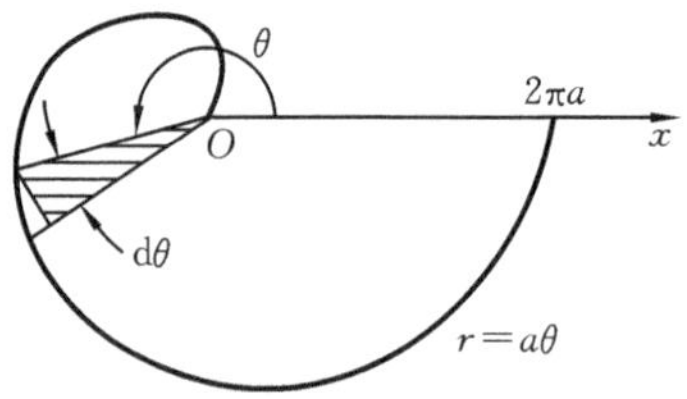

图 4-19

例 5 计算阿基米德螺线 $r=a\theta(a>0)$ 上相应于 θ 从 0 变到 2π 的一段弧与极轴所围成的图形(见图 4-19)的面积.

解 直接应用式②,得面积微元 $\mathrm{d}A=\dfrac{1}{2}(a\theta)^2\mathrm{d}\theta$,于是

$$A=\int_0^{2\pi}\frac{1}{2}(a\theta)^2\mathrm{d}\theta=\frac{a^2}{2}\cdot\frac{\theta^3}{3}\bigg|_0^{2\pi}=\frac{4}{3}a^2\pi^3.$$

例 6 求两条曲线 $r=3\cos\theta$ 和 $r=1+\cos\theta$ 所围成的公共部分的面积.

解 如图 4-20 所示,求解方程组 $\begin{cases}r=3\cos\theta,\\ r=1+\cos\theta,\end{cases}$ 得两曲线的交点 $A\left(\dfrac{3}{2},\dfrac{\pi}{3}\right)$,$B\left(\dfrac{3}{2},-\dfrac{\pi}{3}\right)$. 当 $\theta\in\left[0,\dfrac{\pi}{3}\right]$时,面积微元 $\mathrm{d}A=\dfrac{1}{2}(1+\cos\theta)^2\mathrm{d}\theta$;当 $\theta\in\left[\dfrac{\pi}{3},\dfrac{\pi}{2}\right]$时,面积微元 $\mathrm{d}A=\dfrac{1}{2}(3\cos\theta)^2\mathrm{d}\theta$. 又因为图形关于极轴对称,所以

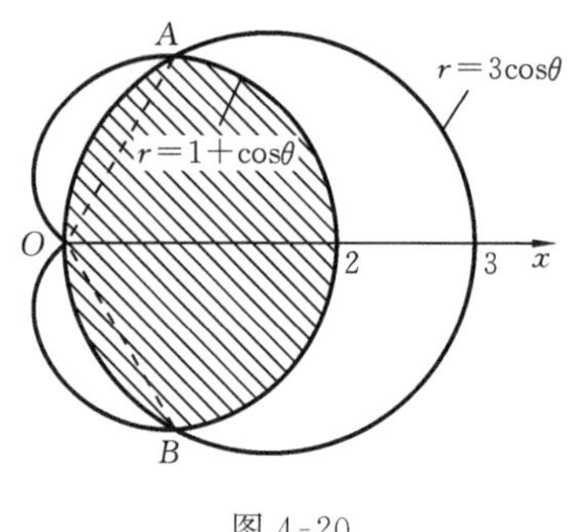

图 4-20

$$\begin{aligned}A&=2\int_0^{\frac{\pi}{3}}\frac{1}{2}(1+\cos\theta)^2\mathrm{d}\theta+2\int_{\frac{\pi}{3}}^{\frac{\pi}{2}}\frac{1}{2}(3\cos\theta)^2\mathrm{d}\theta\\&=\int_0^{\frac{\pi}{3}}(1+2\cos\theta+\cos^2\theta)\mathrm{d}\theta+\int_{\frac{\pi}{3}}^{\frac{\pi}{2}}9\cos^2\theta\mathrm{d}\theta\\&=\left(\frac{3}{2}\theta+2\sin\theta+\frac{1}{4}\sin2\theta\right)\bigg|_0^{\frac{\pi}{3}}+\left(\frac{9}{2}\theta+\frac{9}{4}\sin2\theta\right)\bigg|_{\frac{\pi}{3}}^{\frac{\pi}{2}}=\frac{5\pi}{4}.\end{aligned}$$

4.5.2 旋转体的体积

由一平面图形绕此平面内一条直线旋转一周而形成的立体称为旋转体,这条直线称为旋转体的旋转轴. 矩形绕它的一条边、直角三角形绕它的一条直角边、直角梯形绕它的直角腰和半圆绕它的直径旋转一周而形成的立体分别是常见的圆柱体、圆锥体、圆台体和球体.

设有一旋转体(见图 4-21)是由连续曲线 $y=f(x)$,直线 $x=a$,$x=b$ 及 x 轴所围成的曲边梯形绕 x 轴旋转一周而形成的立体,现在用定积分计算它的体积.

取横坐标 x 为积分变量，其变化范围是 $[a,b]$。任取一子区间 $[x,x+\mathrm{d}x]$ 上的窄曲边梯形绕 x 轴旋转一周而形成的薄片的体积近似于以 $|f(x)|$ 为底半径、$\mathrm{d}x$ 为高的扁圆柱体的体积，即体积微元 $\mathrm{d}V=\pi[f(x)]^2\mathrm{d}x$，于是

$$V=\pi\int_a^b[f(x)]^2\mathrm{d}x=\pi\int_a^b y^2\mathrm{d}x. \qquad ①$$

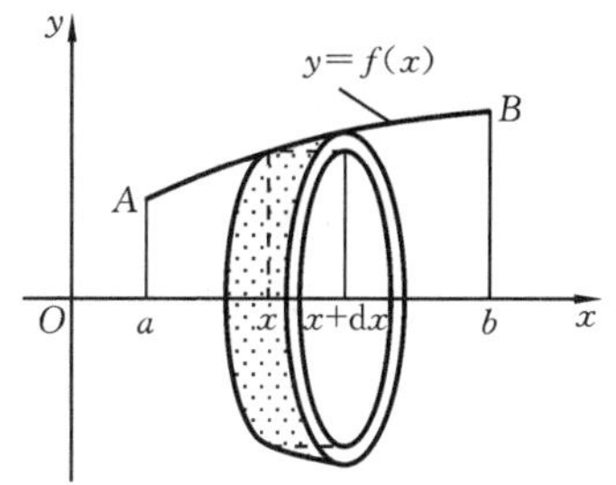

图 4-21

类似地，可求得由曲线 $x=\varphi(y)$ 与直线 $y=c$，$y=d$ 及 y 轴所围成的曲边梯形绕 y 轴旋转一周而形成的旋转体的体积(见图 4-22)，即

$$V=\pi\int_c^d[\varphi(y)]^2\mathrm{d}y=\pi\int_c^d x^2\mathrm{d}y. \qquad ②$$

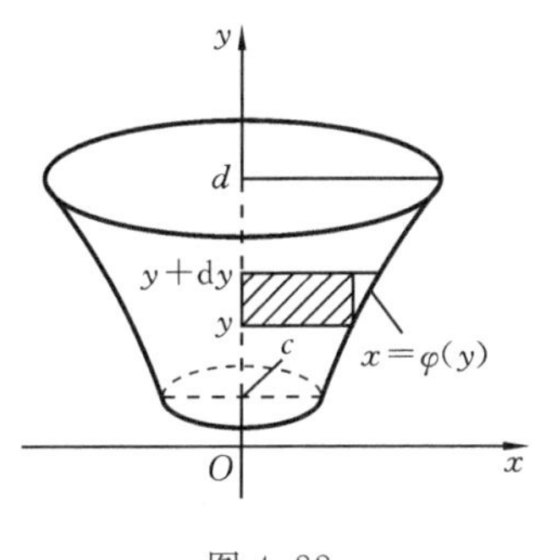

图 4-22

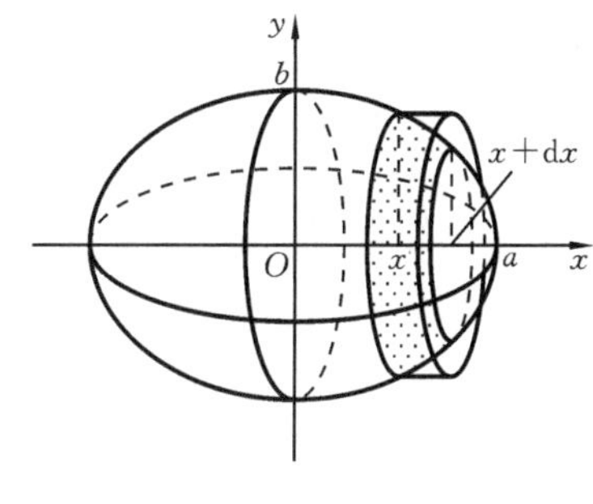

图 4-23

例 7　求由椭圆 $\dfrac{x^2}{a^2}+\dfrac{y^2}{b^2}=1$ 分别绕 x 轴和 y 轴旋转而形成的旋转体的体积.

解　如图 4-23 所示，绕 x 轴旋转时，利用式 ① 及立体的对称性，得

$$V=2\pi\int_0^a y^2\mathrm{d}x=2\pi\int_0^a b^2\left(1-\frac{x^2}{a^2}\right)\mathrm{d}x=\frac{4}{3}\pi ab^2.$$

类似地，当椭圆绕 y 轴旋转时，利用式 ② 及立体的对称性，得

$$V=2\pi\int_0^b x^2\mathrm{d}y=2\pi\int_0^b a^2\left(1-\frac{y^2}{b^2}\right)\mathrm{d}y=\frac{4}{3}\pi a^2 b.$$

特别地，当 $a=b$ 时，得球体的体积 $V=\dfrac{4}{3}\pi a^3$.

练　习　4.5

1. 求抛物线 $y=-x^2+4x-3$ 及其在点(0,3)和点(3,0)处的切线所围成的图形面积.

2. 设曲线 $y=x-x^2$ 与直线 $y=ax$ 所围成图形的面积为 9/2，求参数 a.

3. 求由下列各曲线所围成的图形的面积.

(1) $r=2a\cos\theta$；　(2) $r=2a(2+\cos\theta)$；　(3) $x=a\cos^3 t, y=a\sin^3 t\ (0\leqslant t\leqslant 2\pi)$.

4. 求由摆线 $x=a(t-\sin t), y=a(1-\cos t)(0\leqslant t\leqslant 2\pi)$ 的一拱与 x 轴所围成的图形的面积.

5. 求两圆 $r=2$ 与 $r=4\cos\theta$ 的公共部分的面积.

6. 求曲线 $y=\ln x$ 在区间$(2,6)$内的一点,使该点的切线与直线 $x=2, x=6$ 及 $y=\ln x$ 所围成的平面图形面积最小.

7. 求下列已知曲线所围成的图形绕指定轴旋转所得的旋转体的体积.

(1) $y=x^2, y=0, x=1$ 绕 x 轴及 y 轴旋转; (2) $y=x^2, y^2=8x$ 绕 x 轴及 y 轴旋转;

(3) $x^2+(y-5)^2=16$ 绕 x 轴旋转.

4.6 定积分在物理中的应用

如前所述,积分方法是研究许多实际问题的重要方法.物理学中变力做功、变速运动、液体的静压力、转动惯量、重心,电工学中关于功率,各种整流电路中电流、电压的平均值等都能用积分方法解决,下面举例说明其应用.

4.6.1 变力沿直线所做的功

由物理学知识可知,一个常力 F 作用在一物体上,使物体沿力的方向移动了距离 s,则力 F 对物体所做的功为

$$W=Fs.$$

如果作用在物体上的力 F 不是常力,则 F 对物体所做的功就要利用定积分来计算.

例 1 把一个带正电量的点电荷 q 放在 x 轴上的坐标原点 O 处,它产生一个电场,这个电场对周围的电荷有作用力.如果有一个单位正电荷放在这个电场中距离原点 O 为 r 的地方,则电场对它的作用力的大小为

$$F=k\frac{q}{r^2}\quad (k\text{ 为常数}).$$

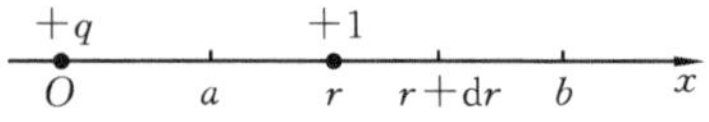

$+q$ $+1$ O a r $r+\mathrm{d}r$ b x

图 4-24

如图 4-24 所示,当这个单位正电荷在电场中从 $r=a$ 处沿 x 轴移动到 $r=b(a<b)$ 处时,计算电场力对它所做的功.

解 在单位正电荷移动过程中,电场对它的作用力是变力,如果取 r 为积分变量,它的变化区间为$[a,b]$,且在$[a,b]$中的任意子区间$[r,r+\mathrm{d}r]$上,电场力可近似看做常力,并且用在点 r 处单位正电荷受到的电场力代替,丁是它移动 $\mathrm{d}r$ 所做的功的近似值,即功微元 $\mathrm{d}W=k\frac{q}{r^2}\mathrm{d}r$,所以电场力对单位正电荷在$[a,b]$上移动所做的功为

$$W=\int_a^b k\frac{q}{r^2}\mathrm{d}r=-kq\cdot\frac{1}{r}\bigg|_a^b=kq\left(\frac{1}{a}-\frac{1}{b}\right).$$

将单位正电荷从 $r=a$ 点移至无穷远处时,电场力所做的功称为电场中 $r=a$ 点处的电位 V.于是

$$V = \int_a^{+\infty} k\,\frac{q}{r^2}\mathrm{d}r = -kq\cdot\frac{1}{r}\Big|_a^{+\infty} = \frac{kq}{a}.$$

例 2　案例“交流电的有效值”的解答.

解　由实验可知，在时间 T 内直流电通过电阻 R 所产生的热量为

$$Q = 0.24I^2RT.$$

对于交流电流，在一小段时间 Δt 内电流的变化很小，可近似地表示 Δt 内电阻 R 产生的热量 $\Delta\bar{Q} \approx 0.24i^2R\Delta t$，则交流电流在一个周期 T 内在 R 上产生的热量为

$$\bar{Q} = \int_0^T 0.24i^2R\mathrm{d}t.$$

根据对交流电流有效值的规定，在相同时间段 $[0,T]$ 内，$Q = \bar{Q}$，即有

$$0.24I^2RT = \int_0^T 0.24i^2R\mathrm{d}t,$$

化简得周期性交流电的有效值为 $I = \sqrt{\frac{1}{T}\int_0^T i^2\,\mathrm{d}t}$.

例 3　一圆台形容器高为 5 m，上底圆半径为 3 m，下底圆半径为 2 m，要将容器内的水全部吸出需做多少功?

解　选取坐标系如图 4-25 所示，取水的深度 y 为积分变量，它的变化区间为 $[0,5]$，对应于区间 $[0,5]$ 上的任一子区间 $[y,y+\mathrm{d}y]$ 上的一薄层水被提取出容器所做的功为 ΔW. 因为直线 AB 的方程为 $y=-5(x-3)$，所以该薄层水的重量为

$$G = \rho g\pi x^2\mathrm{d}y = \pi\rho g(3-y/5)^2\mathrm{d}y,$$

其中，ρ 为水的密度（1 000 $\mathrm{kg/m^2}$），g 为重力加速度（9.8 N/kg）. 将该薄层水提出容器外的位移为 y. 于是将它吸出容器外所需做功的近似值，即功微元

$$\mathrm{d}W = \rho g\pi(3-y/5)^2y\mathrm{d}y,$$

所以
$$W = \int_0^5 1000\times 9.8\pi(3-5/y)^2y\mathrm{d}y \approx 2.12\times 10^6\ \mathrm{J}.$$

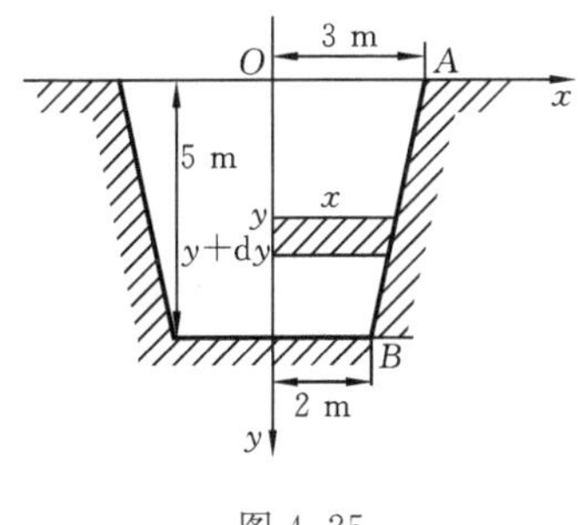

图 4-25

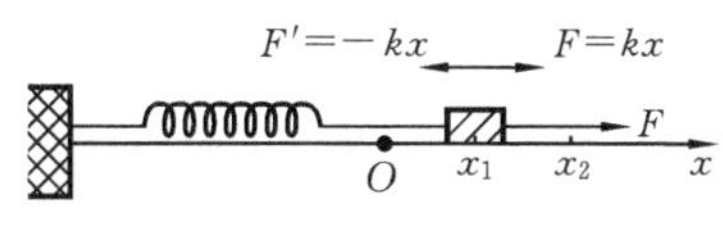

图 4-26

例 4　如图 4-26 所示，将弹簧的一端固定，另一端系一质量为 m 的质点，整个系统放置在一光滑的水平面上（无摩擦力）. 设弹簧平衡时质点在坐标原点，今用一水平力 F 匀速拉动质点，试计算拉力 F 将质点从 x_1 拉到 x_2 时所做的功.

解　拉力 F 将质点匀速拉动，此时拉力 F 等于弹簧的恢复力，根据胡克定律知，

弹簧的恢复力为

$$F' = -kx,$$

而

$$F = kx,$$

故拉力 F 所做的功为

$$W = \int_{x_1}^{x_2} F\mathrm{d}x = \int_{x_1}^{x_2} kx\,\mathrm{d}x = \frac{1}{2}kx_2^2 - \frac{1}{2}kx_1^2.$$

4.6.2 水的压力

从物理学知识知道,在水深为 h 处的压强为 $p = \rho gh$,其中 ρ 是水的密度.如果有一面积为 A 的平板,水平地放置在深为 h 处的水中,则平板一侧所受的力

$$F = pA = \rho ghA,$$

其方向垂直于平板的表面.

如果平板铅直地放置在水中,由于深度不同,则水的压强也不同.下面举例说明如何计算它一侧所受的力.

例 5 一个横放着的圆柱形水桶,桶内盛满了水(见图 4-27(a)),设桶的底面半径为 R,试计算桶的底面所受的力.

解 由于同一深度各点处的压强大小相等,因此将桶的底面上的最高点取作坐标原点 O,把过点 O 与底面圆周相切的直线取作 y 轴,并用一系列平行于 y 轴的直线将底面分成许多窄条,如图 4-27(b) 所示.因为每一窄条上各点处的深度相差不大,所以它们的压强就可以用窄条上方各点处的压强来近似表示.

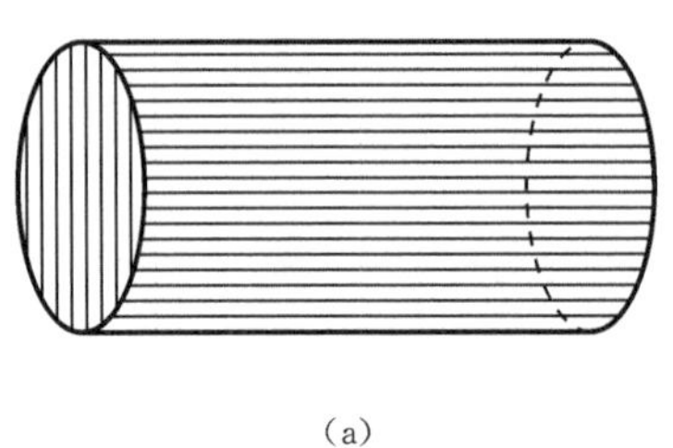

(a)

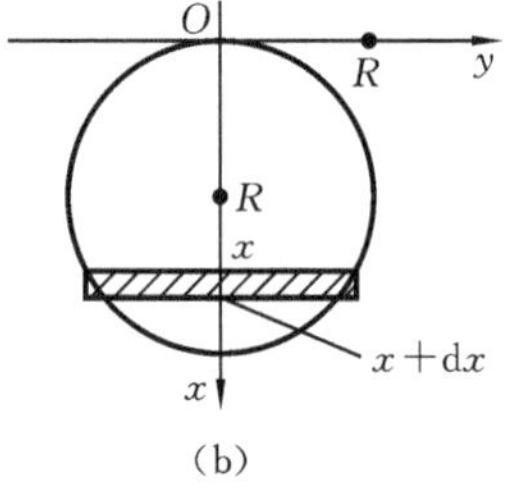

(b)

图 4-27

取积分变量 $x \in [0,2R]$,考察 $[0,2R]$ 中任意子区间 $[x, x+\mathrm{d}x]$ 上相应的窄条受到的力 ΔF,该窄条的压强近似为 ρgx,窄条的面积近似为矩形的面积 $2|y|\mathrm{d}x$,于是 ΔF 的近似值,即力微元 $\mathrm{d}F = 2\rho gx|y|\mathrm{d}x$,两边积分,得

$$F = \int_0^{2R} 2\rho gx|y|\mathrm{d}x,$$

其中 $|y| = \sqrt{R^2 - (x-R)^2}$,代入上式,得

$$F = 2\rho g\int_0^{2R} x\sqrt{R^2-(x-R)^2}\mathrm{d}x = 2\rho g\int_0^{2R}(x-R+R)\sqrt{R^2-(x-R)^2}\mathrm{d}x$$

$$= 2\rho g\int_0^{2R}(x-R)\sqrt{R^2-(x-R)^2}\mathrm{d}(x-R) + 2\rho gR\int_0^{2R}\sqrt{R^2-(x-R)^2}\mathrm{d}x$$

$$=-\frac{2}{3}\rho g\left[R^2-(x-R)^2\right]^{2/3}\Big|_0^{2R}+2\rho gR\cdot\frac{1}{2}\pi R^2=\rho g\pi R^3.$$

例 6　案例“潜水艇观察窗所受的压力”的解答.

解　建立直角坐标系,如图 4-1 所示,圆的方程为 $x^2+y^2=r^2$.

(1) 取 y 为积分变量,积分区间为$[-r,r]$;

(2) 在积分区间$[-r,r]$上,任取一子区间$[y,y+\mathrm{d}y]$,与它对应的小薄片的面积近似于长为 $2x=2\sqrt{r^2-y^2}$、宽为 $\mathrm{d}y$ 的小矩形面积. 这个小矩形一侧所受的压力近似于把它放在平行于液体表面,距液体表面深度为 $h-y$ 的位置上一面所受的压力. 于是可得所受的压力微元为

$$\mathrm{d}F=\rho\cdot g\cdot(h-y)\cdot 2\sqrt{r^2-y^2}\,\mathrm{d}y.$$

(3) 取定积分,可得潜水艇观察窗所受的压力为

$$\begin{aligned}F&=2\rho g\int_{-r}^{r}\left(h\sqrt{r^2-y^2}-y\sqrt{r^2-y^2}\right)\mathrm{d}y\\&=2\rho gh\int_{-r}^{r}\sqrt{r^2-y^2}\,\mathrm{d}y-2\rho g\int_{-r}^{r}y\sqrt{r^2-y^2}\,\mathrm{d}y.\end{aligned}$$

因为$[-r,r]$为对称区间,$y\sqrt{r^2-y^2}$ 为奇函数,故第二项积分

$$\int_{-r}^{r}y\sqrt{r^2-y^2}\,\mathrm{d}y=0.$$

又由定积分的几何意义可求出第一项积分$\int_{-r}^{r}\sqrt{r^2-y^2}\,\mathrm{d}y=\frac{1}{2}\pi r^2$,故潜水艇观察窗所受的压力的数学模型为

$$F=\rho gh\pi r^2.$$

练　习　4.6

1. 由胡克定律知,弹簧在弹性限度内在外力作用下伸长时,其弹性力的大小与伸长量成正比,方向指向平衡位置. 今有一弹簧,在弹性限度内已知每拉长 1 cm 要用 19.6 N 的力,试将此弹簧由平衡位置拉长 5 m 时,求为克服弹簧的弹力所要做的功.

2. 物体按规律 $x=ct^3\ (c>0)$ 作直线运动,设介质阻力与速度的二次方成正比,求物体从点 $x=0$ 处运动到点 $x=a$ 处阻力所做的功.

3. 一圆台形水池,深 15 m,上、下口半径分别为 20 m 和 10 m,如果将其中盛满的水全部抽尽,需做多少功?

4. 水坝中有一直立的矩形闸门,宽 20 m,高 10 m,闸门的上端与水面平行,求以下情况闸门所受的压力.

(1) 闸门的上端与水面平齐时;

(2) 水面在闸门的顶上 8 m 时.

5. 洒水车上的水箱是一个横放的椭圆柱体,其尺寸如图 4-28 所示,当水箱装满水时,求水箱的一个端面所受的力.

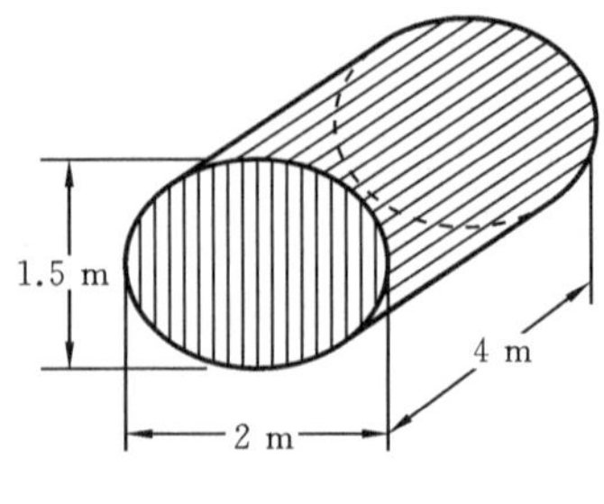

图 4-28

6. 设半径为 R、总质量为 $m_{总}$ 的均匀细半圆环，其圆心处有一质量为 m 的质点，求半圆环对质点的引力.

综合练习 4

一、选择题

1. 函数 $f(x)$ 在区间 $[a,b]$ 上连续是它在该区间上可积的(　　).

(A) 必要条件　　(B) 充分条件　　(C) 充要条件　　(D) 无关条件

2. 设 $a=\int_0^1 e^{-x^2}dx, b=\int_1^2 e^{-x^2}dx$，则(　　).

(A) $a=b$　　(B) $a>b$　　(C) $a<b$　　(D) a 与 b 关系不确定

3. 设 $\Phi(x)=\int_0^x \sin(x-t)dt$，则 $\Phi'(x)=$(　　).

(A) $\cos x$　　(B) $-\sin x$　　(C) $\sin x$　　(D) 0

4. 已知 $\int_0^x f(t^2)dt=x^2+x$，则 $f(2)=$(　　).

(A) $\sqrt{2}$　　(B) $\sqrt{2}+1$　　(C) $2\sqrt{2}+1$　　(D) $2\sqrt{2}+2$

5. 在下列积分中，其值为 0 的是(　　).

(A) $\int_{-1}^1 |\sin 2x| dx$　(B) $\int_{-1}^1 \cos 2x dx$　(C) $\int_{-1}^1 x\sin x dx$　(D) $\int_{-1}^1 \sin 2x dx$

二、填空题

1. 设 $f(x)$ 为连续函数，则 $\int_2^3 f(x)dx+\int_1^3 f(u)du+\int_1^2 f(t)dt=$ ______.

2. $\lim\limits_{x\to 0}\dfrac{\int_0^x \sin^2 t dt}{x^3}=$ ______.

3. $\int_0^{\frac{\pi}{2}} e^{-\sin x}\cos x dx=$ ______.

4. $\int_{-\frac{\pi}{2}}^{\frac{\pi}{2}} x^2(\sin x+1)dx=$ ______.

5. $\int_0^{+\infty} xe^{-x}dx=$ ______.

6. 已知$\int_0^1 f(x)\mathrm{d}x = 1, f(1) = 0$,则$\int_0^1 xf'(x)\mathrm{d}x =$ ______.

7. 抛物线 $y^2 = ax\ (a > 0)$ 与 $x = 1$ 所围图形的面积为$\frac{4}{3}$,则 $a =$ ______.

8. 由曲线 $y = x^3, y = 0$ 及 $x = 1$ 所围成的图形绕 x 轴旋转一周得到的旋转体的体积为______.

三、解答题

1. 计算下列定积分.

(1) $\int_{-1}^{-2} \frac{x}{x+3}\mathrm{d}x$;　(2) $\int_1^{\mathrm{e}} \frac{1+\ln x}{x}\mathrm{d}x$;　(3) $\int_0^{\ln 2} x\mathrm{e}^{-x}\mathrm{d}x$;

(4) $\int_0^{\ln 2} \sqrt{\mathrm{e}^x - 1}\mathrm{d}x$;　(5) $\int_0^1 x^2\sqrt{1-x^2}\mathrm{d}x$;　(6) $\int_0^{+\infty} x\mathrm{e}^{-x^2}\mathrm{d}x$.

2. 已知 $f(0) = f'(0) = -1, f(2) = f'(2) = 1$,求$\int_0^2 xf''(x)\mathrm{d}x$.

3. 求由$\int_2^y \frac{\ln t}{t}\mathrm{d}t + \int_0^x \frac{\sin t}{t}\mathrm{d}t = 0$ 所确定的隐函数 y 对自变量 x 的导数.

4. 求由曲线 $y = \mathrm{e}^x$ 和该曲线的经过原点的切线及 y 轴所围成的图形的面积.

5. 求由 $y = \mathrm{e}^x, x \leqslant 0, y = 0$ 所围成的平面图形绕 x 轴旋转而得到的旋转体的体积.

6. 有一等腰梯形闸门,它的上、下两条底边长分别为 10 m 和 6 m,高为 20 m,求当水面与上底边相齐时闸门一侧所受的静压力.

*第 5 章 多元函数的微积分及其应用

在自然科学和工程技术中所遇到的函数的自变量常常不止一个，从而提出了多元函数微积分的问题，它是一元函数的微积分的推广与发展，多元函数的微积分与一元函数的微积分有许多相似之处. 本章讨论多元函数的微积分及其应用，主要研究二元函数的微积分问题. 三元及以上函数的微积分问题不难由二元函数的相关知识进行直接推广.

案例 1 水槽的截面面积最大问题.

有一宽为 24 m 的长方形铁板，把它两边折起来做成一截面为等腰梯形的水槽(见图 5-1). 问怎样折才能使得截面面积最大?

案例 2 如何购物最满意.

小张用 200 元钱欲购买两种急需物品：计算机光碟和录音磁带. 若购买 x 张光碟、y 盒录音磁带的效用函数为 $f(x,y)=\ln x+\ln y$，每 x 张光碟 8 元，每盒录音磁带 10 元，问他应该如何分配现有资金，才能达到最满意的效果?

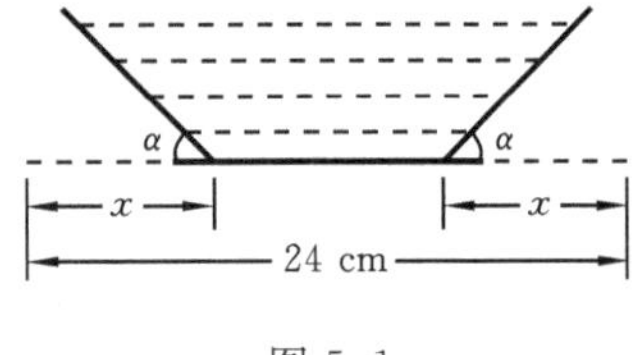

图 5-1

在工程技术、生产、生活中类似于上述案例中的问题很多，解决这类问题需要用到多元函数的微积分知识. 为了讨论多元函数，首先介绍空间直角坐标系及其有关知识.

5.1 空间直角坐标系

引例 1 登山运动员的位置问题.

某登山队从大本营出发沿曲折陡峭的山路向珠峰挺进，运动员需要随时向大本营报告自己所处的位置. 那么，如何用坐标来描述运动员所处的位置呢?

显然，不能用平面直角坐标来确定运动员所处的位置，因为运动员除了有水平面位置的变化，还有铅直攀升的高度变化. 要解决这个问题，必须用“空间直角坐标”才能描述运动员所处的位置.

5.1.1 空间直角坐标系

在空间中取定一点 O，过点 O 作三条两两相互垂直的数轴，依次记作 x 轴、y 轴和 z 轴，分别称为横轴、纵轴和竖轴，统称为坐标轴，O 称为坐标原点. 它们构成一个空间直角坐标系 $Oxyz$，如图 5-2 所示.

通常规定空间直角坐标系的正向满足右手规则：当右手四个手指的指向为 x 轴的正向转向 y 轴的正向时，拇指所指的方向就是 z 轴的正向，如图 5-3 所示.

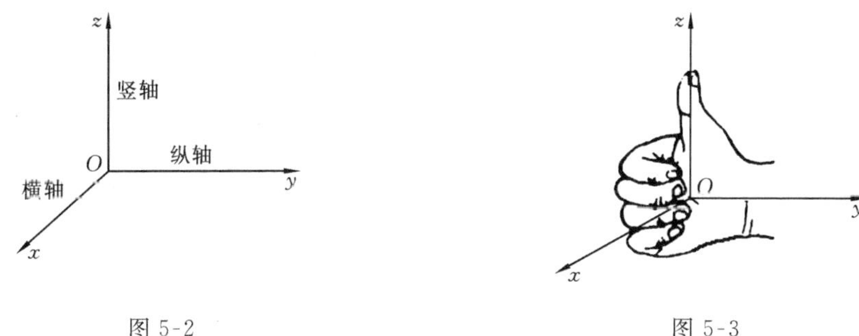

图 5-2　　　　图 5-3

三条坐标轴中的任意两条可以确定一个平面，称为坐标平面. x 轴及 y 轴所确定的坐标平面称为平面 xOy. 类似地，可确定坐标平面 yOz 和坐标平面 xOz，如图 5-4 所示.

三个坐标面把空间分成八个部分，每一部分称为一个卦限. 含有三个坐标轴正半轴的那个卦限称为第Ⅰ卦限，平面 xOy 上方的其他三个卦限依逆时针方向依次称为第Ⅱ、Ⅲ、Ⅳ卦限. 另外，对应平面 xOy 下方的四个卦限依次称为第Ⅴ、Ⅵ、Ⅶ、Ⅷ卦限，如图 5-4 所示.

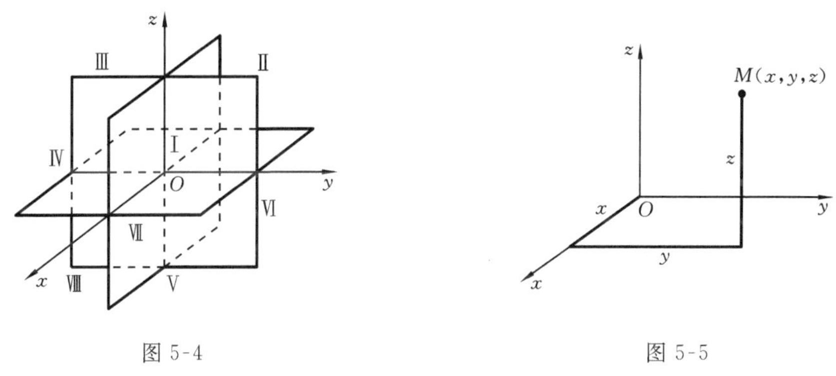

图 5-4　　　　图 5-5

空间坐标系的建立，使得空间的任意一个点 M 与三个有序实数 x,y,z 之间建立起一一对应的关系. 有序实数 x,y,z 称为点 M 的空间直角坐标，记作 $M(x,y,z)$，如图 5-5 所示. 有了空间直角坐标系，确定登山运动员所处的位置问题就很好解决了.

注　坐标平面及坐标轴上的点的坐标具有如下的特征(见图 5-6).

(1) 平面 xOy 上的点 $\leftrightarrow z=0$，平面 yOz 上的点 $\leftrightarrow x=0$，平面 xOz 上的点 $\leftrightarrow y=0$.

(2) x 轴上的点 $\leftrightarrow y=z=0$，y 轴上的点 $\leftrightarrow x=z=0$，z 轴上的点 $\leftrightarrow x=y=0$.

(3) 原点坐标为 $(0,0,0)$.

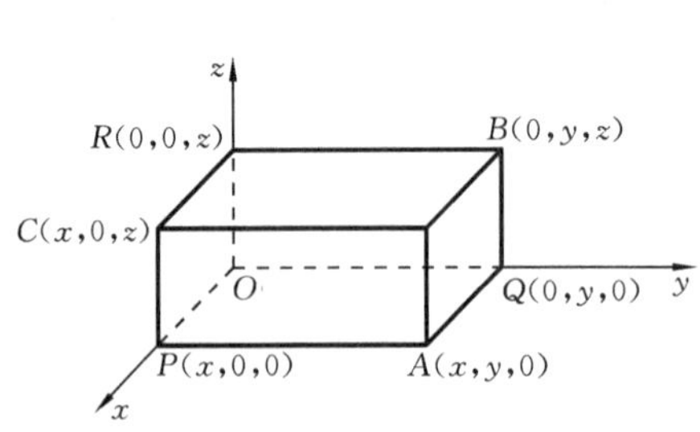

图 5-6

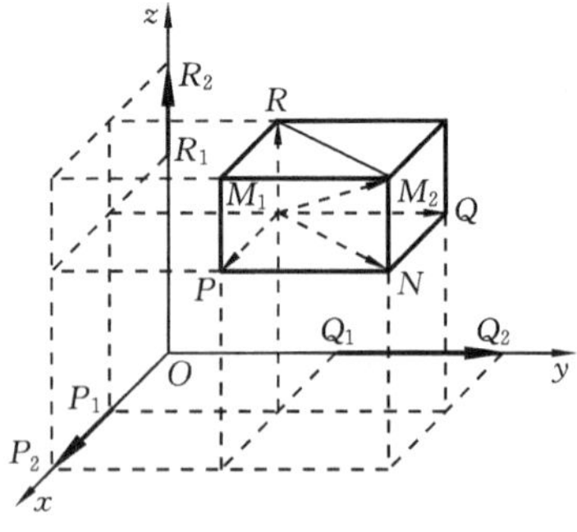

图 5-7

5.1.2 空间两点间的距离

引例 2 空间两点间的距离问题.

已知空间两点 $M_1(x_1,y_1,z_1)$,$M_2(x_2,y_2,z_2)$,求此两点间的距离 d.

解 如图 5-7 所示,ΔM_1PN,ΔM_1NM_2 都是直角三角形,由勾股定理,有

$$|M_1N|^2=|M_1P|^2+|PN|^2,\quad |M_1M_2|^2=|M_1N|^2+|NM_2|^2,$$

于是,有
$$d^2=|M_1M_2|^2=|M_1P|^2+|PN|^2+|NM_2|^2,$$

而
$$|M_1P|=|P_1P_2|=|x_2-x_1|,\quad |PN|=|Q_1Q_2|=|y_2-y_1|,$$
$$|NM_2|=|R_1R_2|=|z_2-z_1|,$$

所以得空间两点 M_1,M_2 间的距离为

$$d=|M_1M_2|=\sqrt{(x_2-x_1)^2+(y_2-y_1)^2+(z_2-z_1)^2}. \qquad ①$$

这就是空间两点间的距离公式.

特别地,点 $P(x,y,z)$到原点 $O(0,0,0)$的距离公式为

$$d=\sqrt{x^2+y^2+z^2}. \qquad ②$$

例 1 求证以 $M_1(4,3,1)$,$M_2(7,1,2)$,$M_3(5,2,3)$三点为顶点的三角形是一个等腰三角形.

证 因为
$$|M_1M_2|^2=(7-4)^2+(1-3)^2+(2-1)^2=14,$$
$$|M_2M_3|^2=(5-7)^2+(2-1)^2+(3-2)^2=6,$$
$$|M_3M_1|^2=(4-5)^2+(3-2)^2+(1-3)^2=6,$$

由于$|M_2M_3|=|M_3M_1|=\sqrt{6}$,且三角形任意两边之和大于第三边,所以 $\Delta M_1M_2M_3$ 为等腰三角形.

例 2 在 z 轴上求与两点 $A(-4,1,7)$和 $B(3,5,-2)$等距离的点.

解 由于所求的点 M 在 z 轴上,所以设该点为 $M(0,0,z)$,依题意有$|MA|=|MB|$,即

$$\sqrt{(0+4)^2+(0-1)^2+(z-7)^2}=\sqrt{(3-0)^2+(5-0)^2+(-2-z)^2},$$

解之得 $z=14/9$,所以所求的点为 $M(0,0,14/9)$.

5.1.3　二次曲面简介

1. 曲面方程的概念

在日常生活中,经常会遇到各种曲面,例如反光镜的镜面、管道的外面、球的表面及锥面等等. 在平面解析几何中,平面曲线当做动点的轨迹;在空间解析几何中,任何曲面也都看做点的几何轨迹.

如果曲面 S 与三元方程

$$F(x,y,z)=0 \qquad ①$$

满足条件:

(1) 曲面 S 上任意一点的坐标都满足方程①;

(2) 不在曲面 S 上的点的坐标都不满足方程①,那么,方程①就称为曲面 S 的方程,而曲面 S 就称为方程①的图形(见图 5-8).

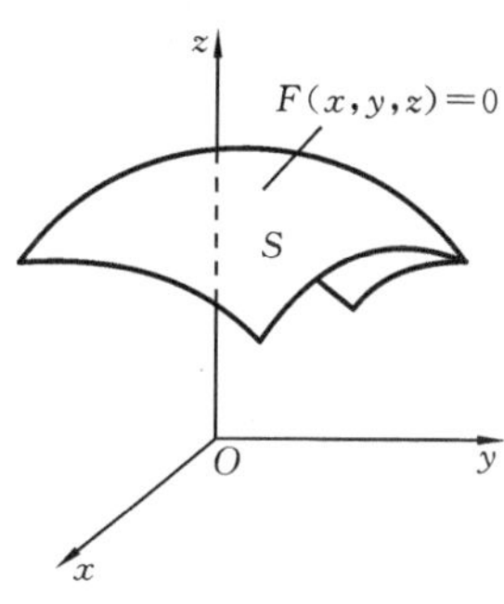

图 5-8

下面建立几个常见曲面的方程.

例 3　求与定点 $M_0(a,b,c)$ 的距离恒等于常数 $r(r>0)$ 的动点轨迹的方程.

解　设满足要求的动点为 $M(x,y,z)$,依题意有 $|M_0M|=r$,再由两点的距离公式得

$$\sqrt{(x-a)^2+(y-b)^2+(z-c)^2}=r,\quad 即\quad (x-a)^2+(y-b)^2+(z-c)^2=r^2. \qquad ②$$

式②称为球面方程,点(a,b,c)称为球心坐标,r 称为球的半径.

特别地,当 $a=b=c=0$ 时,有

$$x^2+y^2+z^2=r^2,$$

即有球心在原点、半径为 r 的球面方程.

例 4　设有点 $A(1,2,3)$ 和点 $B(2,-1,4)$,求与 A,B 等距的动点的轨迹方程.

解　设动点为 $P(x,y,z)$,依题意有 $|AP|=|BP|$,再由两点的距离公式得

$$\sqrt{(x-1)^2+(y-2)^2+(z-3)^2}=\sqrt{(x-2)^2+(y+1)^2+(z-4)^2},$$

即

$$2x-6y+2z-7=0.$$

此方程是一个含有三个未知数的三元一次方程,表示一个垂直且平分线段 AB 的平面. 一般地,含有三个未知数的三元一次方程 $Ax+By+Cz+D=0$ (A,B,C 不同时为零)表示空间的一个平面.

例 3 及例 4 是根据已知条件建立曲面方程的例子,下例则是由已知方程研究它所表示的曲面.

例 5　方程 $x^2+y^2+z^2-2x+4y=0$ 表示怎样的曲面?

解　通过配方,原方程可以改写成$(x-1)+(y+2)^2+z^2=5$,与式②比较可知,原方程表示球心在点$(1,-2,0)$、半径为$\sqrt{5}$的球面.

2. 旋转曲面

设一条平面曲线绕其平面上的一条定直线旋转一周所成的曲面称为旋转曲面,这条定直线称为旋转曲面的轴.

设在坐标面 yOz 内有一已知曲线 C,它的方程为 $f(y,z)=0$,把这曲线绕 z 轴旋转一周,就得到一个以 z 轴为旋转轴的旋转曲面(见图 5-9).

设 $M_1(0,y_1,z_1)$ 为曲线 C 上的任意一点,则有

$$f(y_1,z_1)=0. \quad ③$$

当曲线 C 绕 z 轴旋转时,点 M_1 绕 z 轴旋转到另一点 $M(x,y,z)$,这时 $z=z_1$ 保持不变,且点 M 与 z 轴的距离 d 恒等于 $|y_1|$,但 $d=\sqrt{x^2+y^2}$,所以 $y_1=\pm\sqrt{x^2+y^2}$,代入式③中,得到旋转曲面的方程为

$$f(\pm\sqrt{x^2+y^2},z)=0.$$

由此可知,在曲线 C 的方程 $f(y,z)=0$ 中将 y 改成 $\pm\sqrt{x^2+y^2}$,便得曲线 C 绕 z 轴旋转所成的方程. 同理,可知坐标面 xOz、xOy 内的平面曲线绕一条坐标轴旋转一周而得的旋转曲面方程.

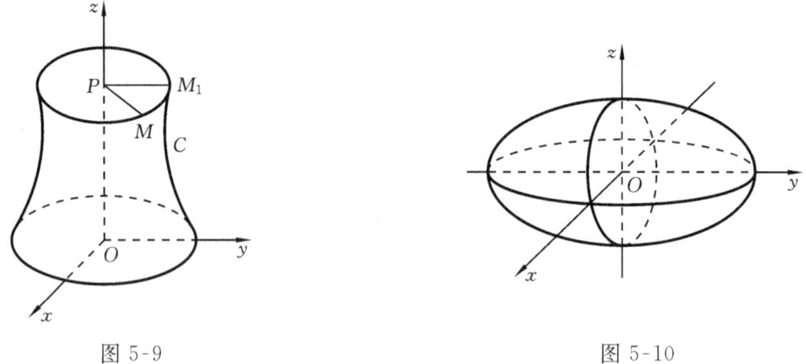

图 5-9　　图 5-10

例如,将坐标面 xOz 内的椭圆 $\frac{x^2}{a^2}+\frac{z^2}{c^2}=1$ 分别绕 x 轴和 z 轴旋转一周,所生成的旋转曲面的方程分别为 $\frac{x^2}{a^2}+\frac{y^2+z^2}{c^2}=1$ 和 $\frac{x^2+y^2}{a^2}+\frac{z^2}{c^2}=1$. 这两种曲面都称为旋转椭球面(见图 5-10).

3. 柱面

一直线沿已知平面曲线 C(直线和曲线 C 不在同一个平面内)平行移动所形成的曲面称为柱面,运动的直线称为柱面的母线,已知曲线 C 称为柱面的准线.

我们经常遇到的是母线平行于坐标轴的柱面,如图 5-11 所示的是一个以曲线 C 为准线,母线平行于 z 轴的柱面;如图 5-12 所示的是一个以坐标面 xOy 内的圆 C:$x^2+y^2=r^2$ 为准线,母线平行于 z 轴的圆柱面.

一般地,任一不含 z 的方程 $F(x,y)=0$ 在空间直角坐标系中都表示母线平行于

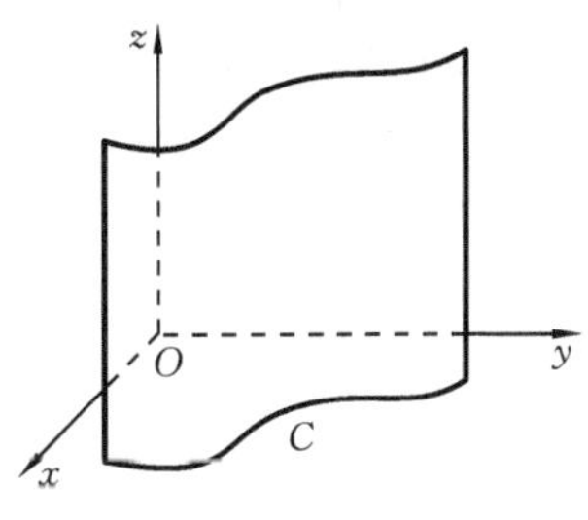

图 5-11

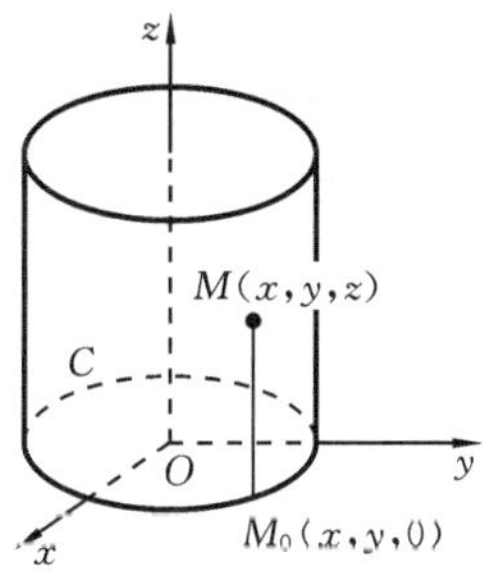

图 5-12

z 轴的柱面. 如方程 $y^2=2px$，$\frac{x^2}{a^2}+\frac{y^2}{b^2}=1$，$\frac{x^2}{a^2}-\frac{y^2}{b^2}=1$ 在空间直角坐标系中分别表示母线平行于 z 轴的抛物柱面、椭圆柱面和双曲柱面.

4. 常见的二次曲面

与平面解析几何中的二次曲线类似，三元二次方程 $F(x,y,z)=0$ 所表示的曲面称为二次曲面，而平面 $Ax+By+Cz+D=0$ 所表示的曲面称为一次曲面.

一般说来，二次曲面的图形难以用描点法得到，常用平行平面截痕法去了解二次曲面的几何性态，有兴趣的读者可参阅空间解析几何的相关教材. 下面列举几个常用的二次曲面的标准方程及其几何图形.

(1) 椭圆锥面　椭圆锥面方程：$\frac{x^2}{a^2}+\frac{y^2}{b^2}=z^2$，如图 5-13 所示.

(2) 椭球面　椭球面方程：$\frac{x^2}{a^2}+\frac{y^2}{b^2}+\frac{z^2}{c^2}=1$，如图 5-14 所示.

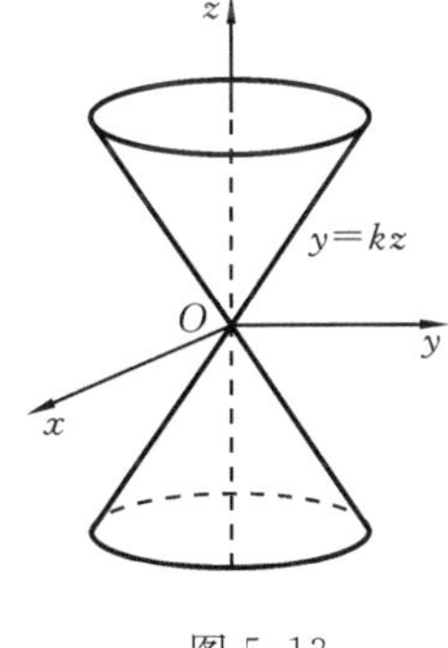

图 5-13

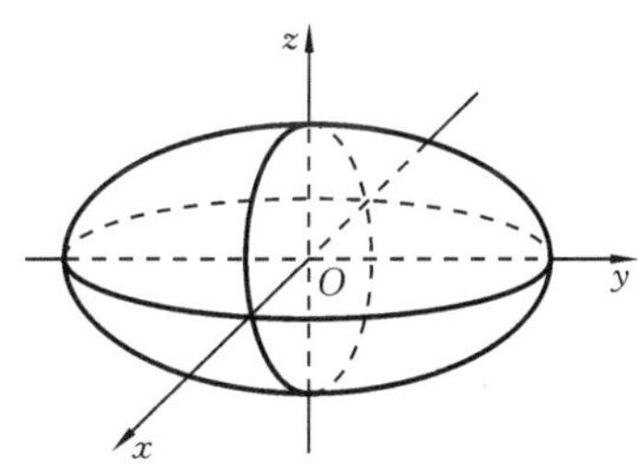

图 5-14

(3) 单叶双曲面　单叶双曲面方程：$\frac{x^2}{a^2}+\frac{y^2}{b^2}-\frac{z^2}{c^2}=1$，如图 5-15 所示.

(4) 双叶双曲面　双叶双曲面方程：$\frac{x^2}{a^2}+\frac{y^2}{b^2}-\frac{z^2}{c^2}=-1$，如图 5-16 所示.

(5) 椭圆抛物面　椭圆抛物面方程：$\frac{x^2}{a^2}+\frac{y^2}{b^2}=z$，如图 5-17 所示.

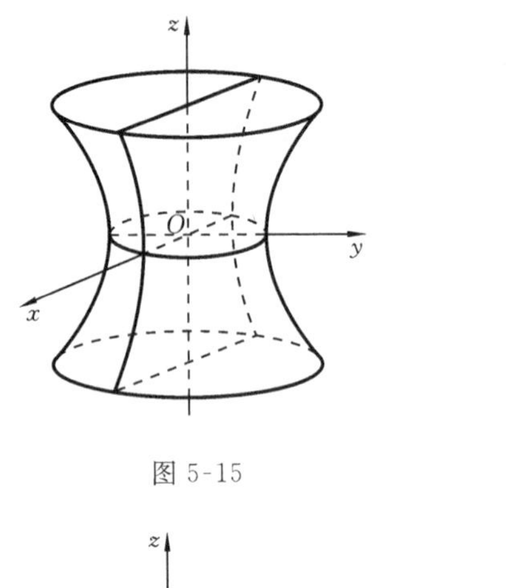

图 5-15

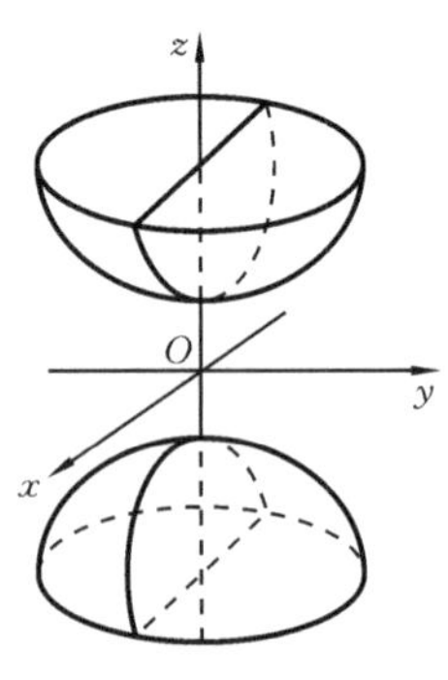

图 5-16

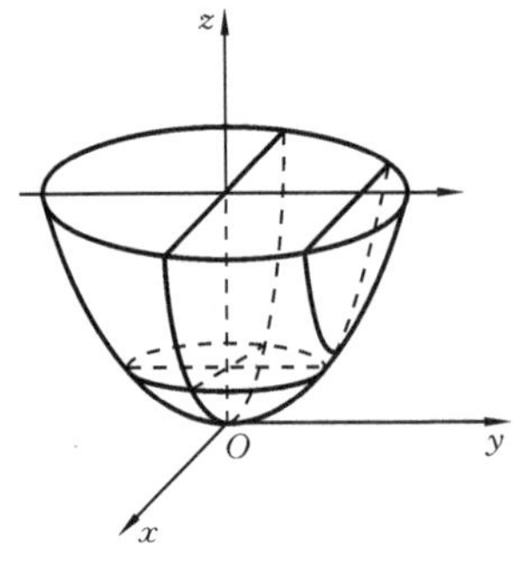

图 5-17

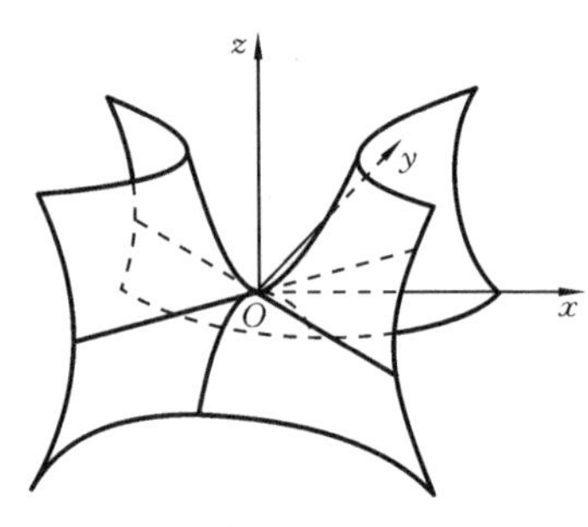

图 5-18

(6) 双曲抛物面(也称为马鞍面) 双曲抛物面方程:$\frac{x^2}{a^2}-\frac{y^2}{b^2}=z$,如图 5-18 所示.

练 习 5.1

计算下列各题.

(1) 在坐标面 yOz 内,求与三已知点 $A(3,1,2)$,$B(4,-2,-2)$,$C(0,5,1)$等距离的点.

(2) 求与 z 轴和点$(1,3,-1)$等距离的动点的轨迹方程.

(3) 把球面方程 $x^2+y^2+z^2-2x+4y-4z-7=0$ 化为标准方程,并指出球心坐标和球的半径.

5.2 二元函数的极限与连续性

本节在讨论了一元函数的极限与连续性的基础上,研究二元函数的极限与连续性的相关问题.

5.2.1 二元函数

在实际问题中,经常会遇到多个变量之间的依赖关系,举例如下.

引例1 圆柱的体积 V 与它的底半径 r、高 h 之间具有关系为

$$V=\pi r^2 h \quad (r>0,h>0),$$

其中体积 V 是它的底半径 r、高 h 两个自变量的函数.

引例2 一定量理想气体的压强 p、体积 V 和热力学温度 T 之间具有如下关系：

$$p=\frac{RT}{V} \quad (R\text{ 为常数}),$$

其中压强 p 是体积 V 和热力学温度 T 两个自变量的函数.

引例3 设 R 是电阻 R_1、R_2 并联后的总电阻，由电学知识可知，它们之间具有如下关系：

$$R=\frac{R_1R_2}{R_1+R_2} \quad (R_1>0,R_2>0),$$

其中总电阻 R 是电阻 R_1、R_2 两个自变量的函数.

1. 平面区域

由坐标面 xOy 内的一条或几条曲线所围成的一部分平面或整个平面，称为平面区域，简称区域. 围成区域的曲线称为区域的边界，边界上的点称为边界点，包括边界的区域称为闭区域，不包括边界的区域称为开区域.

若区域内任意两点之间的距离不超过某一常数 M $(M>0)$，则这个区域是有界的，否则是无界的区域. 例如：

$D=\{(x,y)\mid -\infty<x<+\infty,-\infty<y<+\infty\}$表示坐标面 xOy，是无界区域；

$D=\{(x,y)\mid 1\leqslant x^2+y^2\leqslant 4\}$是有界闭区域(见图5-19)；

$D=\{(x,y)\mid x^2+y^2<4\}$是有界开区域(见图5-20).

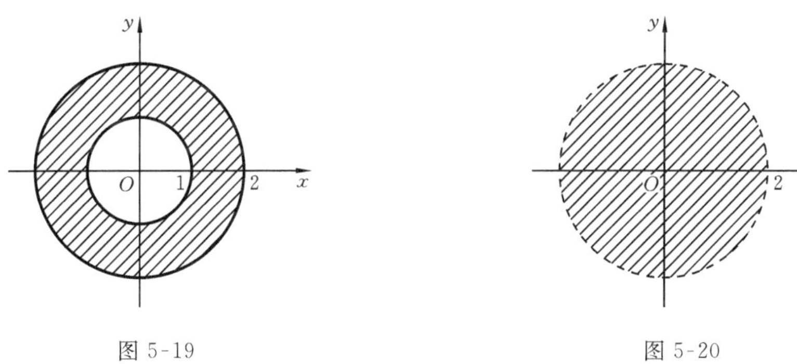

图5-19　　图5-20

2. 二元函数

定义1 设有变量 x,y 和 z，D 是平面上的一个区域. 如果对于每一个点 $P(x,y)\in D$，变量 z 按照一定法则总有确定的值与之对应，则称 z 是变量 x,y 的二元函数，记为

$$z=f(x,y).$$

区域 D 称为该函数的定义域，x,y 称为自变量，z 也称为因变量.

数集$\{z\mid z=f(x,y),(x,y)\in D\}$称为该函数的值域. z 是 x,y 的函数，也可以记

为 $z=z(x,y)$, $z=\varphi(x,y)$, 等等.

类似地,可以定义三元函数 $u=f(x,y,z)$ 及三元以上的函数. 通常把二元及二元以上的函数统称为多元函数.

二元函数的定义域通常是平面上的一个区域. 一般地,函数 $z=f(x,y)$ 的定义域是指使 $f(x,y)$ 有意义的点 (x,y) 全体所构成的集合,但若函数的自变量具有某种实际意义,则应该根据它的实际意义来决定其取值范围.

例 1 求函数 $z=\arcsin(x^2+y^2)$ 的定义域.

解 要使函数有意义,变量 x,y 必须满足 $x^2+y^2\leqslant 1$. 于是,所求的函数的定义域为

$$D=\{(x,y)\mid x^2+y^2\leqslant 1\}.$$

它是平面上的一个有界闭区域(见图 5-21).

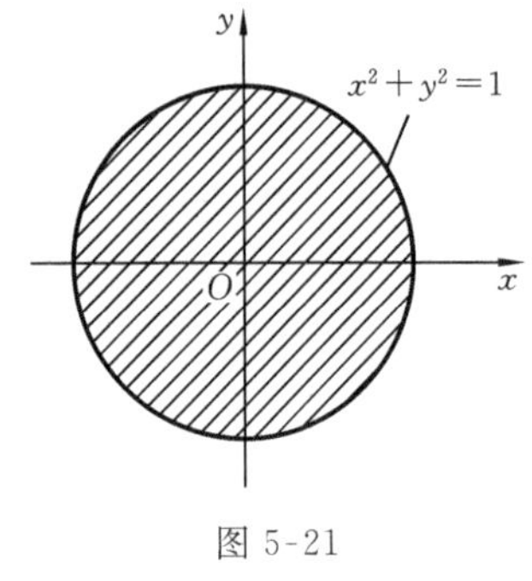

图 5-21

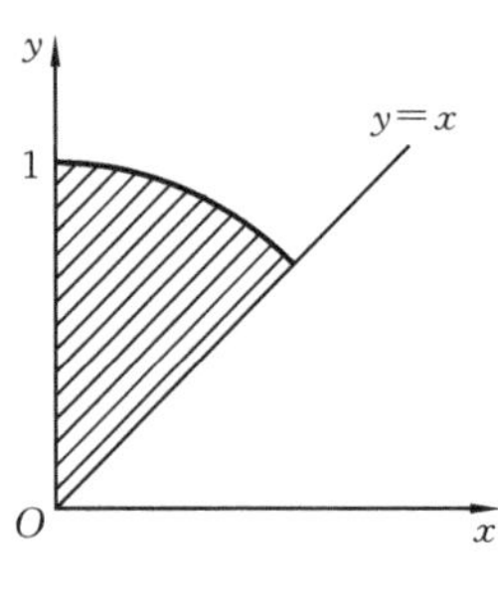

图 5-22

例 2 求函数 $z=\ln(y-x)+\dfrac{\sqrt{x}}{\sqrt{1-x^2-y^2}}$ 的定义域.

解 由函数的表达式可以看出,自变量的取值必须满足下列不等式组

$$\begin{cases} y-x>0, \\ x\geqslant 0, \\ 1-x^2-y^2>0. \end{cases}$$

故函数的定义域为 $\{(x,y)\mid y-x>0, x\geqslant 0, x^2+y^2<1\}$. 它是平面上的一个有界开区域(见图 5-22).

设函数 $z=f(x,y)$ 的定义域为 D,对于任意取定的点 $P(x,y)\in D$,对应的函数值为 $z=f(x,y)$. 这样,以 x 为横坐标、y 为纵坐标、$z=f(x,y)$ 为竖坐标在空间就确定了一点 $M(x,y,z)$. 当 (x,y) 遍取 D 内的一切点时,得到一个空间点集

$$\{(x,y,z)\mid z=f(x,y), (x,y)\in D\}.$$

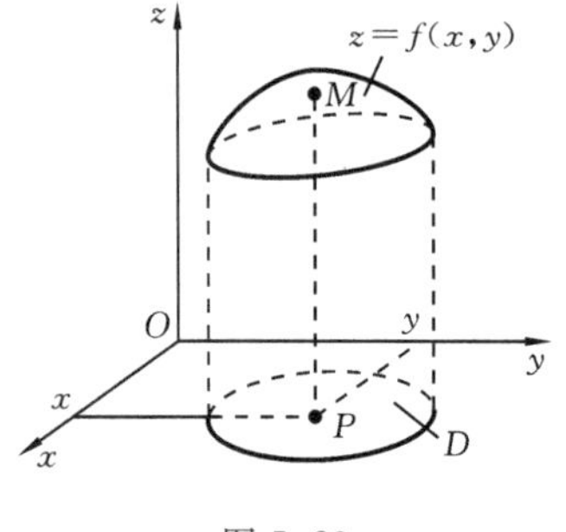

图 5-23

这个点集称为二元函数 $z=f(x,y)$ 的图形(见图 5-23). 通常称二元函数的图形是一个曲面. 例如,由方程 $x^2+y^2+z^2=a^2$ 所确定的函数 $z=f(x,y)$ 的图

形是球心在原点、半径为 a 的球面，它的定义域是圆形闭区域 $D=\{(x,y)\mid x^2+y^2\leqslant a^2\}$. 在 D 的内部任意一点 (x,y) 处，这个函数有两个对应值 $z=\pm\sqrt{a^2-x^2-y^2}$. 因此，这是多值函数，即

$$z=\sqrt{a^2-x^2-y^2} \quad 及 \quad z=-\sqrt{a^2-x^2-y^2}.$$

前者的图形是上半球面，后者的图形是下半球面. 以后除特别声明外，我们一般只研究单值多元函数.

5.2.2　二元函数的极限与连续

类似于一元函数的极限概念，可定义二元函数的极限.

定义 2　设函数 $z=f(x,y)$ 在点 $P_0(x_0,y_0)$ 的某一邻域内有定义(点 P_0 可以除外)，$P(x,y)$ 是该邻域内异于点 P_0 的任何一点. 如果当点 P 以任何方式趋于点 P_0 时，函数 $f(x,y)$ 的值接近于一个确定的常数 A，则称 A 是函数 $z=f(x,y)$ 当 $(x,y)\to(x_0,y_0)$ 时的极限，记为

$$\lim_{\substack{x\to x_0\\ y\to y_0}} f(x,y)=A \quad 或 \quad f(x,y)\to A\ (x\to x_0,y\to y_0).$$

由定义可以看出，“点 P(在平面内)以任何方式趋于 P_0”将是一个非常复杂的过程，这决定了求二元函数的极限是一个困难的问题，在此，我们只要求理解二元函数极限的概念.

利用二元函数的极限的概念，可定义二元函数的连续性.

定义 3　如果当 $(x,y)\to(x_0,y_0)$ 时，函数 $f(x,y)$ 的极限存在，且等于它在该点处的函数值 $f(x_0,y_0)$，即

$$\lim_{\substack{x\to x_0\\ y\to y_0}} f(x,y)=f(x_0,y_0),$$

则称函数 $f(x,y)$ 在点 (x_0,y_0) 处连续，点 (x_0,y_0) 也称为函数 $f(x,y)$ 的连续点. 否则，点 (x_0,y_0) 称为函数 $f(x,y)$ 的间断点（或不连续点）.

如果函数 $f(x,y)$ 在开区域(或闭区域) D 内的每一点都连续，那么就称函数 $f(x,y)$ 在 D 内连续，或者称 $f(x,y)$ 是 D 内的连续函数.

练　习　5.2

1. 求下列函数的定义域.

(1) $z=\sqrt{1-\dfrac{x^2}{a^2}-\dfrac{y^2}{b^2}}\ (a>0,b>0)$；　　(2) $z=\dfrac{1}{\sqrt{x+y}}+\dfrac{1}{\sqrt{x-y}}$；

(3) $z=\ln(x-y)+\ln x$；　　(4) $z=\sqrt{x-\sqrt{y}}$.

*2. 求下列极限.

(1) $\lim\limits_{\substack{x\to 0\\y\to 0}}\dfrac{2-\sqrt{xy+4}}{xy}$；　(2) $\lim\limits_{\substack{x\to 0\\y\to 0}}\dfrac{\sin(xy)}{x}$；　(3) $\lim\limits_{\substack{x\to 1\\y\to 0}}\dfrac{\ln(x+e^y)}{\sqrt{x^2+y^2}}$.

5.3 偏导数与全微分

在生产实践和科学实验中,常常需要研究多元函数相对于某一个自变量变化的快慢程度,如由气压在某方向的变化快慢预报某地的风向与风力、电场强度的方向、生产函数的边际函数、关于多元函数的最优值问题,等等. 与一元函数类似,求多元函数相对于某一个自变量变化的快慢程度的问题,也是变化率问题,数学上称为偏导数.

5.3.1 偏导数的概念

在研究一元函数时,已经看到变化率(导数)的重要性. 对于二元函数,同样需要讨论它的变化率. 由于自变量个数的增多,因变量与自变量的关系要比一元函数复杂,那么应当怎样考虑它的变化率呢? 如果把二元函数 $z=f(x,y)$ 中的一个变量 y 暂时看做常量,则 $z=f(x,y)$ 就是关于另一个变量 x 的一元函数,于是 z 对另一个变量 x 的变化率(即导数),就是偏导数.

定义 1 设函数 $z=f(x,y)$ 在点 (x_0,y_0) 的某一邻域内有定义,当 y 固定在点 y_0 处,而 x 在点 x_0 处有增量 Δx 时,相应的函数有增量 $f(x_0+\Delta x,y_0)-f(x_0,y_0)$. 如果

$$\lim_{\Delta x\to 0}\frac{f(x_0+\Delta x,y_0)-f(x_0,y_0)}{\Delta x}$$

存在,则称此极限为函数 $z=f(x,y)$ 在点 (x_0,y_0) 处对 x 的偏导数,记为

$$\left.\frac{\partial z}{\partial x}\right|_{\substack{x=x_0\\y=y_0}},\ \left.\frac{\partial f}{\partial x}\right|_{\substack{x=x_0\\y=y_0}},\ \left.z'_x\right|_{\substack{x=x_0\\y=y_0}}\quad\text{或}\quad f'_x(x_0,y_0).$$

同理,如果极限 $\lim\limits_{\Delta y\to 0}\dfrac{f(x_0,y_0+\Delta y)-f(x_0,y_0)}{\Delta y}$ 存在,则称此极限为函数 $z=f(x,y)$ 在点 (x_0,y_0) 处对 y 的偏导数,记为

$$\left.\frac{\partial z}{\partial y}\right|_{\substack{x=x_0\\y=y_0}},\ \left.\frac{\partial f}{\partial y}\right|_{\substack{x=x_0\\y=y_0}},\ \left.z'_y\right|_{\substack{x=x_0\\y=y_0}}\quad\text{或}\quad f'_y(x_0,y_0).$$

如果函数 $z=f(x,y)$ 在平面区域 D 内每一点 (x,y) 处都存在偏导数 $f'_x(x,y)$, $f'_y(x,y)$,则这两个偏导数本身也是 D 上的函数,故称它们为函数 $z=f(x,y)$ 的偏导函数,简称为偏导数,记为

$$\frac{\partial z}{\partial x},\ \frac{\partial f}{\partial x},\ z'_x\text{或}\ f'_x(x,y);\quad \frac{\partial z}{\partial y},\ \frac{\partial f}{\partial y},\ z'_y\ \text{或}\ f'_y(x,y).$$

一般多元函数的偏导数也可作类似的定义.

例 1 求函数 $f(x,y)=x^2y^3-2y$ 在点 $(-2,1)$ 处的偏导数.

解　求函数对 x 的偏导数时，固定 $y=1$，给 $x=-2$ 一个增量 Δx，得相应的函数增量

$$
\begin{aligned}
f(-2+\Delta x,1)-f(-2,1)&=[(-2+\Delta x)^2-2]-[(-2)^2-2]\\
&=(-4+\Delta x)\Delta x,
\end{aligned}
$$

故　$f'_x(-2,1)=\lim\limits_{\Delta x\to 0}\dfrac{f(-2+\Delta x,1)-f(-2,1)}{\Delta x}=\lim\limits_{\Delta x\to 0}\dfrac{(-4+\Delta x)\Delta x}{\Delta x}=-4.$

事实上，固定 $y=1$，函数变为 $f(x,1)=x^2-2$，这是一个关于 x 的一元函数，应用一元函数的求导法则与求导公式，有 $f'_x(x,1)=2x$，从而，当 $x=-2$ 时，

$$f'_x(-2,1)=2\times(-2)=-4.$$

同理，求函数对 y 的偏导数时，固定 $x=-2$，函数变为 $f(-2,y)=4y^3-2y$，这是一个关于 y 的一元函数，应用一元函数的求导法则与求导公式，有

$$f'_y(-2,y)=12y^2-2,$$

于是，当 $y=1$ 时，$f'_y(-2,1)=12\times1^2-2\times1=10.$

由上述偏导数的定义及例1可以看出，求多元函数对于某一个自变量的偏导数时，只需将其他自变量看做常数，用一元函数求导法则即可求得. 因而，一元函数的求导法则对多元函数的偏导数完全适用，只要记住对某一个自变量求偏导数时，这个变量才是我们求导数的变量，而其他自变量(无论有几个)都看做常数.

5.3.2　偏导数的求导法则

设函数 $f(x,y)$，$g(x,y)$ 在点 (x,y) 处的偏导数 $\dfrac{\partial f}{\partial x}$，$\dfrac{\partial f}{\partial y}$ 均存在，记

$$z_1=f(x,y)\pm g(x,y),\quad z_2=f(x,y)\cdot g(x,y),\quad z_3=\frac{f(x,y)}{g(x,y)}(g(x,y)\neq0),$$

则有

(1) $\dfrac{\partial z_1}{\partial x}=\dfrac{\partial f}{\partial x}\pm\dfrac{\partial g}{\partial x}$，$\dfrac{\partial z_1}{\partial y}=\dfrac{\partial f}{\partial y}\pm\dfrac{\partial g}{\partial y}$；

(2) $\dfrac{\partial z_2}{\partial x}=g\cdot\dfrac{\partial f}{\partial x}+f\cdot\dfrac{\partial g}{\partial x}$，$\dfrac{\partial z_2}{\partial y}=g\cdot\dfrac{\partial f}{\partial y}+f\cdot\dfrac{\partial g}{\partial y}$；

(3) $\dfrac{\partial z_3}{\partial x}=\dfrac{g\cdot\dfrac{\partial f}{\partial x}-f\cdot\dfrac{\partial g}{\partial x}}{g^2}$，$\dfrac{\partial z_3}{\partial y}=\dfrac{g\cdot\dfrac{\partial f}{\partial y}-f\cdot\dfrac{\partial g}{\partial y}}{g^2}$.

以上求偏导数的方法通常称为偏导数的四则运算法则.

例2　求 $z=x^2+3xy+y^2$ 在点(1,2)处的偏导数.

解　把 y 看做常量，对 x 求导，得 $\dfrac{\partial z}{\partial x}=2x+3y$；把 x 看做常量，对 y 求导，得

$$\frac{\partial z}{\partial y}=3x+2y.$$

将点坐标(1,2)代入上面的结果，得

$$\left.\frac{\partial z}{\partial x}\right|_{\substack{x=1\\y=2}}=2\times1+3\times2=8,\quad \left.\frac{\partial z}{\partial y}\right|_{\substack{x=1\\y=2}}=3\times1+2\times2=7.$$

例 3 求 $z=x^2\sin 2y$ 的偏导数.

解 把 y 看做常量，对 x 求导，得$\frac{\partial z}{\partial x}=2x\sin 2y$；把 x 看做常量，对 y 求导，得

$$\frac{\partial z}{\partial y}=2x^2\cos 2y.$$

例 4 求 $z=\ln\frac{y}{x}\ (x,y>0)$ 的偏导数.

解 将原函数变形为 $z=\ln y-\ln x$，有

$$\frac{\partial z}{\partial x}=-\frac{1}{x},\quad \frac{\partial z}{\partial y}=\frac{1}{y}.$$

5.3.3 高阶偏导数

设函数 $z=f(x,y)$ 在区域 D 内具有偏导数$\frac{\partial z}{\partial x}=f'_x(x,y)$，$\frac{\partial z}{\partial y}=f'_y(x,y)$. 一般说来，在 D 内 $f'_x(x,y)$，$f'_y(x,y)$ 均是 x,y 的函数，如果这两个函数的偏导数也存在，则称它们是函数 $z=f(x,y)$ 的二阶偏导数. 二元函数依照对变量求导的次序不同而有下列四个二阶偏导数：

(1) $\frac{\partial}{\partial x}\left(\frac{\partial z}{\partial x}\right)=\frac{\partial^2 z}{\partial x^2}=f''_{xx}(x,y)$；　(2) $\frac{\partial}{\partial y}\left(\frac{\partial z}{\partial x}\right)=\frac{\partial^2 z}{\partial x\partial y}=f''_{xy}(x,y)$；

(3) $\frac{\partial}{\partial x}\left(\frac{\partial z}{\partial y}\right)=\frac{\partial^2 z}{\partial y\partial x}=f''_{yx}(x,y)$；　(4) $\frac{\partial}{\partial y}\left(\frac{\partial z}{\partial y}\right)=\frac{\partial^2 z}{\partial y^2}=f''_{yy}(x,y)$.

其中，$f_{xy}(x,y)$ 和 $f_{yx}(x,y)$ 称为二阶混合偏导数.

同理，可得三阶、四阶等偏导数. 通常把二阶和二阶以上的各阶偏导数统称为高阶偏导数.

例 5 求 $z=x^3y^2-3xy^3-xy+1$ 的二阶偏导数.

解 因为$\frac{\partial z}{\partial x}=3x^2y^2-3y^3-y$，$\frac{\partial z}{\partial y}=2x^3y-9xy^2-x$，所以

$$\frac{\partial^2 z}{\partial x^2}=6xy^2,\quad \frac{\partial^2 z}{\partial x\partial y}=6x^2y-9y^2-1,$$

$$\frac{\partial^2 z}{\partial y\partial x}=6x^2y-9y^2-1,\quad \frac{\partial^2 z}{\partial y^2}=2x^3-18xy.$$

例 6 求 $z=x\ln(x+y)$ 的二阶偏导数.

解 因为$\frac{\partial z}{\partial x}=\ln(x+y)+\frac{x}{x+y}$，$\frac{\partial z}{\partial y}=\frac{x}{x+y}$，所以

$$\frac{\partial^2 z}{\partial x^2}=\frac{1}{x+y}+\frac{x+y-x}{(x+y)^2}=\frac{x+2y}{(x+y)^2},\quad \frac{\partial^2 z}{\partial x\partial y}=\frac{1}{x+y}-\frac{x}{(x+y)^2}=\frac{y}{(x+y)^2},$$

$$\frac{\partial^2 z}{\partial y\partial x}=\frac{x+y-x}{(x+y)^2}=\frac{y}{(x+y)^2},\quad \frac{\partial^2 z}{\partial y^2}=-\frac{x}{(x+y)^2}.$$

在例 5、例 6 中，二阶混合偏导数$\frac{\partial^2 z}{\partial x\partial y}$，$\frac{\partial^2 z}{\partial y\partial x}$都是相等的，那么，是不是所有的二阶混合偏导数都相等呢？

定理 1　如果函数 $z=f(x,y)$的两个二阶混合偏导数$\frac{\partial^2 z}{\partial x\partial y}$及$\frac{\partial^2 z}{\partial y\partial x}$在区域 D 内连续，那么在该区域内这两个二阶混合偏导数必相等(证明从略).

定理 1 表明，二阶混合偏导数在连续的条件下与求导的次序无关.

5.3.4　全微分

前面讨论的偏导数，主要是函数在只有一个自变量变化时的瞬时变化率. 但在实际问题中，常常需要知道函数的全面变化情况. 即当自变量 x,y 分别有微小改变量 $\Delta x,\Delta y$ 时，相应的函数改变量 Δz 与自变量的改变量 $\Delta x,\Delta y$ 之间有怎样的依赖关系. 全微分就是解决该问题的有力工具.

多元函数的全微分概念，是研究多元函数由于所有自变量都有改变量而引起的函数改变量的近似表示问题. 在本质上，它与一元函数的微分概念是一致的，可参照一元函数的微分概念加深理解.

类似于一元函数增量概念，对于二元函数，需引入全增量的概念.

设函数 $z=f(x,y)$在点 $P(x,y)$的某个邻域内有定义，并设 $P_1(x+\Delta x,y+\Delta y)$为这邻域内的任意一点，则这两点的函数值之差

$$\Delta z=f(x+\Delta x,y+\Delta y)-f(x,y)$$

称为函数在点 P 对应于自变量的增量 $\Delta x,\Delta y$ 的全增量.

一般来说，计算函数的全增量往往比较复杂，与一元函数的情形类似，通过用自变量的增量 $\Delta x,\Delta y$ 的线性函数来近似地代替函数的全增量 Δz.

引例　铁板受热膨胀问题.

设矩形铁板的边长为 x,y，其面积

$$A=xy$$

是一个二元函数，当铁板加热时，铁板受热膨胀，其两条边分别增长 $\Delta x,\Delta y$(见图 5-24)，则其面积产生的全增量为

$$\begin{aligned}\Delta A&=(x+\Delta x)(y+\Delta y)-xy\\&=y\Delta x+x\Delta y+\Delta x\Delta y.\end{aligned}$$

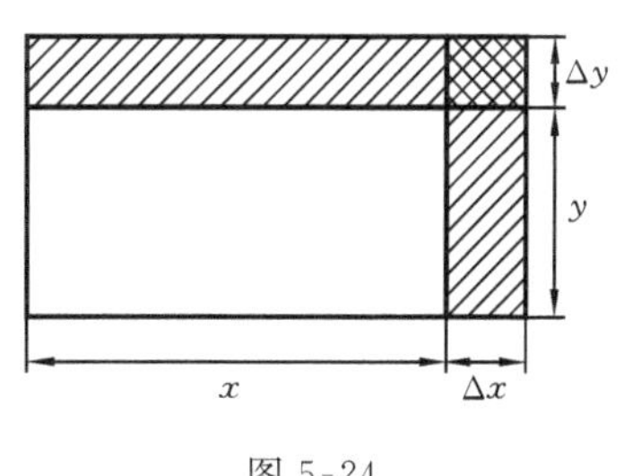

图 5-24

上式右边包含两个部分：一部分是 $y\Delta x+x\Delta y$，它是 $\Delta x,\Delta y$ 的线性函数；另一部分是 $\Delta x\Delta y$，当 $\Delta x\to 0,\Delta y\to 0$ 时，即当 $\rho=\sqrt{(\Delta x)^2+(\Delta y)^2}\to 0$ 时，$\Delta x\Delta y$ 是比ρ 高阶的无穷小量. 因此，如果略去 $\Delta x\Delta y$，用 $y\Delta x+x\Delta y$ 近似表示 ΔA，则其误差 $\Delta A-(y\Delta x+x\Delta y)=\Delta x\Delta y$ 是一个比 ρ 高阶的无穷小量. 通常，把这个线性函数 $y\Delta x+x\Delta y$ 称为函数 $A=xy$ 在点(x,y)处的全微分. 下面给出一般二元函数全微分的

定义.

定义 2 若二元函数 $z=f(x,y)$ 在点 (x,y) 处的全增量 $\Delta z=f(x+\Delta x,y+\Delta y)-f(x,y)$ 可表示为

$$\Delta z=A\Delta x+B\Delta y+o(\rho),$$

其中,A、B 仅与 x,y 有关,而与 Δx,Δy 无关,$\rho=\sqrt{(\Delta x)^2+(\Delta y)^2}$,$o(\rho)$ 表示关于 ρ 的高阶无穷小量.称函数 $z=f(x,y)$ 在点 (x,y) 处可微,并称 $A\Delta x+B\Delta y$ 为 $f(x,y)$ 在点 (x,y) 处的全微分,记为 $\mathrm{d}z$ 或 $\mathrm{d}f(x,y)$,即

$$\mathrm{d}z=A\Delta x+B\Delta y.$$

在一元函数中,可导和可微是等价的,那么对于二元函数,可微与偏导数之间有什么关系呢?

定理 2 若函数 $z=f(x,y)$ 在点 (x,y) 处可微,则 $\frac{\partial z}{\partial x}$,$\frac{\partial z}{\partial y}$ 都存在,且

$$\mathrm{d}z=\frac{\partial z}{\partial x}\Delta x+\frac{\partial z}{\partial y}\Delta y.$$

定理 2 说明:两个偏导数存在只是二元函数可微的必要条件,而不是充分条件.那么,满足什么条件才能保证函数可微呢?

定理 3 若函数 $z=f(x,y)$ 的偏导数 $\frac{\partial z}{\partial x}$,$\frac{\partial z}{\partial y}$ 在点 (x,y) 处都存在,且在该点连续,则函数在该点的全微分存在(证明从略).

若记 $\mathrm{d}x=\Delta x$,$\mathrm{d}y=\Delta y$,则 $z=f(x,y)$ 在点 (x,y) 处的全微分又可以记为

$$\mathrm{d}z=\frac{\partial z}{\partial x}\mathrm{d}x+\frac{\partial z}{\partial y}\mathrm{d}y,$$

上式称为全微分公式.

例 7 求函数 $z=4xy^3+5x^2y^6$ 的全微分.

解 因为 $\frac{\partial z}{\partial x}=4y^3+10xy^6$,$\frac{\partial z}{\partial y}=12xy^2+30x^2y^5$,所以

$$\mathrm{d}z=(4y^3+10xy^6)\mathrm{d}x+(12xy^2+30x^2y^5)\mathrm{d}y.$$

例 8 求函数 $f(x,y)=x^2y^3$ 在点 $(2,-1)$ 处的全微分.

解 因为

$$f'_x(x,y)=2xy^3,\quad f''_y(x,y)=3x^2y^2,$$

$$f'_x(2,-1)=-4,\quad f'_y(2,-1)=12,$$

所以

$$\mathrm{d}z\big|_{(2,-1)}=-4\mathrm{d}x+12\mathrm{d}y.$$

例 9 求函数 $z=\mathrm{e}^{xy}$ 在 $x=1$,$y=1$,$\Delta x=0.15$,$\Delta y=0.1$ 时的全微分.

解 因为 $\mathrm{d}z=y\mathrm{e}^{xy}\mathrm{d}x+x\mathrm{e}^{xy}\mathrm{d}y$,所以

$$\mathrm{d}z\Big|_{\substack{x=1,\Delta x=0.15\\ y=1,\Delta y=0.1}}=\mathrm{e}\times0.15+\mathrm{e}\times0.1=0.25\mathrm{e}.$$

例 10 求函数 $u=x^2y+\sin\frac{z}{y}+\mathrm{e}^{xyz}$ 的全微分.

解 $$\begin{aligned}du&=d\left(x^2y+\sin\frac{z}{y}+e^{xyz}\right)=d(x^2y)+d\left(\sin\frac{z}{y}\right)+d(e^{xyz})\\&=yd(x^2)+x^2dy+\cos\frac{z}{y}\cdot d\left(\frac{z}{y}\right)+e^{xyz}d(xyz)\\&=2xydx+x^2dy+\cos\frac{z}{y}\cdot\frac{ydz-zdy}{y^2}+e^{xyz}(yzdx+xzdy+xydz)\\&=(2xy+yze^{xyz})dx+\left(x^2-\frac{z}{y^2}\cos\frac{z}{y}+xze^{xyz}\right)dy+\left(\frac{1}{y}\cos\frac{z}{y}+xye^{xyz}\right)dz.\end{aligned}$$

练 习 5.3

1. 求下列函数的导数.

(1) $z=xy+\frac{x}{y}$； (2) $z=x^2\ln(x^2+y^2)$； (3) $z=\arctan\frac{y}{x}$；

(4) $z=\frac{xe^y}{y^2}$； (5) $z=\sin(xy)+\cos^2(xy)$； (6) $z=\sin\frac{x}{y}+xe^{-xy}$；

(7) $z=(1+xy)^y$； (8) $u=\left(\frac{x}{y}\right)^z$.

2. 设 $f(x,y)=x^2y^2-2y$，求 $f_x(2,3)$，$f_y(0,0)$.

3. 求下列函数的高阶偏导数.

(1) $z=\tan\frac{x^2}{y}$，求$\frac{\partial^2 z}{\partial x^2},\frac{\partial^2 z}{\partial y^2},\frac{\partial^2 z}{\partial x\partial y}$； (2) $z=\frac{\cos x^2}{y}$，求$\frac{\partial^2 z}{\partial x^2},\frac{\partial^2 z}{\partial y^2},\frac{\partial^2 z}{\partial x\partial y}$；

(3) $z=\frac{x}{\sqrt{x^2+y^2}}$，求$\frac{\partial^2 z}{\partial x^2},\frac{\partial^2 z}{\partial y^2},\frac{\partial^2 z}{\partial x\partial y}$； (4) $z=\arcsin(xy)$，求$\frac{\partial^2 z}{\partial x^2},\frac{\partial^2 z}{\partial y^2},\frac{\partial^2 z}{\partial x\partial y}$；

(5) $z=\arccos\sqrt{\frac{x}{y}}$，求$\frac{\partial^2 z}{\partial x\partial y}$； (6) $u=f(x^2+y^2)$，求$\frac{\partial u}{\partial x},\frac{\partial^2 u}{\partial x^2},\frac{\partial^2 u}{\partial x\partial y}$.

4. 求下列函数的全微分.

(1) $z=2x^2-3xy-y^2$； (2) $z=\sin(x^2+y)$； (3) $z=\arctan(xy)$；

(4) $z=\ln\sqrt{x^2+y^2}$； (5) $u=\ln(x^2+y^2+z^2)$； (6) $u=x^{yz}$.

5. 求函数 $z=\ln(1+x^2+y^2)$在 $x=1$，$y=2$ 时的全微分.

6. 求函数 $z=\frac{y}{x}$在 $x=2$，$y=1$，$\Delta x=0.1$，$\Delta y=-0.2$ 时的全增量和全微分.

*5.4 偏导数的应用

偏导数在自然科学、工程技术、经济管理等许多科学领域中都有广泛的应用. 如最优化问题、条件极值问题、根据实验观测所得的数据建立的函数间的关系问题，等等，都涉及要求出多元函数的偏导数.

5.4.1 多元函数的极值及最大值、最小值

工程技术、科学研究、经济管理等各个领域提出的大量的最优化问题，很多都可

以归结为多元函数的极值问题.

例如,在安排生产计划方面:如何在现有人力、物力的条件下,合理安排几种产品的生产,使总产值最高或总利润最大;在现有的生产条件下,如何安排多种产品的生产,才能使总成本最小;等等.

定义 1 设函数 $z=f(x,y)$ 在点 (x_0,y_0) 的某个邻域内有定义,对于该邻域内任何异于 (x_0,y_0) 的点 (x,y),如果恒有不等式 $f(x,y)<f(x_0,y_0)$ 成立,则称函数 $f(x,y)$ 在点 (x_0,y_0) 处有极大值 $f(x_0,y_0)$;如果恒有不等式 $f(x,y)>f(x_0,y_0)$ 成立,则称函数 $f(x,y)$ 在点 (x_0,y_0) 处有极小值 $f(x_0,y_0)$. 极大值、极小值统称为极值. 使函数取得极值的点(自变量的值)称为极值点.

例如,函数 $z=f(x,y)=x^2+y^2$ 在点 $(0,0)$ 处有极小值 0. 因为对于点 $(0,0)$ 周围的任何点 $(x,y)\neq(0,0)$,恒有 $f(x,y)>f(0,0)=0$. 从函数图形上看,点 $(0,0,0)$ 是开口向上的旋转抛物面的顶点(见图5-25).

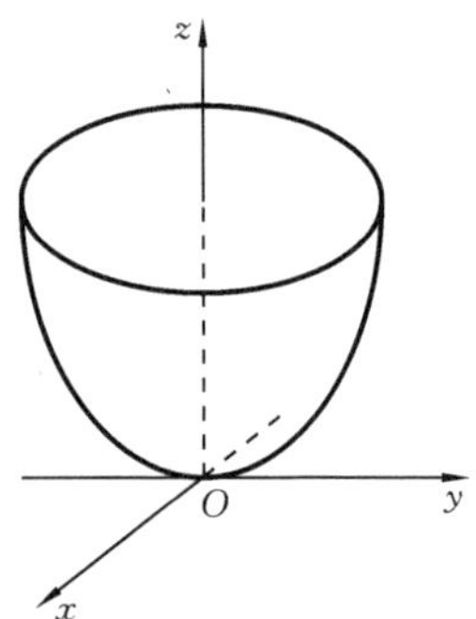

图 5-25

定理 1(极值存在的必要条件) 设函数 $z=f(x,y)$ 在点 (x_0,y_0) 处可微,且在点 (x_0,y_0) 处有极值,则在该点处的偏导数必为零,即

$$f'_x(x_0,y_0)=0,\quad f'_y(x_0,y_0)=0.$$

与一元函数类似,通常把使得 $f'_x(x_0,y_0)=0$,$f'_y(x_0,y_0)=0$ 的点 (x_0,y_0) 称为驻点. 定理 1 的逆定理不一定成立,但由其逆否定理可知,对于可微函数,若 $f'_x(x_0,y_0)\neq 0$ 或 $f'_y(x_0,y_0)\neq 0$,则点 (x_0,y_0) 一定不是极值点.

定理 2(极值存在的充分条件) 设函数 $z=f(x,y)$ 在点 (x_0,y_0) 的某个邻域内具有一阶及二阶连续偏导数,且 $f'_x(x_0,y_0)=0$,$f'_y(x_0,y_0)=0$. 记

$$f''_{xx}(x_0,y_0)=A,\quad f''_{xy}(x_0,y_0)=B,\quad f''_{yy}(x_0,y_0)=C,$$

则有下述结论:

(1) 当 $B^2-AC<0$ 时,函数在点 (x_0,y_0) 处取得极值,且当 $A<0$ 时取得极大值,当 $A>0$ 时取得极小值;

(2) 当 $B^2-AC>0$ 时,函数在点 (x_0,y_0) 处取不到极值;

(3) 当 $B^2-AC=0$ 时,函数在点 (x_0,y_0) 处可能取得极值,也可能取不到极值.

以上两个定理的证明从略.

由极值存在的必要条件和充分条件,可以得出求二元函数极值的步骤如下:

(1) 求驻点,即求解方程组 $f'_x(x,y)=0$,$f'_y(x,y)=0$,设驻点为 (x_i,y_i) $(i=1,2,\cdots,n)$;

(2) 对应每一个驻点 (x_i,y_i) $(i=1,2,\cdots,n)$,求 $f(x,y)$ 的二阶偏导数在点 (x_0,y_0) 处的值 A,B,C;

(3) 由函数极值存在的充分条件,依据 B^2-AC 的符号确定 (x_i,y_i) $(i=1,

$2,\cdots,n$)是否为极值点,并计算函数值.

例 1　求函数 $f(x,y)=xy(a-x-y)(a\neq 0)$ 的极值.

解　$f'_x(x,y)=y(a-2x-y)$,$f'_y(x,y)=x(a-x-2y)$,解方程组

$$\begin{cases} f'_x(x,y)=y(a-2x-y)=0, \\ f'_y(x,y)=x(a-x-2y)=0, \end{cases}$$

得
$$\begin{cases} x=0, \\ y=0; \end{cases} \text{或} \begin{cases} x=0, \\ y=a; \end{cases} \text{或} \begin{cases} x=a, \\ y=0; \end{cases} \text{或} \begin{cases} x=a/3, \\ y=a/3, \end{cases}$$

即得驻点为$(0,0)$,$(0,a)$,$(a,0)$,$\left(\dfrac{a}{3},\dfrac{a}{3}\right)$. 故

$$f''_{xx}=-2y,\quad f''_{xy}=a-2x-2y,\quad f''_{yy}=-2x.$$

(1) 在点$(0,0)$处,因为 $A=0,B=a,C=0,B^2-AC=a^2>0$,所以,点$(0,0)$不是极值点.

(2) 在点$(0,a)$处,因为 $A=-2a,B=-a,C=0,B^2-AC=a^2>0$,所以,点$(0,a)$不是极值点.

(3) 在点$(a,0)$处,因为 $A=0,B=-a,C=-2a,B^2-AC=a^2>0$,所以,点$(a,0)$不是极值点.

(4) 在点$\left(\dfrac{a}{3},\dfrac{a}{3}\right)$处,因 $A=-\dfrac{2a}{3},B=-\dfrac{a}{3},C=-\dfrac{2a}{3},B^2-AC=-\dfrac{a^2}{3}<0$,所以,点$\left(\dfrac{a}{3},\dfrac{a}{3}\right)$是极值点,且 $f\left(\dfrac{a}{3},\dfrac{a}{3}\right)=\dfrac{a}{3}\cdot\dfrac{a}{3}\left(a-\dfrac{a}{3}-\dfrac{a}{3}\right)=\dfrac{a^3}{27}$.

综上所述,当 $a>0$ 时,$A<0$,则 $f\left(\dfrac{a}{3},\dfrac{a}{3}\right)=\dfrac{a^3}{27}$是极大值;当 $a<0$ 时,$A>0$,则 $f\left(\dfrac{a}{3},\dfrac{a}{3}\right)=\dfrac{a^3}{27}$是极小值.

在实际问题中,函数的最大(小)值点常常在区域 D 的内部取得,故求这类问题的最值时,若遇到函数在区域内只有一个驻点,那么该驻点处的函数极值就是函数在 D 内的最大(小)值.

例 2　制作有盖长方体水箱用料最省问题.

某厂要用铁板做成一个体积为 2 m^3 的有盖长方体水箱,问长、宽、高各取怎样的尺寸时,才能使用料最省.

解　设水箱的长、宽、高分别为 x,y,z(单位:m),表面积为 A,则有

$$A=2(xy+yz+zx).$$

由于 $xyz=2$,即 $z=\dfrac{2}{xy}$,所以 $A=2\left(xy+\dfrac{2}{x}+\dfrac{2}{y}\right)$,即 A 是 x,y 的二元函数,定义域是 $x>0,y>0$.

解联立方程$\begin{cases} \dfrac{\partial A}{\partial x}=2\left(y-\dfrac{2}{x^2}\right)=0, \\ \dfrac{\partial A}{\partial y}=2\left(x-\dfrac{2}{y^2}\right)=0, \end{cases}$得一驻点$(\sqrt[3]{2},\sqrt[3]{2})$.

根据题意可知,水箱所用材料的最小值一定存在,并在区域 D 内取得,而函数在 D 内只有唯一的驻点,故当长 $x=\sqrt[3]{2}$ m、宽 $y=\sqrt[3]{2}$ m 时,A 取得最小值(即材料最省). 此时,高 $z=\dfrac{2}{xy}=\dfrac{2}{\sqrt[3]{2}\times\sqrt[3]{2}}$ m$=\sqrt[3]{2}$ m,即在体积一定的长方体中,以正方形的表面积为最小.

5.4.2 条件极值

在极值问题的讨论中,除对自变量给出定义域外,再没有其他任何限制条件,这类极值问题称为无条件极值;对自变量除定义域外,还需附加其他条件的极值问题称为条件极值.

引例 如何安排生产才能使总成本最小的问题.

某工厂生产两种型号的精密机床,其生产量分别为 x 台和 y 台,总成本(单位:万元)函数为

$$C(x,y)=x^2+2y^2-xy.$$

若根据市场调查预测,共需这种机床 8 台,问应如何安排生产,才能使总成本最小.

在这个问题中,欲求总成本的极值. 而两种机床的生产量 x 和 y 受到市场对这两种机床的总需求量的限制,即 $x+y=8$,因此该问题在数学上可以归结为:在约束条件 $x+y=8$ 下求函数 $C(x,y)=x^2+2y^2-xy$ 的极小值.

条件极值的一般提法是:对二元函数 $z=f(x,y)$ 求其在条件 $\varphi(x,y)=0$ 下的极值,常用下式表示,即

$$\begin{cases}\max(\text{或 }\min)z=f(x,y),\\ \varphi(x,y)=0.\end{cases}$$

例 3 案例 1“水槽的截面面积最大问题”的解答.

解 如图 5-1 所示,设折起来的边长为 x cm,倾角为 α $(0<\alpha<\pi/2)$,那么梯形截面的下底长为 $24-2x$,上底长为 $24-2x+2x\cos\alpha$,高为 $x\sin\alpha$,所以截面的面积为

$$A=\frac{1}{2}[(24-2x)+(24-2x+2x\cos\alpha)]x\sin\alpha,$$

即 $$A=24x\sin\alpha-2x^2\sin\alpha+x^2\sin\alpha\cos\alpha\quad(0<x<12,0<\alpha<\pi/2).$$

于是,该案例在数学上可以归结为:在约束条件“梯形截面的下底长+腰长的两倍=24 cm”下求截面面积 A 的最大值,其中水槽截面面积 A 是 x 和 α 的二元函数. 下面求使得函数值最大的点(x,α),为此,令

$$\begin{cases}\dfrac{\partial A}{\partial x}=24\sin\alpha-4x\sin\alpha+2x\sin\alpha\cos\alpha=0,\\ \dfrac{\partial A}{\partial \alpha}=24x\cos\alpha-2x^2\cos\alpha+x^2(\cos^2\alpha-\sin^2\alpha)=0,\end{cases}$$

由于 $\sin\alpha\neq0$ 及 $x\neq0$,方程组可化为

$$\begin{cases}12-2x+x\cos\alpha=0,\\24\cos\alpha-2x\cos\alpha+x(\cos^2\alpha-\sin^2\alpha)=0,\end{cases}$$

解方程组得　　$x=8,\quad \alpha=\pi/3.$

根据实际问题可知，水槽截面面积 A 的最大值一定存在，并且在区域 $D=\{(x,y)\mid 0<x<12,0<\alpha<\pi/2\}$ 内取得. 通过计算知，$\alpha=\pi/2$ 时的函数值比 $x=8$，$\alpha=\pi/3$ 时的函数值小，又函数在 D 内只有一个驻点.

综上所述，当 $x=8$，$\alpha=\pi/3$ 时，能使水槽截面面积最大.

5.4.3　拉格朗日乘数法

按下列步骤求解条件极值的方法称为拉格朗日乘数法.

极值问题
$$\begin{cases}\max(\text{或}\min)z=f(x,y),\\\varphi(x,y)=0.\end{cases}$$

第一步　构造函数

$$L(x,y)=f(x,y)+\lambda\varphi(x,y),$$

其中 λ 是待定常数，称为拉格朗日乘数，$L(x,y)$ 称为拉格朗日函数.

第二步　分别求出 $L(x,y)$ 对 x,y 的一阶偏导数，并解联立方程

$$\begin{cases}L'_x=f'_x(x,y)+\lambda\varphi'_x(x,y),\\L'_y=f'_y(x,y)+\lambda\varphi'_y(x,y),\\\varphi(x,y)=0.\end{cases}$$

第三步　消去 λ 解出 x,y. 一般地，可以根据问题的性质判断 (x,y) 是否为极值点.

例 4　引例"如何安排生产能使总成本最小问题"的解答.

解　引例 1 的问题是在约束条件 $x+y=8$ 下求函数 $C(x,y)=x^2+2y^2-xy$ 的极小值.

构造拉格朗日函数

$$L(x,y)=x^2+2y^2-xy+\lambda(x+y-8).$$

解联立方程组 $\begin{cases}L'_x=2x-y+\lambda=0,\\L'_y=4y-x+\lambda=0,\\x+y=8,\end{cases}$ 消去 λ 后，解得 $\begin{cases}x=5,\\y=3.\end{cases}$

综上所述，两种型号的精密机床的生产量分别为 5 台和 3 台才能使总成本最小.

拉格朗日乘数法可以推广到自变量多于两个、约束条件多于一个的情形. 例如，求解极值问题

$$\begin{cases}\max(\text{或}\min)u=f(x,y,z),\\\varphi(x,y,z)=0,\\\psi(x,y,z)=0.\end{cases}$$

此时，拉格朗日函数为

$$L(x,y,z)=f(x,y,z)+\lambda\varphi(x,y,z)+\mu\psi(x,y,z),$$

对应的方程组为

$$\begin{cases} L'_x=f'_x(x,y,z)+\lambda\varphi'_x(x,y,z)+\mu\psi'_x(x,y,z), \\ L'_y=f'_y(x,y,z)+\lambda\varphi'_y(x,y,z)+\mu\psi'_y(x,y,z), \\ L'_z=f'_z(x,y,z)+\lambda\varphi'_z(x,y,z)+\mu\psi'_z(x,y,z), \\ \varphi(x,y,z)=0, \\ \psi(x,y,z)=0. \end{cases}$$

例 5 用拉格朗日乘数法求解例 2.

解 例 2 的问题是求函数 $A=2(xy+yz+zx)$ 在条件 $xyz=2$ 下的条件极值. 构造拉格朗日函数

$$L(x,y)=2(xy+yz+zx)+\lambda(xyz-2),$$

解联立方程组 $\begin{cases} L'_x=2(y+z)+\lambda yz=0, \\ L'_y=2(x+z)+\lambda xz=0, \\ L'_z=2(x+y)+\lambda xy=0, \\ xyz=2, \end{cases}$ 消去 λ 后,解得 $x=y=z=\sqrt[3]{2}$.

例 6 案例 2“如何购物最满意”的解答.

解 这也是一个条件极值问题,即求 $f(x,y)=\ln x+\ln y$ 在约束条件 $8x+10y=200$ 下的极值. 应用拉格朗日乘数法,有

$$L(x,y)=\ln x+\ln y+\lambda(8x+10y-200),$$

解联立方程组 $\begin{cases} L_x(x,y)=\dfrac{1}{x}+8\lambda=0, \\ L_y(x,y)=\dfrac{1}{y}+10\lambda=0, \\ L_\lambda(x,y)=8x+10y-200=0, \end{cases}$ 消去 λ 后,解之得 $x=12.5$, $y=10$.

由问题的实际意义知,当取 $x=12$, $y=10$,即购买 12 张光碟、10 盒录音磁带时,小张最满意.

练　习　5.4

1. 求下列函数的极值.

(1) $z=x^2-xy+y^2+9x-6y+20$;　　(2) $z=xy+\dfrac{50}{x}+\dfrac{20}{y}$;

(3) $z=4(x-y)-x^2-y^2$;　　(4) $z=e^{2x}(x+2y+y^2)$;　　(5) $z=(6x-x^2)(4y-y^2)$.

2. 求函数 $z=xy$ 在条件 $x+y=1$ 下的极值.

3. 求函数 $z=x^2+y^2$ 在条件 $\dfrac{x}{a}+\dfrac{y}{b}=1$ 下的极值.

4. 从斜边的长为 l 的一切直角三角形中求有最大周界的直角三角形.

5. 在半径为 a 的半球内求一个体积最大的内接长方体.

6. 在建造一个容积等于定数 a 的长方体无盖水池时，应如何选择水池的尺寸，才能使它的表面积最小.

7. 求点(2,8)到抛物线 $y^2=4x$ 的最短距离.

5.5　二重积分及其计算

二重积分的概念是定积分概念的直接推广. 在一元函数积分学中，定积分是某种确定形式的和的极限，被积函数是一元函数，积分范围是一个区间. 这种和的极限的概念推广到定义在平面区域上的二元函数时，便是二重积分的概念. 本节及以下几节的内容，主要介绍二重积分的概念与性质、计算方法和一些简单的应用(如求曲面的面积、曲顶柱体的体积、物体的重心、转动惯量，等等).

5.5.1　二重积分的定义

引例 1　求曲顶柱体的体积.

设有一立体，它的底是坐标面 xOy 上的闭区域 D，它的侧面是以 D 的边界曲线为准线，母线平行于 z 轴的柱面，它的顶是曲面 $z=f(x,y)$，其中 $f(x,y)\geqslant 0$ 且在 D 上连续，称它为曲顶柱体. 以下研究如何定义及计算曲顶柱体的体积 V，其方法与曲边梯形的面积计算类似. 如图 5-26 所示.

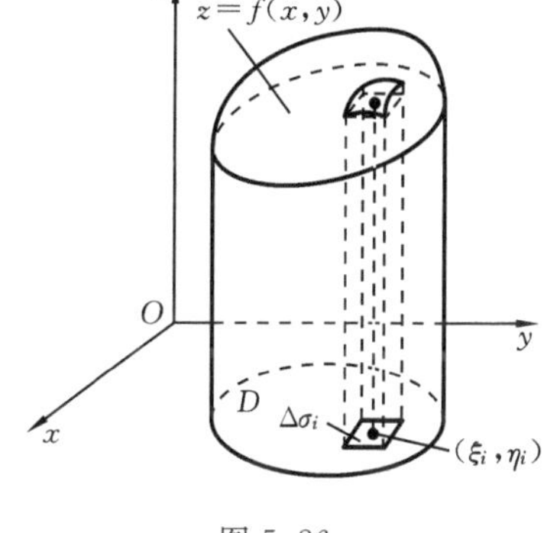

图 5-26

解　(1) 分割区域 D：用曲线网将 D 分成 n 个很小的闭区域 $\Delta\sigma_1,\Delta\sigma_2,\cdots,\Delta\sigma_n$，用 $\Delta\sigma_i(i=1,2,\cdots,n)$表示该小区域的面积，相应地，整个曲顶柱体被分为 n 个小曲顶柱体.

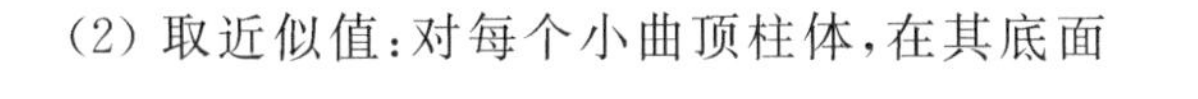

(2) 取近似值：对每个小曲顶柱体，在其底面 $\Delta\sigma_i(i=1,2,\cdots,n)$上任取一点$(\xi_i,\eta_i)$ $(i=1,2,\cdots,n)$，小曲顶柱体的体积近似地等于以 $\Delta\sigma_i$ 为底、$f(\xi_i,\eta_i)$为高的小平顶柱体，体积为 $f(\xi_i,\eta_i)\Delta\sigma_i(i=1,2,\cdots,n)$.

(3) 求和：把 n 个小曲顶柱体的体积加起来，即得整个曲顶柱体体积的近似值

$$\sum_{i=1}^{n} f(\xi_i,\eta_i)\Delta\sigma_i.$$

(4) 取极限：当 n 趋于无穷大且每个小平面区域 $\Delta\sigma_i$ 收缩于一点时，上述和式的极限便是曲顶柱体的体积. 用 λ 表示 n 个小平面区域的最大直径(闭区域上任意两点距离的最大值称为该区域的直径)，则

$$V=\lim_{\lambda\to 0}\sum_{i=1}^{n} f(\xi_i,\eta_i)\Delta\sigma_i. \qquad ①$$

引例 2 求平面薄片的质量.

设有一平面薄片占有坐标面 xOy 上的闭区域 D,它在点(x,y)处的面密度为 $\mu(x,y)(>0)$,且 $\mu(x,y)$在 D 上连续,求该薄片的质量 m.

解 这是一个计算密度不均匀的平面薄片质量的问题.当薄片密度为均匀时,即面密度 $\mu(x,y)$是常数,则

$$\text{薄片质量}=\text{面密度}\times\text{面积}.$$

如果区域的直径很小,由密度函数的连续性知,可以以某一点的密度近似作为小区域上的密度,从而可以求出小区域质量的近似值.为此,将小区域 D 分割成 n 个直径很小的小区域 $\Delta\sigma_1,\Delta\sigma_2,\cdots,\Delta\sigma_n$,在每个 $\Delta\sigma_i$ 上任取一点(ξ_i,η_i),该点密度为 $\mu(\xi_i,\eta_i)$,则 $\mu(\xi_i,\eta_i)\Delta\sigma_i$ 可看做是第 i 个小薄片的质量的近似值,再通过求和,取极限便得出要求薄片的质量

$$m=\lim_{\lambda\to 0}\sum_{i=1}^{n}f(\xi_i,\eta_i)\Delta\sigma_i. \qquad ②$$

以上两个问题的实际意义是截然不同的,但解决它们而得到的式①和式②都是同一形式的和的极限.由此,可抽象出二重积分的定义.

定义 设 $f(x,y)$是有界闭区域 D 上的有界函数,将区域 D 任意分成 n 个小闭区域

$$\Delta\sigma_1,\ \Delta\sigma_2,\ \cdots,\ \Delta\sigma_n,$$

其中 $\Delta\sigma_i$ 表示第 i 个小区域,也表示第 i 个小区域 $\Delta\sigma_i$ 的面积.在每个 $\Delta\sigma_i$ 上任取一点(ξ_i,η_i),作乘积

$$f(\xi_i,\eta_i)\Delta\sigma_i \quad (i=1,2,\cdots,n),$$

并作和

$$\sum_{i=1}^{n}f(\xi_i,\eta_i)\Delta\sigma_i.$$

如果当各小闭区域的直径中的最大值 λ 趋于零时,这个和的极限总存在,且其极限值与区域的分割方法及 $\Delta\sigma_i$ 上点(ξ_i,η_i)的选取无关,则称此极限为函数 $f(x,y)$在闭区域 D 上的二重积分,记为 $\iint\limits_D f(x,y)\mathrm{d}\sigma$,即

$$\iint\limits_D f(x,y)\mathrm{d}\sigma=\lim_{\lambda\to 0}\sum_{i=1}^{n}f(\xi_i,\eta_i)\Delta\sigma_i,$$

其中 $f(x,y)$ 称为被积函数,$f(x,y)\mathrm{d}\sigma$ 称为被积表达式,$\mathrm{d}\sigma$ 称为面积微元,x 与 y 称为积分变量,D 称为积分区域,$\sum\limits_{i=1}^{n}f(\xi_i,\eta_i)\Delta\sigma_i$ 称为积分和.

注 (1) 定义中对积分区域和被积函数都作了必要的限制,是为了保证二重积分一定存在.本节总假定函数在相应区域 D 上是连续的,从而函数在有界闭区域 D 上的二重积分总存在.

(2) 由引例 1 可知,曲顶柱体的体积是曲顶曲面函数 $f(x,y)(f(x,y)\geqslant 0)$ 在底

D 上的二重积分，因此，二重积分的几何意义是曲顶柱体的体积. 如果 $f(x,y)$ 不是非负的，则

① 当 $f(x,y)>0$ 时，柱体在坐标面 xOy 的上方；

② 当 $f(x,y)<0$ 时，柱体在坐标面 xOy 的下方，此时二重积分的绝对值仍等于柱体的体积，但二重积分的值是负的；

③ 如果把坐标面 xOy 上方的柱体体积取成正，坐标面 xOy 下方的柱体体积取成负，那么当 $f(x,y)$ 符号不定时，$f(x,y)$ 在 D 上的二重积分就等于这些部分区域上的柱体体积的代数和.

密度不均匀的平面薄片的质量可以看做二重积分的一个物理模型.

(3) 由二重积分的几何意义可知，当 $f(x,y)=1$ 时，有 $\iint\limits_D \mathrm{d}\sigma=\sigma$，其中 σ 为区域 D 的面积.

*5.5.2　二重积分的性质

二重积分具有与定积分完全类似的性质.

性质 1(线性性质)　设 α,β 为常数，则

$$\iint\limits_D [\alpha f(x,y)+\beta g(x,y)]\mathrm{d}\sigma=\alpha\iint\limits_D f(x,y)\mathrm{d}\sigma+\beta\iint\limits_D g(x,y)\mathrm{d}\sigma.$$

性质 2(积分区域可加性)　如果闭区域 D 被分割成两个闭区域 D_1 与 D_2，则

$$\iint\limits_D f(x,y)\mathrm{d}\sigma=\iint\limits_{D_1} f(x,y)\mathrm{d}\sigma+\iint\limits_{D_2} f(x,y)\mathrm{d}\sigma.$$

性质 3　$\iint\limits_D \mathrm{d}\sigma=\sigma$，其中 σ 为区域 D 的面积.

直接用二重积分的定义计算二重积分通常是非常困难的，有时甚至是不可能的. 因此，必须寻找一个便于使用的计算方法. 下面介绍二重积分的计算方法，通常是将二重积分化为二次定积分来进行计算.

5.5.3　利用直角坐标计算二重积分

在二重积分的定义中，如果将 D 用平行于坐标轴的直线来划分，那么除了包含 D 的边界点的小区域外，其余的小区域都是矩形区域. 设小区域 $\mathrm{d}\sigma$ 的边长分别是 $\mathrm{d}x$，$\mathrm{d}y$，则面积微元 $\mathrm{d}\sigma=\mathrm{d}x\mathrm{d}y$，从而有

$$\iint\limits_D f(x,y)\mathrm{d}\sigma=\iint\limits_D f(x,y)\mathrm{d}x\mathrm{d}y.$$

因此，在直角坐标系中，二重积分 $\iint\limits_D f(x,y)\mathrm{d}\sigma=\iint\limits_D f(x,y)\mathrm{d}x\mathrm{d}y$.

若积分区域 D 是由两条平行直线 $x=a$，$x=b$ 及两条连续曲线 $y=\varphi_1(x)$，$y=\varphi_2(x)$(在区间 $[a,b]$ 上 $\varphi_1(x)\leqslant\varphi_2(x)$) 所围成(见图 5-27、图 5-28)，即

$$D=\{(x,y)\mid \varphi_1(x)\leqslant y\leqslant \varphi_2(x),a\leqslant x\leqslant b\},$$

其中函数 $\varphi_1(x)$,$\varphi_2(x)$ 在区间$[a,b]$上连续,则 D 称为X- 型区域.

类似地,若积分区域(见图 5-29、图 5-30)

$$D=\{(x,y)\mid \psi_1(y)\leqslant x\leqslant \psi_2(y),c\leqslant y\leqslant d\},$$

其中函数 $\psi_1(y)$,$\psi_2(y)$ 在区间$[c,d]$上连续,则 D 称为Y- 型区域.

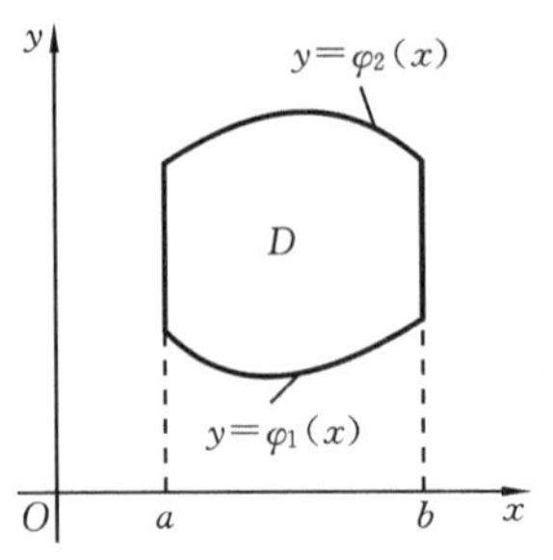

图 5-27

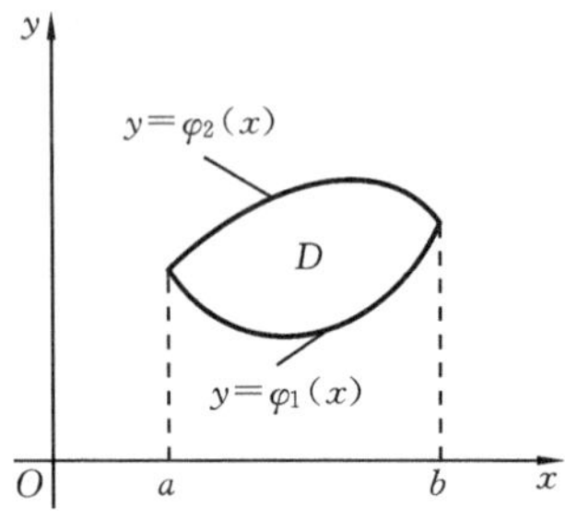

图 5-28

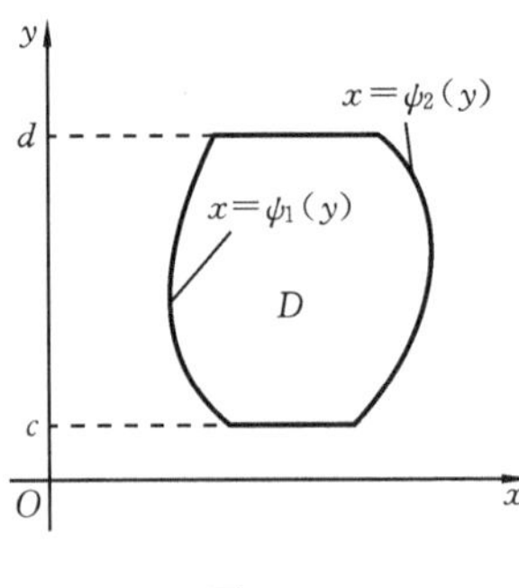

图 5-29

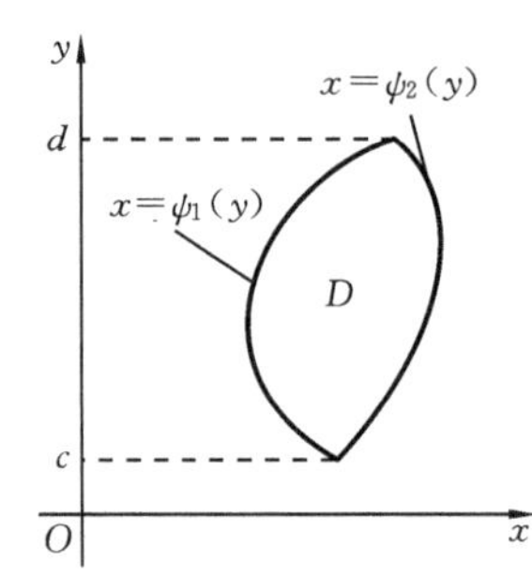

图 5-30

关于在直角坐标系下,如何将二重积分化为二次定积分的形式,直接通过下面的定理给出,而略去其繁杂的论证过程.

定理 设函数 $f(x,y)$ 在有界闭区域 D 上连续,则有下述结论.

(1) 若 D 为 X- 型区域,即 $D:\begin{cases}\varphi_1(x)\leqslant y\leqslant \varphi_2(x),\\ a\leqslant x\leqslant b,\end{cases}$ 则

$$\iint_D f(x,y)\mathrm{d}\sigma=\int_a^b\left[\int_{\varphi_1(x)}^{\varphi_2(x)}f(x,y)\mathrm{d}y\right]\mathrm{d}x \quad 或 \quad \iint_D f(x,y)\mathrm{d}\sigma=\int_a^b\mathrm{d}x\int_{\varphi_1(x)}^{\varphi_2(x)}f(x,y)\mathrm{d}y.$$

(2) 若 D 为 Y- 型区域,即 $D:\begin{cases}\psi_1(y)\leqslant x\leqslant \psi_2(y),\\ c\leqslant y\leqslant d,\end{cases}$ 则

$$\iint_D f(x,y)\mathrm{d}\sigma=\int_c^d\left[\int_{\psi_1(y)}^{\psi_2(y)}f(x,y)\mathrm{d}x\right]\mathrm{d}y \quad 或 \quad \iint_D f(x,y)\mathrm{d}\sigma=\int_c^d\mathrm{d}y\int_{\psi_1(y)}^{\psi_2(y)}f(x,y)\mathrm{d}x.$$

例 1 求二重积分 $\iint_D x\mathrm{e}^{xy}\,\mathrm{d}x\mathrm{d}y$,其中积分区域为

$$D=\{(x,y)\mid 0\leqslant x\leqslant 1,0\leqslant y\leqslant 1\}.$$

解　画出区域 D 的图形，如图 5-31 所示，此区域既是 X- 型区域，也是 Y- 型区域，于是可以选择先对 y 后对 x 积分，也可以选择先对 x 后对 y 积分，结合被积函数的形式考虑. 如果选择先对 x 后对 y 积分，则第一次积分将需要作分部积分. 这样就选择了先对 y 后对 x 积分，于是有

$$\iint_D x\mathrm{e}^{xy}\,\mathrm{d}x\mathrm{d}y = \int_0^1 \mathrm{d}x\int_0^1 x\mathrm{e}^{xy}\,\mathrm{d}y = \int_0^1 (\mathrm{e}^x - 1)\,\mathrm{d}x = \mathrm{e} - 1.$$

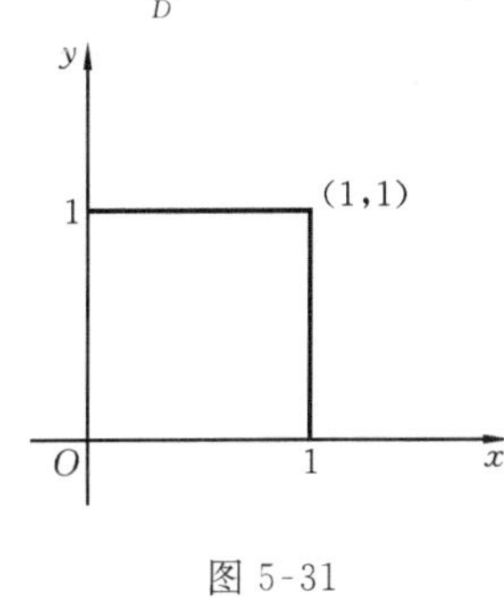

图 5-31

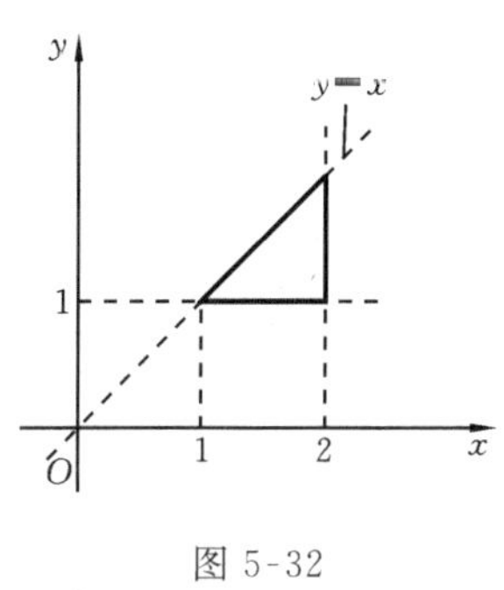

图 5-32

例 2　计算 $\iint\limits_D xy\,\mathrm{d}\sigma$，其中 D 是由直线 $y = 1, x = 2$ 及 $y = x$ 所围成的闭区域.

解　画出区域 D 的图形，如图 5-32 所示. 此区域既是 X- 型区域，也是 Y- 型区域.

方法一　将 D 看做 X- 型区域，先对 y 后对 x 积分，区域 D 的不等式表示为

$$\begin{cases} 1 \leqslant y \leqslant x, \\ 1 \leqslant x \leqslant 2. \end{cases}$$

所以 $$\iint_D xy\,\mathrm{d}x\mathrm{d}y = \int_1^2 \mathrm{d}x\int_1^x xy\,\mathrm{d}y = \frac{1}{2}\int_1^2 (x^3 - x)\,\mathrm{d}x = \frac{9}{8}.$$

方法二　将 D 看做 Y- 型区域，先对 x 后对 y 积分，区域 D 的不等式表示为 $\begin{cases} y \leqslant x \leqslant 2, \\ 1 \leqslant y \leqslant 2, \end{cases}$ 则

$$\iint_D xy\,\mathrm{d}x\mathrm{d}y = \int_1^2 \mathrm{d}y\int_y^2 xy\,\mathrm{d}x = \frac{1}{2}\int_1^2 y(4 - y^2)\,\mathrm{d}y = \frac{9}{8}.$$

例 3　计算 $\iint\limits_D xy\,\mathrm{d}x\mathrm{d}y$，其中 $x^2 + y^2 \leqslant 1, x \geqslant 0, y \geqslant 0$.

解　画出区域 D 的图形，如图 5-33 所示. 区域 D 的不等式表示为

$$\begin{cases} 0 \leqslant y \leqslant \sqrt{1 - x^2}, \\ 0 \leqslant x \leqslant 1, \end{cases}$$

于是 $$\iint_D xy\,\mathrm{d}x\mathrm{d}y = \int_0^1 \mathrm{d}x\int_0^{\sqrt{1-x^2}} xy\,\mathrm{d}y = \int_0^1 x\left[\frac{1}{2}y^2\right]_0^{\sqrt{1-x^2}}\mathrm{d}x$$

$$= \frac{1}{2}\int_0^1 x(1 - x^2)\,\mathrm{d}x = \frac{1}{8}.$$

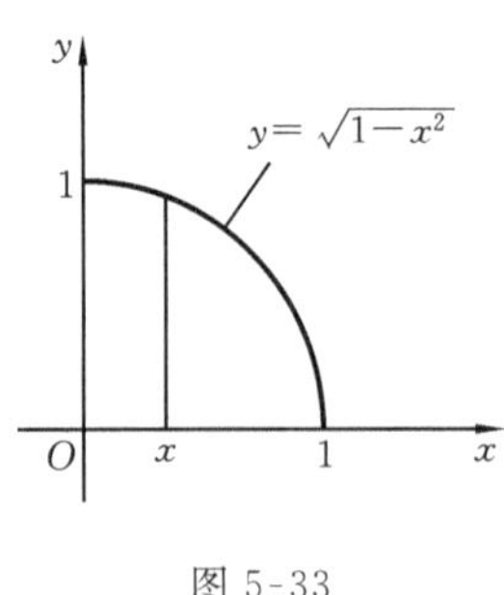

图 5-33

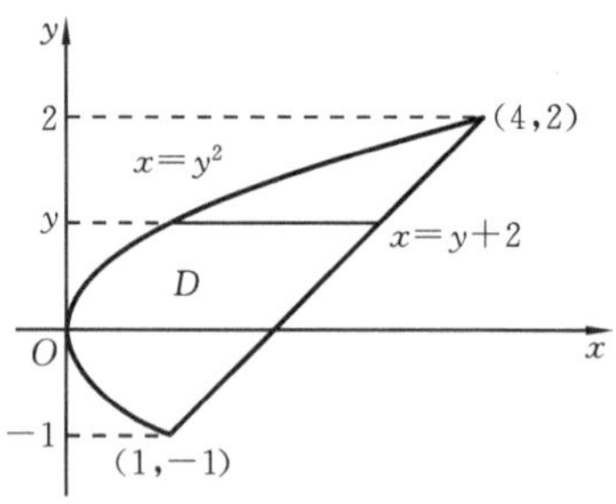

图 5-34

例 4 计算$\iint\limits_D xy\mathrm{d}x\mathrm{d}y$,其中 D 由抛物线 $y^2=x$ 及直线 $y=x-2$ 所围成.

解 画出 D 的图形,如图 5-34 所示,选择先对 x 后对 y 积分,这时 D 的表示式为

$$\begin{cases} y^2\leqslant x\leqslant y+2, \\ -1\leqslant y\leqslant 2, \end{cases}$$

从而 $\iint\limits_D xy\mathrm{d}x\mathrm{d}y=\int_{-1}^{2}\mathrm{d}y\int_{y^2}^{y+2}xy\mathrm{d}x=\int_{-1}^{2}y\left[\frac{1}{2}x^2\right]_{y^2}^{y+2}\mathrm{d}y=\frac{1}{2}\int_{-1}^{2}[y(y+2)^2-y^5]\mathrm{d}y$

$$=\frac{1}{2}\left[\frac{y^4}{4}+\frac{4y^3}{3}+2y^2-\frac{y^6}{6}\right]_{-1}^{2}=\frac{45}{8}.$$

5.5.4 利用极坐标计算二重积分

有些二重积分,其积分区域 D 的边界曲线用极坐标方程来表示比较方便,且被积函数用极坐标变量 r,θ 表达也比较简单,这时利用极坐标来计算二重积分$\iint\limits_D f(x,y)\mathrm{d}\sigma$常常很简捷.

下面介绍利用极坐标系将二重积分化为二次积分.取极点 O 为直角坐标系的原点,极轴为 x 轴.在极坐标系中,假定从极点发出且穿过区域 D 的射线与 D 的边界曲线相交不多于两点.用“$r=$ 常数”的一族同心圆及“$\theta=$ 常数”的一族过极点的射线来分割 D,把 D 分成许多小区域(见图 5-35),每个小区域的面积 $\Delta\sigma$ 近似地等于边长为 Δr 及 $r\Delta\theta$ 的矩形面积,即

$$\Delta\sigma\approx r\Delta r\Delta\theta,$$

因而,其面积微元是

$$\mathrm{d}\sigma=r\mathrm{d}r\mathrm{d}\theta.$$

再根据直角坐标与极坐标之间的关系$\begin{cases} x=r\cos\theta, \\ y=r\sin\theta, \end{cases}$于是得

$$\iint\limits_D f(x,y)\mathrm{d}\sigma=\iint\limits_D f(r\cos\theta,r\sin\theta)r\mathrm{d}r\mathrm{d}\theta.$$

这就是二重积分从直角坐标到极坐标的变换公式.

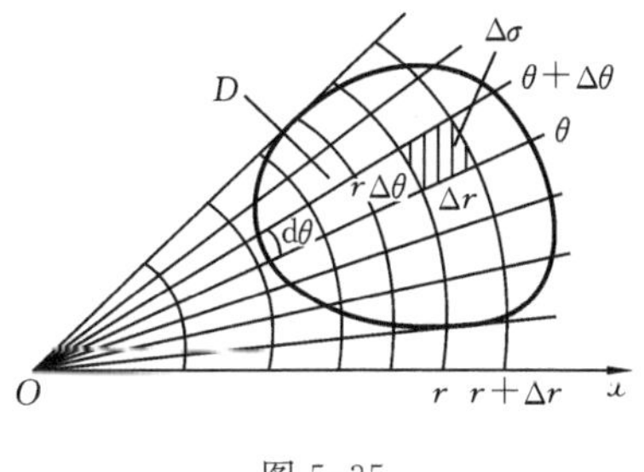

图 5-35

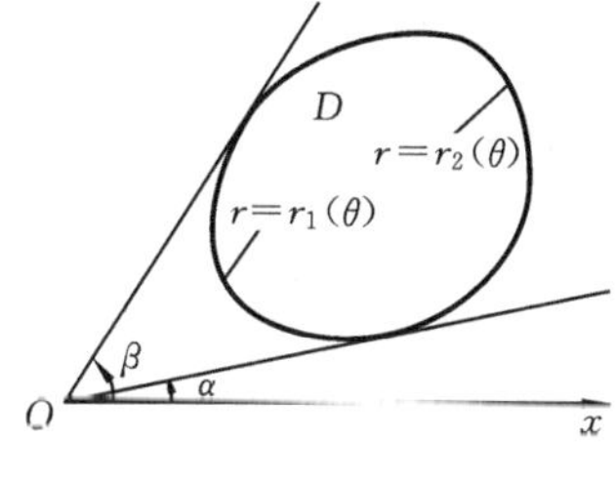

图 5-36

下面将极坐标下的二重积分化为二次积分的计算公式,分三种情况讨论.

(1) 极点 O 在区域 D 外.

设区域 D 由射线 $\theta=\alpha,\theta=\beta(\alpha<\beta)$ 及曲线 $r=r_1(\theta),r=r_2(\theta)$(其中 $r_1(\theta)\leqslant r_2(\theta)$)所围成时,如图 5-36 所示,记

$$D:\alpha\leqslant\theta\leqslant\beta,\quad r_1(\theta)\leqslant r\leqslant r_2(\theta),$$

则有计算公式

$$\iint\limits_D f(r\cos\theta,r\sin\theta)r\mathrm{d}r\mathrm{d}\theta=\int_\alpha^\beta\mathrm{d}\theta\int_{r_1(\theta)}^{r_2(\theta)}f(r\cos\theta,r\sin\theta)r\mathrm{d}r.$$

(2) 极点 O 在区域 D 内部.

设区域 D 的边界曲线方程为 $r=r(\theta)(0\leqslant\theta\leqslant2\pi)$,如图 5-37 所示,记

$$D:0\leqslant\theta\leqslant2\pi,\quad 0\leqslant r\leqslant r(\theta),$$

则有计算公式

$$\iint\limits_D f(r\cos\theta,r\sin\theta)r\mathrm{d}r\mathrm{d}\theta=\int_0^{2\pi}\mathrm{d}\theta\int_0^{r(\theta)}f(r\cos\theta,r\sin\theta)r\mathrm{d}r.$$

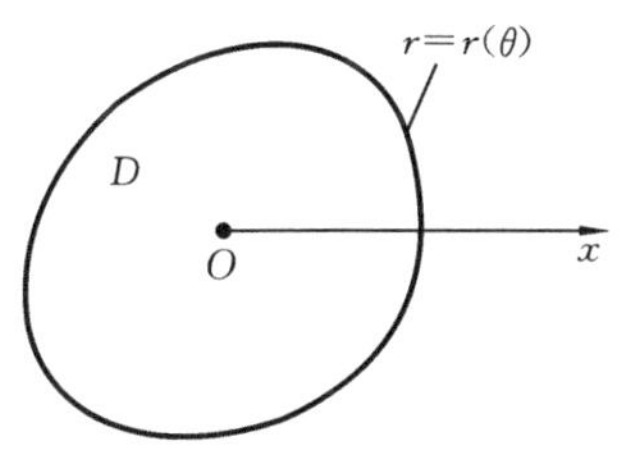

图 5-37

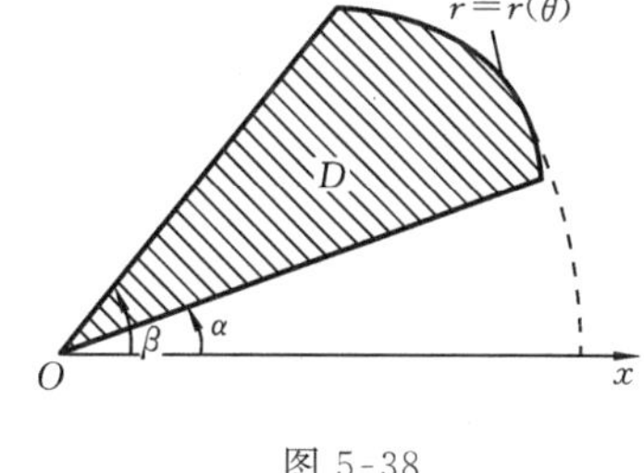

图 5-38

(3) 极点 O 在区域 D 的边界上.

设区域 D 的边界曲线方程为 $r=r(\theta)(\alpha\leqslant\theta\leqslant\beta)$,如图 5-38 所示,记

$$D:\alpha\leqslant\theta\leqslant\beta,\quad 0\leqslant r\leqslant r(\theta),$$

则有计算公式

$$\iint\limits_D f(r\cos\theta,r\sin\theta)r\mathrm{d}r\mathrm{d}\theta=\int_\alpha^\beta\mathrm{d}\theta\int_0^{r(\theta)}f(r\cos\theta,r\sin\theta)r\mathrm{d}r.$$

例 6 计算$\iint\limits_D \sqrt{x^2+y^2}\,\mathrm{d}\sigma$,其中 D 为圆环 $1\leqslant x^2+y^2\leqslant 4$.

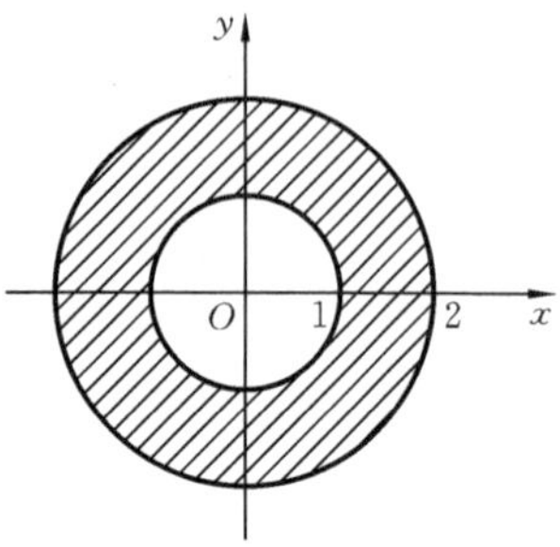

解 积分区域 D 为圆环,如图 5-39 所示,作极坐标变换$\begin{cases}x=r\cos\theta,\\ y=r\sin\theta,\end{cases}$则 D 可以表示为 $D:0\leqslant\theta\leqslant 2\pi$, $1\leqslant r\leqslant 2$, 从而有

$$\iint\limits_D \sqrt{x^2+y^2}\,\mathrm{d}\sigma=\iint\limits_D r\cdot r\mathrm{d}r\mathrm{d}\theta=\int_0^{2\pi}\mathrm{d}\theta\int_1^2 r^2\,\mathrm{d}r=\frac{14}{3}\pi.$$

图 5-39

例 7 计算$\iint\limits_D \mathrm{e}^{-(x^2+y^2)}\,\mathrm{d}x\mathrm{d}y$,其中 $D:x^2+y^2\leqslant R^2$.

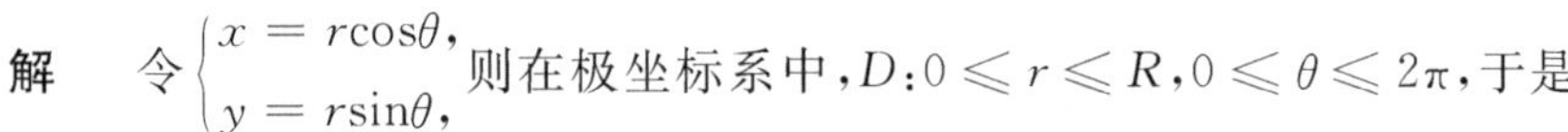

解 令$\begin{cases}x=r\cos\theta,\\ y=r\sin\theta,\end{cases}$则在极坐标系中,$D:0\leqslant r\leqslant R,0\leqslant\theta\leqslant 2\pi$,于是

$$\iint\limits_D \mathrm{e}^{-(x^2+y^2)}\,\mathrm{d}x\mathrm{d}y=\iint\limits_D \mathrm{e}^{-r^2}r\mathrm{d}r\mathrm{d}\theta=\int_0^{2\pi}\mathrm{d}\theta\int_0^R r\mathrm{e}^{-r^2}\,\mathrm{d}r=2\pi\left[-\frac{1}{2}\mathrm{e}^{-r^2}\right]_0^R=\pi(1-\mathrm{e}^{-R^2}).$$

当积分区域为圆、圆环或扇形时,或者被积函数是 $f(x^2+y^2)$ 的形式时,采用极坐标,可简化二重积分的计算.

练　习　5.5

1. 利用直角坐标计算下列二重积分.

(1) $\iint\limits_D (x^2+xy+y^2)\,\mathrm{d}\sigma$,其中 $D=\{(x,y)\mid 0\leqslant x\leqslant 1,0\leqslant y\leqslant 1\}$;

(2) $\iint\limits_D (3x+2y)\,\mathrm{d}\sigma$,其中 D 是由两坐标轴及直线 $x+y=2$ 所围成的闭区域;

(3) $\iint\limits_D xy\,\mathrm{d}\sigma$,其中 $D=\{(x,y)\mid 0\leqslant x\leqslant 1,x^2\leqslant y\leqslant\sqrt{x}\}$;

(4) $\iint\limits_D \frac{x}{y+1}\,\mathrm{d}\sigma$,其中 D 是由曲线 $y=x^2+1$, $y=2x$ 及 $x=0$ 所围成的闭区域;

(5) $\iint\limits_D xy\,\mathrm{d}\sigma$,其中 D 是由曲线 $y^2=x$ 及直线 $y=x-2$ 所围成的闭区域;

(6) $\iint\limits_D \mathrm{e}^{y^2}\,\mathrm{d}x\mathrm{d}y$,其中 $D=\{(x,y)\mid 2x\leqslant y\leqslant 2,0\leqslant x\leqslant 1\}$.

2. 交换下列二次积分的次序.

(1) $\int_0^1\mathrm{d}x\int_0^x f(x,y)\,\mathrm{d}y$;　　　(2) $\int_0^2\mathrm{d}y\int_{y^2}^{2y} f(x,y)\,\mathrm{d}x$.

3. 将二次积分$\int_0^2\mathrm{d}y\int_0^{\sqrt{2y-y^2}} f(x^2+y^2)\,\mathrm{d}x$ 化为极坐标系下的二重积分.

4. 利用极坐标计算下列二重积分.

(1) $\iint\limits_D \sin\sqrt{x^2+y^2}\,\mathrm{d}\sigma$,其中 $D=\{(x,y)\mid \pi^2\leqslant x^2+y^2\leqslant 4\pi^2\}$;

(2) $\iint\limits_D \sqrt{1-x^2-y^2}\,\mathrm{d}\sigma$,其中 $D=\{(x,y)\mid x^2+y^2\leqslant x\}$;

(3) $\iint\limits_D \arctan\dfrac{y}{x}\,\mathrm{d}\sigma$,其中 $D=\{(x,y)\mid 1\leqslant x^2+y^2\leqslant 4, y\leqslant x, y\geqslant 0\}$.

综合练习 5

一、选择题

1. 下列函数中,有且仅有一个间断点的函数为(　　).

(A) $\dfrac{x}{x-y}$　　(B) $\dfrac{xy}{x^2+y^2}$　　(C) $\dfrac{x}{x+y}$　　(D) $|xy|+1$

2. 下列各式中不能表示为某个函数的全微分的式子是(　　).

(A) $y\mathrm{d}x+x\mathrm{d}y$　　(B) $y\mathrm{d}x-x\mathrm{d}y$　　(C) $x\mathrm{d}x+y\mathrm{d}y$　　(D) $x\mathrm{d}x-y\mathrm{d}y$

3. 使得 $\mathrm{d}f=\Delta f$ 的函数为(　　).

(A) $f(x,y)=ax+by+c$ (a,b,c 为常数)　　(B) $f(x,y)=\sin(xy)$

(C) $f(x,y)=\mathrm{e}^x+\mathrm{e}^y$　　(D) $f(x,y)=x^2+y^2$

4. 设 $f(x,y)=\sqrt{x^2+y^2}$,则下述唯一错误的命题是(　　).

(A) (0,0) 是驻点　　(B) (0,0) 是极值点

(C) (0,0) 是极小值点　　(D) (0,0) 是最小值点

5. D 由 $y=x, x+y=2, x=2$ 围成,则 $\iint\limits_D f(x,y)\mathrm{d}x\mathrm{d}y=$(　　).

(A) $\int_0^1\mathrm{d}x\int_x^{2-x}f(x,y)\mathrm{d}y$　　(B) $\int_0^1\mathrm{d}y\int_y^{2-y}f(x,y)\mathrm{d}x$

(C) $\int_1^2\mathrm{d}x\int_{2-x}^{x}f(x,y)\mathrm{d}y$　　(D) $\int_0^1\mathrm{d}x\int_0^{x}f(x,y)\mathrm{d}y$

二、填空题

1. 已知两点 $A(1,4,-1)$,$B(1,1,3)$,则 $|AB|=$______.

2. 坐标面 xOy 上的双曲线 $y^2-4x^2=1$ 绕 y 轴旋转所得的旋转曲面的方程为______,绕 x 轴旋转所得的旋转曲面的方程为______.

3. 球面 $x^2+y^2+z^2-6x+8z=0$ 的球心坐标为______,半径为______.

4. 球心在点$(1,-2,4)$处、半径为 5 的球面方程为______.

5. 函数 $z=\dfrac{1}{\ln(1-|x|-|y|)}$ 的定义域为______.

6. $z=y^2\mathrm{e}^x$,则 $\dfrac{\partial z}{\partial x}=$______,$\dfrac{\partial z}{\partial y}=$______,$\dfrac{\partial^2 z}{\partial x\partial y}=$______,$\mathrm{d}z=$______,$\mathrm{d}z\big|_{(0,1)}=$______.

7. 二重积分从直角坐标到极坐标的变换公式是______.

三、计算题

1. 已知动点 $M(x,y,z)$ 到坐标面 xOy 的距离与点 $(1,-1,2)$ 的距离相等,求动点的轨迹方程.

2. 求下列函数的一阶、二阶偏导数.

(1) $z=\ln(x+y^2)$;　　　　(2) $z=\int_1^{xy}\mathrm{e}^{t^2}\,\mathrm{d}t$.

3. 求函数 $z=\dfrac{xy}{x^2-y^2}$ 当 $x=2,y=1,\Delta x=0.01,\Delta y=0.03$ 时的全增量和全微分.

4. 已知 $z=u^2\ln v,u=\dfrac{x}{y},v=3x-2y$,求$\dfrac{\partial z}{\partial x},\dfrac{\partial z}{\partial y}$.

5. 已知 $z=\arctan(xy)$,而 $y=\mathrm{e}^x$,求$\dfrac{\mathrm{d}z}{\mathrm{d}x}$.

6. 已知 $xy+\mathrm{e}^{x+y}=\mathrm{e}$,求$\dfrac{\mathrm{d}y}{\mathrm{d}x}$.

7. 已知 $x+2y+z+2\sqrt{xyz}=0$,求$\dfrac{\partial z}{\partial x},\dfrac{\partial z}{\partial y}$.

8. 某养殖场喂养两种鱼,若甲种鱼放养 x(万尾),乙种鱼放养 y(万尾),收获时两种鱼的收获量分别为$(3-\alpha x-\beta y)x,(4-\beta x-2\alpha y)y(\alpha>\beta>0)$,求使产鱼总量最大的放养数?

9. 某公司可通过电台及报纸两种方式做销售某商品的广告,根据统计资料,销售收入 R(万元)与电台广播费用 x_1(万元)及报纸广告费用 x_2(万元)之间的关系有如下的经验公式:

$$R=15+14x_1+32x_2-8x_1x_2-2x_1^2-10x_2^2.$$

(1) 在广告费用不限的情况下,求最优广告策略;

(2) 若提供的广告费用为 1.5 万元,求相应的最优广告策略.

10. 计算下列二重积分.

(1) $\iint\limits_D(1+x)y\,\mathrm{d}x\mathrm{d}y$,其中 D 是顶点分别为$(0,0),(1,0),(1,2),(0,1)$的梯形域;

(2) $\iint\limits_D|y^2-x|\,\mathrm{d}\sigma$,其中 D 为区域:$-1\leqslant x\leqslant 1,0\leqslant y\leqslant 1$;

(3) $\iint\limits_D xy^2\,\mathrm{d}\sigma$,其中 D 是由圆周 $x^2+y^2=4$ 与 y 轴所围成的右半圆域.

附录　简易积分表

（一）含有 $a+bx$ $(b\neq 0)$的积分

1. $\int \frac{\mathrm{d}x}{a+bx}=\frac{1}{b}\ln|a+bx|+C.$

2. $\int (a+bx)^{\mu}\mathrm{d}x=\frac{1}{b(\mu+1)}(a+bx)^{\mu+1}+C\ (\mu\neq -1).$

3. $\int \frac{x}{a+bx}\mathrm{d}x=\frac{1}{b^2}(a+bx-a\ln|a+bx|)+C.$

4. $\int \frac{x^2}{a+bx}\mathrm{d}x=\frac{1}{b^3}\left[\frac{1}{2}(a+bx)^2-2a(a+bx)+a^2\ln|a+bx|\right]+C.$

5. $\int \frac{\mathrm{d}x}{x(a+bx)}=-\frac{1}{a}\ln\left|\frac{a+bx}{x}\right|+C\ (a\neq 0).$

6. $\int \frac{\mathrm{d}x}{x^2(a+bx)}=-\frac{1}{ax}+\frac{b}{a^2}\ln\left|\frac{a+bx}{x}\right|+C\ (a\neq 0).$

7. $\int \frac{x}{(a+bx)^2}\mathrm{d}x=\frac{1}{b^2}\left(\ln|a+bx|+\frac{a}{a+bx}\right)+C.$

8. $\int \frac{x^2}{(a+bx)^2}\mathrm{d}x=\frac{1}{b^3}\left(a+bx-2a\ln|a+bx|-\frac{a^2}{a+bx}\right)+C.$

9. $\int \frac{\mathrm{d}x}{x(a+bx)^2}=\frac{1}{a(a+bx)}-\frac{1}{a^2}\ln\left|\frac{a+bx}{x}\right|+C\quad (a\neq 0).$

（二）含有 $\sqrt{a+bx}$ $(b\neq 0)$ 的积分

10. $\int \sqrt{a+bx}\,\mathrm{d}x=\frac{2}{3b}\sqrt{(a+bx)^3}+C.$

11. $\int x\sqrt{a+bx}\,\mathrm{d}x=\frac{2}{15b^2}(3bx-2a)\sqrt{(a+bx)^3}+C.$

12. $\int x^2\sqrt{a+bx}\,\mathrm{d}x=\frac{2}{105b^3}(8a^2-12abx+15b^2x^2)\sqrt{(a+bx)^3}+C.$

13. $\int \frac{x}{\sqrt{a+bx}}\mathrm{d}x=\frac{2}{3b^2}(bx-2a)\sqrt{a+bx}+C.$

14. $\int \frac{x^2}{\sqrt{a+bx}}\mathrm{d}x=\frac{2}{15b^3}(8a^2-4abx+3b^2x^2)\sqrt{a+bx}+C.$

15. $$\int \frac{\mathrm{d}x}{x\sqrt{a+bx}}=\begin{cases}\frac{1}{\sqrt{a}}\ln\left|\frac{\sqrt{a+bx}-\sqrt{a}}{\sqrt{a+bx}+\sqrt{a}}\right|+C\ (a>0),\\ \frac{2}{\sqrt{-a}}\arctan\sqrt{\frac{a+bx}{-a}}+C\ (a<0).\end{cases}$$

16. $\int \frac{\mathrm{d}x}{x^2\sqrt{a+bx}}=-\frac{\sqrt{a+bx}}{ax}-\frac{b}{2a}\int\frac{\mathrm{d}x}{x\sqrt{a+bx}}.$

17. $\int \frac{\sqrt{a+bx}}{x}\mathrm{d}x=2\sqrt{a+bx}+a\int\frac{\mathrm{d}x}{x\sqrt{a+bx}}.$

18. $\int \frac{\sqrt{a+bx}}{x^2}\mathrm{d}x = -\frac{\sqrt{a+bx}}{x} + \frac{b}{2}\int \frac{\mathrm{d}x}{x\sqrt{a+bx}}$.

(三) 含有 $x^2 \pm a^2 (a \neq 0)$ 的积分

19. $\int \frac{\mathrm{d}x}{x^2+a^2} = \frac{1}{a}\arctan\frac{x}{a} + C$.

20. $\int \frac{\mathrm{d}x}{(x^2+a^2)^n} = \frac{x}{2(n-1)a^2(x^2+a^2)^{n-1}} + \frac{2n-3}{2(n-1)a^2}\int \frac{\mathrm{d}x}{(x^2+a^2)^{n-1}}$.

21. $\int \frac{\mathrm{d}x}{x^2-a^2} = \frac{1}{2a}\ln\left|\frac{x-a}{x+a}\right| + C$.

(四) 含有 $a+bx^2 (a>0)$ 的积分

22. $\int \frac{\mathrm{d}x}{a+bx^2} = \begin{cases} \frac{1}{\sqrt{ab}}\arctan\sqrt{\frac{b}{a}}x + C \ (a>0, b>0), \\ \frac{1}{2\sqrt{-ab}}\ln\left|\frac{\sqrt{-a}-\sqrt{b}x}{\sqrt{-a}+\sqrt{b}x}\right| + C \ (a<0, b>0). \end{cases}$

23. $\int \frac{x}{a+bx^2}\mathrm{d}x = \frac{1}{2b}\ln|a+bx^2| + C \ (b \neq 0)$.

24. $\int \frac{x^2}{a+bx^2}\mathrm{d}x = \frac{x}{b} - \frac{a}{b}\int \frac{\mathrm{d}x}{a+bx^2} \ (b \neq 0)$.

25. $\int \frac{\mathrm{d}x}{x(a+bx^2)} = \frac{1}{2a}\ln\left|\frac{x^2}{a+bx^2}\right| + C$.

26. $\int \frac{\mathrm{d}x}{x^2(a+bx^2)} = -\frac{1}{ax} - \frac{b}{a}\int \frac{\mathrm{d}x}{a+bx^2}$.

27. $\int \frac{\mathrm{d}x}{x^3(a+bx^2)} = \frac{b}{2a^2}\ln\left|\frac{a+bx^2}{x^2}\right| - \frac{1}{2ax^2} + C$.

28. $\int \frac{\mathrm{d}x}{(a+bx^2)^2} = \frac{x}{2a(a+bx^2)} + \frac{1}{2a}\int \frac{\mathrm{d}x}{a+bx^2}$.

(五) 含有 $\sqrt{x^2+a^2} \ (a>0)$ 的积分

29. $\int \sqrt{x^2+a^2}\mathrm{d}x = \frac{x}{2}\sqrt{x^2+a^2} + \frac{a^2}{2}\ln(x+\sqrt{x^2+a^2}) + C$.

30. $\int \sqrt{(x^2+a^2)^3}\mathrm{d}x = \frac{x}{8}(2x^2+5a^2)\sqrt{x^2+a^2} + \frac{3}{8}a^4\ln(x+\sqrt{x^2+a^2}) + C$.

31. $\int x\sqrt{x^2+a^2}\mathrm{d}x = \frac{1}{3}\sqrt{(x^2+a^2)^3} + C$.

32. $\int x^2\sqrt{x^2+a^2}\mathrm{d}x = \frac{x}{8}(2x^2+a^2)\sqrt{x^2+a^2} - \frac{a^4}{8}\ln(x+\sqrt{x^2+a^2}) + C$.

33. $\int \frac{\mathrm{d}x}{\sqrt{x^2+a^2}} = \ln(x+\sqrt{x^2+a^2}) + C$.

34. $\int \frac{\mathrm{d}x}{\sqrt{(x^2+a^2)^3}} = \frac{x}{a^2\sqrt{x^2+a^2}} + C$.

35. $\int \frac{x}{\sqrt{x^2+a^2}}\mathrm{d}x = \sqrt{x^2+a^2} + C$.

36. $\int\frac{x}{\sqrt{(x^2+a^2)^3}}\mathrm{d}x=-\frac{1}{\sqrt{x^2+a^2}}+C.$

37. $\int\frac{x^2}{\sqrt{x^2+a^2}}\mathrm{d}x=\frac{x}{2}\sqrt{x^2+a^2}-\frac{a^2}{2}\ln(x+\sqrt{x^2+a^2})+C.$

38. $\int\frac{x^2}{\sqrt{(x^2+a^2)^3}}\mathrm{d}x=-\frac{x}{\sqrt{x^2+a^2}}+\ln(x+\sqrt{x^2+a^2})+C.$

39. $\int\frac{\mathrm{d}x}{x\sqrt{x^2+a^2}}=\frac{1}{a}\ln\frac{\sqrt{x^2+a^2}-a}{|x|}+C.$

40. $\int\frac{\mathrm{d}x}{x^2\sqrt{x^2+a^2}}=-\frac{\sqrt{x^2+a^2}}{a^2x}+C.$

41. $\int\frac{\sqrt{x^2+a^2}}{x}\mathrm{d}x=\sqrt{x^2+a^2}-a\ln\frac{\sqrt{x^2+a^2}-a}{|x|}+C.$

42. $\int\frac{\sqrt{x^2+a^2}}{x^2}\mathrm{d}x=-\frac{\sqrt{x^2+a^2}}{x}+\ln(x+\sqrt{x^2+a^2})+C.$

（六）含有 $\sqrt{x^2-a^2}$ $(a>0)$ 的积分

43. $\int\sqrt{x^2-a^2}\,\mathrm{d}x=\frac{x}{2}\sqrt{x^2-a^2}-\frac{a^2}{2}\ln|x+\sqrt{x^2-a^2}|+C.$

44. $\int\sqrt{(x^2-a^2)^3}\,\mathrm{d}x=\frac{x}{8}(2x^2-5a^2)\sqrt{x^2-a^2}+\frac{3}{8}a^4\ln|x+\sqrt{x^2-a^2}|+C.$

45. $\int x\sqrt{x^2-a^2}\,\mathrm{d}x=\frac{1}{3}\sqrt{(x^2-a^2)^3}+C.$

46. $\int x^2\sqrt{x^2-a^2}\,\mathrm{d}x=\frac{x}{8}(2x^2-a^2)\sqrt{x^2-a^2}-\frac{a^4}{8}\ln|x+\sqrt{x^2-a^2}|+C.$

47. $\int\frac{\sqrt{x^2-a^2}}{x}\mathrm{d}x=\sqrt{x^2-a^2}-a\arccos\frac{a}{|x|}+C.$

48. $\int\frac{\sqrt{x^2-a^2}}{x^2}\mathrm{d}x=-\frac{\sqrt{x^2-a^2}}{x}+\ln|x+\sqrt{x^2-a^2}|+C.$

49. $\int\frac{\mathrm{d}x}{\sqrt{x^2-a^2}}=\ln|x+\sqrt{x^2-a^2}|+C.$

50. $\int\frac{\mathrm{d}x}{\sqrt{(x^2-a^2)^3}}=-\frac{x}{a^2\sqrt{x^2-a^2}}+C.$

51. $\int\frac{x}{\sqrt{x^2-a^2}}\mathrm{d}x=\sqrt{x^2-a^2}+C.$

52. $\int\frac{x}{\sqrt{(x^2-a^2)^3}}\mathrm{d}x=-\frac{1}{\sqrt{x^2-a^2}}+C.$

53. $\int\frac{x^2}{\sqrt{x^2-a^2}}\mathrm{d}x=\frac{x}{2}\sqrt{x^2-a^2}+\frac{a^2}{2}\ln|x+\sqrt{x^2-a^2}|+C.$

54. $\int\frac{x^2}{\sqrt{(x^2-a^2)^3}}\mathrm{d}x=-\frac{x}{\sqrt{x^2-a^2}}+\ln|x+\sqrt{x^2-a^2}|+C.$

55. $\int\frac{\mathrm{d}x}{x\sqrt{x^2-a^2}}=\frac{1}{a}\arccos\frac{a}{|x|}+C.$

56. $\int\frac{\mathrm{d}x}{x^2\sqrt{x^2-a^2}}=\frac{\sqrt{x^2-a^2}}{a^2x}+C.$

(七) 含有 $\sqrt{a^2-x^2}$ $(a>0)$ 的积分

57. $\int\sqrt{a^2-x^2}\mathrm{d}x=\frac{x}{2}\sqrt{a^2-x^2}+\frac{a^2}{2}\arcsin\frac{x}{a}+C.$

58. $\int\sqrt{(a^2-x^2)^3}\mathrm{d}x=\frac{x}{8}(5a^2-2x^2)\sqrt{a^2-x^2}+\frac{3}{8}a^4\arcsin\frac{x}{a}+C.$

59. $\int x\sqrt{a^2-x^2}\mathrm{d}x=-\frac{1}{3}\sqrt{(a^2-x^2)^3}+C.$

60. $\int x^2\sqrt{a^2-x^2}\mathrm{d}x=\frac{x}{8}(2x^2-a^2)\sqrt{a^2-x^2}+\frac{a^4}{8}\arcsin\frac{x}{a}+C.$

61. $\int\frac{\sqrt{a^2-x^2}}{x}\mathrm{d}x=\sqrt{a^2-x^2}-a\ln\left|\frac{a+\sqrt{a^2-x^2}}{x}\right|+C.$

62. $\int\frac{\sqrt{a^2-x^2}}{x^2}\mathrm{d}x=-\frac{\sqrt{a^2-x^2}}{x}-\arcsin\frac{x}{a}+C.$

64. $\int\frac{\mathrm{d}x}{\sqrt{a^2-x^2}}=\arcsin\frac{x}{a}+C.$

64. $\int\frac{\mathrm{d}x}{\sqrt{(a^2-x^2)^3}}=\frac{x}{a^2\sqrt{a^2-x^2}}+C.$

65. $\int\frac{x}{\sqrt{a^2-x^2}}\mathrm{d}x=-\sqrt{a^2-x^2}+C.$

66. $\int\frac{x}{\sqrt{(a^2-x^2)^3}}\mathrm{d}x=\frac{1}{\sqrt{a^2-x^2}}+C.$

67. $\int\frac{x^2}{\sqrt{a^2-x^2}}\mathrm{d}x=-\frac{x}{2}\sqrt{a^2-x^2}+\frac{a^2}{2}\arcsin\frac{x}{a}+C.$

68. $\int\frac{x^2}{\sqrt{(a^2-x^2)^3}}\mathrm{d}x=\frac{x}{\sqrt{a^2-x^2}}-\arcsin\frac{x}{a}+C.$

69. $\int\frac{\mathrm{d}x}{x\sqrt{a^2-x^2}}=\frac{1}{a}\ln\left|\frac{x}{a+\sqrt{a^2-x^2}}\right|+C.$

70. $\int\frac{\mathrm{d}x}{x^2\sqrt{a^2-x^2}}=-\frac{\sqrt{a^2-x^2}}{a^2x}+C.$

(八) 含有 $a+bx+cx^2(c>0)$ 的积分

71. $$\int\frac{\mathrm{d}x}{a+bx+cx^2}=\begin{cases}\frac{2}{\sqrt{4ac-b^2}}\arctan\frac{2cx+b}{\sqrt{4ac-b^2}}+C & (b^2<4ac),\\ \frac{1}{\sqrt{b^2-4ac}}\ln\left|\frac{2cx+b-\sqrt{b^2-4ac}}{2cx+b+\sqrt{b^2-4ac}}\right|+C & (b^2>4ac).\end{cases}$$

72. $\int\frac{x}{a+bx+cx^2}\mathrm{d}x=\frac{1}{2c}\ln|a+bx+cx^2|-\frac{b}{2c}\int\frac{\mathrm{d}x}{a+bx+cx^2}.$

(九) 含有 $\sqrt{a+bx\pm cx^2}(c>0)$ 的积分

73. $$\int\sqrt{a+bx+cx^2}\mathrm{d}x=\frac{2cx+b}{4c}\sqrt{a+bx+cx^2}-\frac{4ac-b^2}{8\sqrt{c^3}}\ln|2cx+b+2\sqrt{c}\sqrt{a+bx+cx^2}|+C.$$

74. $\int\sqrt{a+bx-cx^2}\mathrm{d}x=\frac{2cx-b}{4c}\sqrt{a+bx-cx^2}+\frac{b^2+4ac}{8\sqrt{c^3}}\arcsin\frac{2cx-b}{\sqrt{b^2+4ac}}+C.$

75. $\int\frac{dx}{\sqrt{a+bx+cx^2}}=\frac{1}{\sqrt{c}}\ln|2cx+b+2\sqrt{c}\sqrt{a+bx+cx^2}|+C.$

76. $\int\frac{x}{\sqrt{a+bx+cx^2}}dx=\frac{1}{c}\sqrt{a+bx+cx^2}$

$-\frac{b}{2\sqrt{c^3}}\ln|2cx+b+2\sqrt{c}\sqrt{a+bx+cx^2}|+C.$

77. $\int\frac{dx}{\sqrt{a+bx-cx^2}}=-\frac{1}{\sqrt{c}}\arcsin\frac{2cx-b}{\sqrt{b^2+4ac}}+C.$

78. $\int\frac{x}{\sqrt{a+bx-cx^2}}dx=-\frac{1}{a}\sqrt{a+bx-cx^2}+\frac{b}{2\sqrt{c^3}}\arcsin\frac{2cx-b}{\sqrt{b^2+4ac}}+C.$

(十) 含有$\sqrt{\pm\frac{x-a}{x-b}}$或$\sqrt{(x-a)(b-x)}$的积分

79. $\int\sqrt{\frac{a+x}{b+x}}dx=\sqrt{(a+x)(b+x)}+(a-b)\ln(\sqrt{a+x}+\sqrt{b+x})+C.$

80. $\int\sqrt{\frac{a-x}{b+x}}dx=\sqrt{(a-x)(b+x)}+(a+b)\arcsin\sqrt{\frac{x+b}{a+b}}+C.$

81. $\int\frac{dx}{\sqrt{(x-a)(b-x)}}=2\arcsin\sqrt{\frac{x-a}{b-a}}+C.$

82. $\int\frac{dx}{\sqrt{(x-a)(b-x)}}=2\arcsin\sqrt{\frac{x-a}{b-a}}+C.$

(十一) 含有三角函数的积分($ab\neq 0$)

83. $\int\sin x dx=-\cos x+C.$

84. $\int\cos x dx=\sin x+C.$

85. $\int\tan x dx=-\ln|\cos x|+C.$

86. $\int\cot x dx=\ln|\sin x|+C.$

87. $\int\sec x dx=\ln|\sec x+\tan x|+C=\ln\left|\tan\left(\frac{\pi}{4}+\frac{x}{2}\right)\right|+C.$

88. $\int\csc x dx=\ln|\csc x-\cot x|+C=\ln\left|\tan\frac{x}{2}\right|+C.$

89. $\int\sec^2 x dx=\tan x+C.$

90. $\int\csc^2 x dx=-\cot x+C.$

91. $\int\sec x\tan x dx=\sec x+C.$

92. $\int\csc x\cot x dx=-\csc x+C.$

93. $\int\sin^2 x dx=\frac{x}{2}-\frac{1}{4}\sin 2x+C.$

94. $\int\cos^2 x dx=\frac{x}{2}+\frac{1}{4}\sin 2x+C.$

95. $\int \sin^n x \mathrm{d}x = -\frac{1}{n}\sin^{n-1} x\cos x + \frac{n-1}{n}\int \sin^{n-2} x\mathrm{d}x.$

96. $\int \cos^n x \mathrm{d}x = \frac{1}{n}\cos^{n-1} x\sin x + \frac{n-1}{n}\int \cos^{n-2} x\mathrm{d}x.$

97. $\int \frac{\mathrm{d}x}{\sin^n x} = -\frac{1}{n-1}\cdot\frac{\cos x}{\sin^{n-1} x} + \frac{n-2}{n-1}\int \frac{\mathrm{d}x}{\sin^{n-2} x}.$

98. $\int \frac{\mathrm{d}x}{\cos^n x} = \frac{1}{n-1}\cdot\frac{\sin x}{\cos^{n-1} x} + \frac{n-2}{n-1}\int \frac{\mathrm{d}x}{\cos^{n-2} x}.$

99. $\int \cos^m x\sin^n x\mathrm{d}x = \frac{1}{m+n}\cos^{m-1} x\sin^{n+1} x + \frac{m-1}{m+n}\int \cos^{m-2} x\sin^n x\mathrm{d}x$

$$= -\frac{1}{m+n}\cos^{m+1} x\sin^{n-1} x + \frac{n-1}{m+n}\int \cos^m x\sin^{n-2} x\mathrm{d}x.$$

100. $\int \sin ax\cos bx\mathrm{d}x = -\frac{1}{2(a+b)}\cos(a+b)x - \frac{1}{2(a-b)}\cos(a-b)x + C\ (m \neq n).$

101. $\int \sin ax\sin bx\mathrm{d}x = -\frac{1}{2(a+b)}\sin(a+b)x + \frac{1}{2(a-b)}\sin(a-b)x + C\ (m \neq n).$

102. $\int \cos ax\cos bx\mathrm{d}x = \frac{1}{2(a+b)}\sin(a+b)x + \frac{1}{2(a-b)}\sin(a-b)x + C\ (m \neq n).$

103. $\int \frac{\mathrm{d}x}{a+b\sin x} = \frac{2}{\sqrt{a^2-b^2}}\arctan\frac{a\tan\frac{x}{2}+b}{\sqrt{a^2-b^2}} + C \quad (a^2 > b^2).$

104. $\int \frac{\mathrm{d}x}{a+b\sin x} = \frac{1}{\sqrt{b^2-a^2}}\ln\left|\frac{a\tan\frac{x}{2}+b-\sqrt{b^2-a^2}}{a\tan\frac{x}{2}+b+\sqrt{b^2-a^2}}\right| + C \quad (a^2 < b^2).$

105. $\int \frac{\mathrm{d}x}{a+b\cos x} = \frac{2}{a+b}\sqrt{\frac{a+b}{a-b}}\arctan\left(\sqrt{\frac{a-b}{a+b}}\tan\frac{x}{2}\right) + C \quad (a^2 > b^2).$

106. $\int \frac{\mathrm{d}x}{a+b\cos x} = \frac{1}{a+b}\sqrt{\frac{a+b}{b-a}}\ln\left|\frac{\tan\frac{x}{2}+\sqrt{\frac{a+b}{b-a}}}{\tan\frac{x}{2}-\sqrt{\frac{a+b}{b-a}}}\right| + C.$

107. $\int \frac{\mathrm{d}x}{a^2\cos^2 x + b^2\sin^2 x} = \frac{1}{ab}\arctan\left(\frac{b}{a}\tan x\right) + C.$

108. $\int \frac{\mathrm{d}x}{a^2\cos^2 x - b^2\sin^2 x} = \frac{1}{2ab}\ln\left|\frac{b\tan x + a}{b\tan x - a}\right| + C.$

109. $\int x\sin ax\mathrm{d}x = \frac{1}{a^2}\sin ax - \frac{1}{a}x\cos ax + C.$

110. $\int x^2\sin ax\mathrm{d}x = -\frac{1}{a}x^2\cos ax + \frac{2}{a^2}x\sin ax + \frac{2}{a^3}\cos ax + C.$

111. $\int x\cos ax\mathrm{d}x = \frac{1}{a^2}\cos ax + \frac{1}{a}x\sin ax + C.$

112. $\int x^2\cos ax\mathrm{d}x = \frac{1}{a}x^2\sin ax + \frac{2}{a^2}x\cos ax - \frac{2}{a^3}\sin ax + C.$

(十二) 含有反三角函数的积分 ($a > 0$)

113. $\int \arcsin\frac{x}{a}\mathrm{d}x = x\arcsin\frac{x}{a} + \sqrt{a^2-x^2} + C.$

114. $\int x\arcsin\frac{x}{a}\mathrm{d}x=\left(\frac{x^2}{2}-\frac{a^2}{4}\right)\arcsin\frac{x}{a}+\frac{x}{4}\sqrt{a^2-x^2}+C.$

115. $\int x^2\arcsin\frac{x}{a}\mathrm{d}x=\frac{x^3}{3}\arcsin\frac{x}{a}+\frac{1}{9}(x^2+2a^2)\sqrt{a^2-x^2}+C.$

116. $\int\arccos\frac{x}{a}\mathrm{d}x=x\arccos\frac{x}{a}-\sqrt{a^2-x^2}+C.$

117. $\int x\arccos\frac{x}{a}\mathrm{d}x=\left(\frac{x^2}{2}-\frac{a^2}{4}\right)\arccos\frac{x}{a}-\frac{x}{4}\sqrt{a^2-x^2}+C.$

118. $\int x^2\arccos\frac{x}{a}\mathrm{d}x=\frac{x^3}{3}\arccos\frac{x}{a}-\frac{1}{9}(x^2+2a^2)\sqrt{a^2-x^2}+C.$

119. $\int\arctan\frac{x}{a}\mathrm{d}x=x\arctan\frac{x}{a}-\frac{a}{2}\ln(a^2+x^2)+C.$

120. $\int x\arctan\frac{x}{a}\mathrm{d}x=\frac{1}{2}(a^2+x^2)\arctan\frac{x}{a}-\frac{a}{2}x+C.$

121. $\int x^3\arctan\frac{x}{a}\mathrm{d}x=\frac{x^3}{3}\arctan\frac{x}{a}-\frac{a}{6}x^2+\frac{a^3}{6}\ln(a^2+x^2)+C.$

（十三）含有指数函数的积分（$a>0,a\neq1$）

122. $\int a^x\mathrm{d}x=\frac{a^x}{\ln a}+C.$

123. $\int \mathrm{e}^{ax}\mathrm{d}x=\frac{\mathrm{e}^{ax}}{a}+C.$

124. $\int x\mathrm{e}^{ax}\mathrm{d}x=\frac{\mathrm{e}^{ax}}{a^2}(ax-1)+C.$

125. $\int x^n\mathrm{e}^{ax}\mathrm{d}x=\frac{x^n\mathrm{e}^{ax}}{a}-\frac{n}{a}\int x^{n-1}\mathrm{e}^{ax}\mathrm{d}x.$

126. $\int xa^{mx}\mathrm{d}x=\frac{xa^{mx}}{m\ln a}-\frac{a^{mx}}{(m\ln a)^2}+C.$

127. $\int x^na^{mx}\mathrm{d}x=\frac{x^na^{mx}}{m\ln a}-\frac{n}{m\ln a}\int x^{n-1}a^{mx}\mathrm{d}x.$

128. $\int\mathrm{e}^{ax}\sin bx\mathrm{d}x=\frac{1}{a^2+b^2}\mathrm{e}^{ax}(a\sin bx-b\cos bx)+C.$

129. $\int\mathrm{e}^{ax}\cos bx\mathrm{d}x=\frac{1}{a^2+b^2}\mathrm{e}^{ax}(b\sin bx+a\cos bx)+C.$

130. $\int\mathrm{e}^{ax}\sin^n bx\mathrm{d}x=\frac{\mathrm{e}^{ax}\sin^{n-1}bx}{a^2+b^2n^2}(a\sin bx-nb\cos bx)+\frac{n(n-1)b^2}{a^2+b^2n^2}\int\mathrm{e}^{ax}\sin^{n-2}bx\mathrm{d}x.$

131. $\int\mathrm{e}^{ax}\cos^n bx\mathrm{d}x=\frac{\mathrm{e}^{ax}\cos^{n-1}bx}{a^2+b^2n^2}(a\cos bx+nb\sin bx)+\frac{n(n-1)b^2}{a^2+b^2n^2}\int\mathrm{e}^{ax}\cos^{n-2}bx\mathrm{d}x.$

（十四）含有对数函数的积分

132. $\int\ln x\mathrm{d}x=x\ln x-x+C.$

133. $\int\frac{\mathrm{d}x}{x\ln x}=\ln|\ln x|+C.$

134. $\int x^n\ln x\mathrm{d}x=x^{n+1}\left[\frac{\ln x}{n+1}-\frac{1}{(n+1)^2}\right]+C\ (n\neq-1).$

135. $\int(\ln x)^n\mathrm{d}x=x(\ln x)^n-n\int(\ln x)^{n-1}\mathrm{d}x.$

136. $\int x^m(\ln x)^n\mathrm{d}x=\frac{x^{m+1}}{m+1}(\ln x)^n-\frac{n}{m+1}\int x^m(\ln x)^{n-1}\mathrm{d}x\ (m\neq -1)$.

(十五) 含有双曲函数的积分

137. $\int \mathrm{sh}x\mathrm{d}x=\mathrm{ch}x+C$.

138. $\int \mathrm{ch}x\mathrm{d}x=\mathrm{sh}x+C$.

139. $\int \mathrm{th}x\mathrm{d}x=\ln\mathrm{ch}x+C$.

140. $\int \mathrm{cth}x\mathrm{d}x=\ln\mathrm{sh}x+C$.

141. $\int \mathrm{sech}x\mathrm{d}x=\arctan(\mathrm{sh}x)+C=2\arctan(\mathrm{e}^x)+C$.

142. $\int \mathrm{csch}x\mathrm{d}x=\ln\mathrm{th}\frac{x}{2}+C$.

143. $\int \mathrm{sech}^2x\mathrm{d}x=\mathrm{th}x+C$.

144. $\int \mathrm{csch}^2x\mathrm{d}x=-\mathrm{cth}x+C$.

145. $\int \mathrm{sech}x\mathrm{th}x\mathrm{d}x=-\mathrm{sech}x+C$.

146. $\int \mathrm{sh}^2x\mathrm{d}x=-\frac{x}{2}+\frac{1}{4}\mathrm{sh}2x+C$.

147. $\int \mathrm{ch}^2x\mathrm{d}x=\frac{x}{2}+\frac{1}{4}\mathrm{sh}2x+C$.

(十六) 定积分

148. $\int_{-\pi}^{\pi}\cos nx\mathrm{d}x=\int_{-\pi}^{\pi}\sin nx\mathrm{d}x=0$.

149. $\int_{-\pi}^{\pi}\cos mx\sin nx\mathrm{d}x=0$.

150. $\int_{-\pi}^{\pi}\cos mx\cos nx\mathrm{d}x=\begin{cases}0, & m\neq n,\\ \pi, & m=n.\end{cases}$

151. $\int_{-\pi}^{\pi}\sin mx\sin nx\mathrm{d}x=\begin{cases}0, & m\neq n,\\ \pi, & m=n.\end{cases}$

152. $\int_{0}^{\pi}\sin mx\sin nx\mathrm{d}x=\int_{0}^{\pi}\cos mx\cos nx\mathrm{d}x=\begin{cases}0, & m\neq n,\\ \frac{\pi}{2}, & m=n\end{cases}$.

153. (1) $I_n=\int_0^{\frac{\pi}{2}}\sin^n x\mathrm{d}x=\int_0^{\frac{\pi}{2}}\cos^n x\mathrm{d}x$;

(2) $I_n=\frac{n-1}{n}I_{n-2}$;

(3) $I_n=\frac{n-1}{n}\cdot\frac{n-3}{n-2}\cdot\cdots\cdot\frac{4}{5}\cdot\frac{2}{3}$ (n 为大于 1 的正奇数),$I_1=1$;

(4) $I_n=\frac{n-1}{n}\cdot\frac{n-3}{n-2}\cdot\cdots\cdot\frac{3}{4}\cdot\frac{1}{2}\cdot\frac{\pi}{2}$ (n 为正偶数),$I_0=\frac{\pi}{2}$.

习题参考答案

第 1 章

练习 1.1

1. $f(0)=2, f(2)=0, f(-2)=-4, f(-3)=-\frac{5}{2}, f(a)=\left|\frac{a-2}{a+1}\right|, f(a+b)=\frac{|a+b-2|}{a+b+1}$.

2. $f(-1)=1$，$f(0)=1$，$f(1)=\sqrt{2}$，$f(2)=\sqrt{5}$.

3. (1) $y=u^{10}, u=2x+1$； (2) $y=\ln u, u=x+5$； (3) $y=u^3, u=\sin v, v=x-1$；

(4) $y=\log_a u, u=\sin v, v=2^w, w=x-1$； (5) $y=\ln u, u=\ln x$；

(6) $y=\operatorname{arccot} u, u=\sqrt{v}, v=e^w, w=2x-1$.

4. $f[g(x)]=4^x, g[f(x)]=2^{x^2}$.　**5.** 略.　**6.** $V=x(a-2x)^2, x\in(0,a/2)$.

7. $y=3ax^2+4aV/x$.　**8.** $s(t)=\begin{cases}\frac{1}{4}t^2, & 0\leqslant t\leqslant 20,\\ 100+10(t-20), & 20<t\leqslant 260,\\ -\frac{1}{4}t^2+140t-17000, & 260<t\leqslant 280.\end{cases}$

练习 1.2

(1) -1； (2) $\frac{2}{3}$； (3) $\frac{2}{3}$； (4) 0； (5) ∞； (6) ∞； (7) $\frac{1}{2}$； (8) ∞； (9) e^{-6}；

(10) x.

练习 1.3

1. $a=b=1$.

2. (1) $x=\pm1$,无穷间断点； (2) $x=0$,无穷间断点； (3) $x=1$,跳跃间断点.

3. (1) $\ln(e+1)$； (2) $\frac{2}{3}\sqrt{2}$； (3) $3e\log_a e$； (4) 1.　**4.** 略.

综合练习 1

一、**1.** (C).　**2.** (C).　**3.** (B).　**4.** (B).　**5.** (C).　**6.** (D).　**7.** (A).　**8.** (A).
9. (D).　**10.** (A).

二、**1.** 1.　**2.** $(-2,3]$.　**3.** $[0,3)$.　**4.** 3.　**5.** e^k.　**6.** $\frac{3}{2}$.　**7.** 3.

8. 可去.　**9.** $\ln^2 x-2\ln x$.　**10.** e^2.

三、**1.** (1) $\frac{1}{3}$.　(2) 1.　(3) $\frac{1}{3}$.　(4) 0.　(5) $\cos a$.　(6) $-\frac{\pi}{4}$.　(7) 0.

(8) $\frac{1}{5}$.　(9) e.

2. $a=1$.　**3.** $a=-4, b=0$.

四、略.

第 2 章

练习 2.1

1. $y'|_{x=2}=4$.　**2.** (1) $-f'(x_0)$； (2) $2f'(x_0)$； (3) $5f'(x_0)$.

3. 切线方程 $y=\frac{1}{e}x$,法线方程 $ex+y-e^2-1=0$.

4. 函数在点 $x=0$ 处连续,但不可导.

练习 2.2

1. (1) $20(2x+1)^9$; (2) $\frac{2x-1}{x^4-2x^3+x^2+1}$; (3) $\frac{1}{x\ln x\ln(\ln x)}$; (4) $e^{\sqrt{\sin 2x}}\frac{\cos 2x}{\sqrt{\sin 2x}}$;

(5) $4e^{2x}\tan(e^{2x})\sec^2 e^{2x}$; (6) $30x\sin^2(5x^2)\cos(5x^2)$; (7) $\frac{x}{\sqrt{1+x^2}}$;

(8) $\frac{1+2\sqrt{x}+4\sqrt{x^2+x\sqrt{x}}}{8\sqrt{x}\sqrt{x+\sqrt{x}}\sqrt{x+\sqrt{x+\sqrt{x}}}}$; (9) $\sec x$;

(10) $-\sin(\tan x)\cos[\cos(\tan x)]\sec^2 x$; (11) $2x\sin\frac{1}{x}-\cos\frac{1}{x}$;

(12) $-\ln 2\csc(1+2^x)2^x$.

2. $\frac{1}{8}$.

3. (1) $4\cos 4x\cos 5x-5\sin 4x\sin 5x$; (2) $\frac{1}{(1+x)^2}$; (3) $4\sin^3 x\cos x-4\cos^3 x\sin x$.

练习 2.3

1. (1) $6x\ln^2 x+10x\ln x+2x$; (2) $2\sec^2 x\tan x$; (3) $-\sec^2 x$; (4) $6x+\frac{1}{x^2}$;

(5) $2e^{2x}+2e^{2x}+4xe^{2x}$; (6) $30\sin^2(5x^2)\cos 5x^2+30x[20x\sin(5x^2)\cos^2(5x^2)-10x\sin^3(5x^2)]$;

(7) $-(2\sin x+x\cos x)$; (8) $-2e^{-x}\cos x$; (9) $\frac{2x^2-4x+2}{(1+x^2)^2}$.

2. (1) ne^x+xe^x; (2) $(-1)^{n+1}n!\ (x+1)^{-(n+1)}$; (3) $(-1)^{n+1}(n-2)!\ (x)^{-n+1}(n\geqslant 2)$.

练习 2.4

1. (1) $\frac{1+y}{2y-x}$; (2) $\frac{e^{x+y}}{1-e^{x+y}}$; (3) $-\frac{e^y}{1+xe^y}$; (4) $\frac{2x^2y+y}{xy+x}$;

(5) $(x-1)^x\left[\ln(x-1)+\frac{x}{x-1}\right]$; (6) $\frac{(x-1)^3(x+1)^2}{x-2}\left(\frac{3}{x-1}+\frac{2}{x+1}-\frac{1}{x-2}\right)$;

(7) $\sqrt{\frac{(x-3)(x+1)}{x-1}}(x-2)^2\left[\frac{1}{2}\left(\frac{1}{x-3}+\frac{1}{x+1}-\frac{1}{x-1}\right)+\frac{2}{x+2}\right]$; (8) $\frac{1+y^2}{2+y^2}$.

2. (1) $1+2t$; (2) $\frac{\cos t-t\sin t}{\sin t+t\cos t}$; (3) $\frac{2t+t^2}{1+t}$. **3.** $\frac{16}{25\pi}$ m/s≈0.204 m/s.

练习 2.5

1,**2** 略. **3.** (1) 1; (2) $\frac{2}{3}$; (3) 1; (4) $\frac{1}{6}$; (5) 0; (6) 1; (7) $\frac{m}{n}$; (8) 0.

练习 2.6

1. (1) 单调增区间$(-\infty,1)$,单调减区间$(1,+\infty)$;

(2) 单调减区间$(-\infty,0)$,单调增区间$(0,+\infty)$;

(3) 单调减区间$\left(0,\frac{1}{2}\right)$,单调增区间$\left(\frac{1}{2},+\infty\right)$.

2. 略.

3. (1) 极小值 2； (2) 极小值 1； (3) 极大值$\frac{5}{4}$.

4. (1) 凸区间$(-\infty,0)$,凹区间$(0,+\infty)$； (2) 凸区间$(-\infty,1)$,凹区间$(1,+\infty)$；

(3) 凸区间$\left(-\infty,-\frac{1}{2}\right)$,凹区间$\left(-\frac{1}{2},+\infty\right)$.

练习 2.7

1. (1) 最大值 14,最小值-148； (2) 最大值$\frac{1}{2}$,最小值$-\frac{3}{25}$；

(3) 最大值$\frac{\pi}{3}+\sqrt{3}$,最小值$\frac{\pi}{2}$.

2. 10,5. **3.** 距点 A15 km 处.

练习 2.8

1. 0.05.

2. (1) $(\sin x+x\cos x)\mathrm{d}x$； (2) $\frac{1}{(1+x)^2}\mathrm{d}x$； (3) $-2x\sin x^2\mathrm{d}x$； (4) $-\frac{1}{1+x^2}\mathrm{d}x$.

3. (1) 5.0133； (2) 0.8573； (3) 0.002. **4.** 1.118 g.

综合练习 2

一、**1.** (B). **2.** (D). **3.** (C). **4.** (B). **5.** (B). **6.** (B). **7.** (B). **8.** (C). **9.** (D). **10.** (B).

二、**1.** $m=1$ 或 5.

2. (1) $\frac{x}{\sqrt{1+x^2}}\sin\ln x+\frac{\sqrt{1+x^2}}{x\ln x}$； (2) $-\frac{1}{2}(\cot x)^{\frac{1}{2}}\csc^2 x$；

(3) $x^{\cos x}\left(-\sin x\ln x+\frac{\cos x}{x}\right)$.

3. $4^x\ln 2$. **4.** $\frac{x+y}{x-y}$. **5.** $-t$. **6.** $\frac{\sqrt{x}}{2\sqrt{\mathrm{e}}}$. **7.** $-\pi$. **8.** $2\arctan x+\frac{2x}{1+x^2}$.

9. $\frac{-\tan\sqrt{x}}{2\sqrt{x}}$.

10. (1) $\frac{1}{\mathrm{e}}$； (2) $-\frac{3}{2}$； (3) 0； (4) 8； (5) 1； (6) 0； (7) 1； (8) $-\frac{1}{2}$；

(9) $\frac{1}{2}$； (10) 1； (11) $\frac{3}{2}$； (12) $+\infty$.

11. 单调减区间$(1,+\infty)$,单调增区间$(-\infty,1)$;极大值 e;凹区间$\left(-\infty,1-\frac{\sqrt{2}}{2}\right)$及$\left(1+\frac{\sqrt{2}}{2},+\infty\right)$,凸区间$\left(1-\frac{\sqrt{2}}{2},1+\frac{\sqrt{2}}{2}\right)$;拐点是$\left(1+\frac{\sqrt{2}}{2},\mathrm{e}^{\frac{1}{2}}\right)$,$\left(1-\frac{\sqrt{2}}{2},\mathrm{e}^{\frac{1}{2}}\right)$.

12. 最大值$\frac{1}{\mathrm{e}}$,最小值 0.

第 3 章

练习 3.1

1. (1) $-\frac{1}{x}+C$； (2) $-\cos x+C$； (3) e^x+C； (4) $\arctan x+C$； (5) $\frac{x^5}{5}+\frac{2}{3}x^3+x+C$；

(6) $x-\arctan x+C$； (7) $2x+\frac{3(2/3)^x}{\ln 3-\ln 2}+C$； (8) $\tan x-\sec x+C$.

2. (1) 27 m; (2) 7.11 s. **3.** 略.

练习 3.2

(1) $-\frac{1}{2}\cos(2x+1)$; (2) $-3e^{-\frac{1}{3}x}+C$; (3) $\frac{1}{2}\sin^2 x+C$; (4) $\arctan e^x+C$;

(5) $-\frac{1}{3}\sqrt{2-3x^2}+C$; (6) $-2\sqrt{1-x^2}-\arcsin x+C$.

练习 3.3

1. (1) $\frac{1}{2}(x^2+1)\arctan x-\frac{1}{2}x+C$; (2) $\frac{1}{2}e^x(\sin x+\cos x)+C$;

(3) $\frac{1}{2}\sec x\tan x+\frac{1}{2}\ln|\sec x+\tan x|+C$; (4) $2(\sqrt{x}-1)e^{\sqrt{x}}+C$;

(5) $\frac{1}{2}[(x^2+1)\ln(x^2+1)-x^2]+C$; (6) $3e^{\sqrt[3]{x}}(\sqrt[3]{x^2}-2\sqrt[3]{x}+2)+C$.

2. (1) $\frac{1}{12}(2x-3)^6+C$; (2) $-\frac{1}{2}e^{-x^2}+C$; (3) $\frac{1}{3}\sin^3 x-\frac{1}{5}\sin^5 x+C$;

(4) $\sqrt{x^2-a^2}-a\cdot\arccos\frac{a}{x}+C$; (5) $2(\sqrt{1+x}-\ln|1+\sqrt{1+x}|)+C$;

(6) $\frac{2}{5}(x+1)^{\frac{5}{2}}-\frac{2}{3}(x+1)^{\frac{3}{2}}+C$; (7) $\frac{1}{4}x^2-\frac{1}{4}x\sin 2x-\frac{1}{8}\cos 2x+C$;

(8) $2\sqrt{x+1}e^{\sqrt{x+1}}-2e^{\sqrt{x+1}}+C$; (9) $2\sin\sqrt{x}-2\sqrt{x}\cos\sqrt{x}+C$; (10) $\tan x-\sec x+C$.

3. $x\cos x-\sin x+C$. **4.** xe^x-e^x+C.

练习 3.4

1. (1) 一阶; (2) 三阶; (3) 一阶; (4) 二阶. **2.** 不是. **3.** 是.

4. (1) $y=Ce^{ax}$; (2) $e^y=e^x+C$; (3) $x^2y=4$; (4) $\ln y=\csc x-\cot x$.

练习 3.5

1. (1) $x+y=Cx^2, x=0$; (2) $x(y-x)=Cy, y=0$; (3) $y=Cx(x+y), y=\pm x$;

(4) $\sin\left(\frac{y}{x}\right)=Cx$; (5) $\ln\left[\frac{(x+y)}{x}\right]=Cx$; (6) $\arcsin\left(\frac{y}{x}\right)=\ln|Cx|, y=\pm x$.

2. $M=M_0e^{-0.000433t}$,时间以年为单位.

3. (1) $y=e^{-x}(x+C)$; (2) $y=2+Ce^{-x^2}$; (3) $p=\frac{2}{3}+Ce^{-3\theta}$; (4) $y=C\cos x-2\cos^2 x$;

(5) $y=x\sec x$; (6) $y=\frac{1}{x}(\pi-1-\cos x)$; (7) $y\sin x+5e^{\cos x}=1$; (8) $2y=x^3-x^3e^{x^{1/2}-1}$.

综合练习 3

一、**1.** (B). **2.** (B). **3.** (D). **4.** (C). **5.** (D). **6.** (A).

二、**1.** $\frac{1}{x}$. **2.** $a^x\ln a+\frac{1}{2\sqrt{x}}$. **3.** $xe^{-x}+e^{-x}+C$. **4.** $e^{\tan\frac{x}{2}}$. **5.** $y=x^2$.

6. 0.

三、**1.** (1) $x^2+\frac{4}{3}x^{\frac{3}{2}}-x-2x^{\frac{1}{2}}+C$; (2) $\frac{1}{\ln 9e}9^x e^x+C$; (3) $\frac{1}{2}x+\sin\frac{x}{2}+C$;

(4) $-\cot x-\tan x+C$.

2. (1) $\ln^2 x+\ln^2 y=C$; (2) $3e^{-y^2}-2e^{3x}=C$; (3) $\tan\frac{y}{2}=Ce^{-2\sin x}$;

(4) $e^x+\ln(1-e^y)+C=0$.

3. $xy=2$. **4.** $s=\frac{v_0^2}{2k}$.

第 4 章

练习 4.1

1. $\frac{1}{3}(b^3-a^3)+b-a$. **2.** (1) b^2-a^2+b-a; (2) $e-1$. **3.** 略.

练习 4.2

1. (1) 1; (2) 12. **2.** (1) 20; (2) $\frac{3}{2}$; (3) $\frac{29}{6}$.

3. (1) $\frac{\pi}{6}$; (2) $\frac{\pi}{3}$; (3) $\frac{1}{3}\left(3-\sqrt{3}+\frac{\pi}{4}\right)$; (4) $\frac{\pi}{4}+1$; (5) -1; (6) $\frac{4}{5}$;

(7) $\frac{1}{2}(1-\ln 2)$; (8) $2(\sqrt{2}-1)$; (9) $2\sqrt{2}$.

练习 4.3

1. (1) $4+2\ln 2$; (2) $\frac{1}{6}$; (3) 0; (4) $\frac{1}{4}$; (5) $\pi-\frac{4}{3}$; (6) $\frac{\pi}{2}$; (7) $1-\frac{\pi}{4}$;

(8) $\frac{\pi}{12}$; (9) $\frac{\pi}{4}+\frac{1}{2}$; (10) $e-\sqrt{e}$; (11) $\arctan e-\frac{\pi}{4}$; (12) $\frac{8}{3}$.

2. (1) 0; (2) 0; (3) $\frac{16}{15}$; (4) 0; (5) $1-\frac{\sqrt{3}}{6}\pi$; (6) $\frac{16}{35}\pi$.

3. (1) $\frac{1}{4}(e^2+1)$; (2) $\frac{1}{5}(e^\pi-2)$; (3) $2-\frac{2}{e}$; (4) $\left(\frac{1}{4}-\frac{\sqrt{3}}{9}\right)\pi+\frac{1}{2}\ln\frac{3}{2}$;

(5) $\frac{1}{2}$; (6) $\frac{1}{4}(e^2+1)$; (7) $\frac{\pi^3}{6}-\frac{\pi}{4}$; (8) $\frac{1}{2}(e\sin 1-e\cos 1+1)$.

练习 4.4

(1) $\frac{1}{3}$; (2) 2; (3) 发散; (4) π.

练习 4.5

1. $\frac{9}{4}$. **2.** $a=-2$. **3.** (1) πa^2; (2) $18\pi a^2$; (3) $\frac{3}{8}\pi a^2$. **4.** $3\pi a^2$.

5. $2\left(\frac{4}{3}\pi-\sqrt{3}\right)$. **6.** $x=4$. **7.** (1) $\frac{\pi}{5},\frac{\pi}{2}$; (2) $\frac{48}{5}\pi,\frac{24}{5}\pi$; (3) $160\pi^2$.

练习 4.6

1. 2.45 J. **2.** $\frac{27}{7}kc^{\frac{2}{3}}a^{\frac{7}{3}}$ (k 为比例常数). **3.** 6.35×10^8 J.

4. (1) 9.8×10^6 N; (2) 2.55×10^7 N. **5.** 17.3 kN. **6.** 略.

综合练习 4

一、**1.** (B). **2.** (B). **3.** (C). **4.** (C). **5.** (D).

二、**1.** 0. **2.** $\frac{1}{3}$. **3.** $1-e^{-1}$. **4.** $\frac{\pi^3}{12}$. **5.** -1. **6.** 1. **7.** 1. **8.** $\frac{\pi}{7}$.

三、**1.** (1) $3\ln 2-1$; (2) $\frac{3}{2}$; (3) $\frac{1}{2}\ln\frac{e}{2}$; (4) $2\left(1-\frac{\pi}{4}\right)$; (5) $\frac{\pi}{16}$; (6) $\frac{1}{2}$.

2. 0. **3.** $y'=-\frac{y\sin x}{x\ln y}$. **4.** $\frac{\mathrm{e}}{2}-1$. **5.** 14373.33 kN. **6.** $\frac{\pi}{2}$.

第 5 章

练习 5.1

(1) $\left(0,\frac{14}{49},-\frac{297}{49}\right)$; (2) $(z+1)^2-2x-6y+10=0$;

(3) $(x-1)^2+(y+2)^2+(z-2)^2=16$,球心为$(1,-2,2)$,半径为 4.

练习 5.2

1. (1) $\left\{(x,y)\left|\frac{x^2}{a^2}+\frac{y^2}{b^2}\leqslant 1\right.\right\}$; (2) $\{(x,y)|x+y>0,x-y>0\}$;

(3) $\{(x,y)|x-y>0,x>0\}$; (4) $\{(x,y)|x\geqslant\sqrt{y},y\geqslant 0\}$;

(5) $\{(x,y)|y^2\leqslant 4x,0<x^2+y^2<1\}$.

2. (1) $-\frac{1}{4}$; (2) 0; (3) $\ln 2$.

练习 5.3

1. (1) $\frac{\partial z}{\partial x}=y+\frac{1}{y},\frac{\partial z}{\partial y}=x-\frac{x}{y^2}$; (2) $\frac{\partial z}{\partial x}=2x\ln(x^2+y^2)+\frac{2x^3}{x^2+y^2},\frac{\partial z}{\partial y}=\frac{2x^2y}{x^2+y^2}$;

(3) $\frac{\partial z}{\partial x}=-\frac{y}{x^2+y^2},\frac{\partial z}{\partial y}=\frac{x}{x^2+y^2}$; (4) $\frac{\partial z}{\partial x}=\frac{\mathrm{e}^y}{y^2},\frac{\partial z}{\partial y}=\frac{x(y-2)\mathrm{e}^y}{y^2}$;

(5) $\frac{\partial z}{\partial x}=y[\cos(xy)-\sin(2xy)],\frac{\partial z}{\partial y}=x[\cos(xy)-\sin(2xy)]$;

(6) $\frac{\partial z}{\partial x}=\frac{1}{y}\cos\frac{x}{y}+\mathrm{e}^{-xy}-xy\mathrm{e}^{-xy},\frac{\partial z}{\partial y}=-\frac{x}{y^2}\cos\frac{x}{y}-x^2\mathrm{e}^{-xy}$;

(7) $\frac{\partial z}{\partial x}=y^2(1+xy)^{y-1},\frac{\partial z}{\partial y}=(1+xy)^y\left[\ln(1+xy)+\frac{xy}{1+xy}\right]$;

(8) $\frac{\partial u}{\partial x}=\frac{z}{y}\left(\frac{x}{y}\right)^{z-1},\frac{\partial u}{\partial y}=-\frac{zx^z}{y^{z+1}},\frac{\partial u}{\partial z}=\left(\frac{x}{y}\right)^z\ln\frac{x}{y}$.

2. 36,−2.

3. (1) $\frac{\partial^2 z}{\partial x^2}=\frac{2}{y}\sec^2\frac{x^2}{y}+\frac{8x^2}{y^2}\sec^3\frac{x^2}{y}\sin\frac{x^2}{y},\frac{\partial^2 z}{\partial y^2}=\frac{2x^2}{y^3}\sec^2\frac{x^2}{y}+\frac{2x^4}{y^4}\sec^3\frac{x^2}{y}\sin\frac{x^2}{y}$,

$\frac{\partial^2 z}{\partial x\partial y}=-\frac{2x}{y^2}\sec^2\frac{x^2}{y}-\frac{4x^3}{y^3}\sec^3\frac{x^2}{y}\sin\frac{x^2}{y}$;

(2) $\frac{\partial^2 z}{\partial x^2}=\frac{-2\sin x^2-4x^2\cos x^2}{y},\frac{\partial^2 z}{\partial y^2}=\frac{2\cos x^2}{y^3},\frac{\partial^2 z}{\partial x\partial y}=\frac{2x\sin x^2}{y^2}$;

(3) $\frac{\partial^2 z}{\partial x^2}=-\frac{3xy^2}{(x^2+y^2)^{5/2}},\frac{\partial^2 z}{\partial y^2}=\frac{x(2y^2-x^2)}{(x^2+y^2)^{5/2}},\frac{\partial^2 z}{\partial x\partial y}=\frac{y(2x^2-y^2)}{(x^2+y^2)^{5/2}}$;

(4) $\frac{\partial^2 z}{\partial x^2}=\frac{xy^3}{(1-x^2y^2)^{3/2}},\frac{\partial^2 z}{\partial y^2}=\frac{x^3y}{(1-x^2y^2)^{3/2}},\frac{\partial^2 z}{\partial x\partial y}=\frac{1}{(1-x^2y^2)^{3/2}}$.

(5),(6)略.

4. (1) $\mathrm{d}z=(4x-3y)\mathrm{d}x-(3x+2y)\mathrm{d}y$; (2) $\mathrm{d}z=\cos(x^2+y)(2x\mathrm{d}x+\mathrm{d}y)$;

(3) $\mathrm{d}z=\frac{y\mathrm{d}x+x\mathrm{d}y}{1+x^2y^2}$; (4) $\mathrm{d}z=\frac{x\mathrm{d}x+y\mathrm{d}y}{x^2+y^2}$; (5) $\mathrm{d}u=\frac{2x\mathrm{d}x+2y\mathrm{d}y+2z\mathrm{d}z}{x^2+y^2+z^2}$;

(6) $\mathrm{d}u=yzx^{yz-1}\mathrm{d}x+z\ln x\cdot x^{yz}\mathrm{d}y+y\ln x\cdot x^{yz}\mathrm{d}z$.

5. $\frac{1}{3}dx+\frac{2}{3}dy$. 6. $\Delta z=-0.119, dz=-0.125$.

练习 5.4

1. (1) 极小值-1； (2) 极小值-1； (3) 极大值 $f(2,-2)=8$；

(4) 极小值 $f\left(\frac{1}{2},-1\right)=-\frac{e}{2}$； (5) 极大值 $f(3,2)=36$.

2. 极大值 $z\left(\frac{1}{2},\frac{1}{2}\right)=\frac{1}{4}$. 3. 极小值$\frac{a^2b^2}{a^2+b^2}$.

4. 当两边都是$\frac{l}{\sqrt{2}}$时，可得最大周界. 5. 长方体长、宽为$\frac{2a}{\sqrt{3}}$，高为$\frac{a}{\sqrt{3}}$.

6. 当长、宽都为 $\sqrt[3]{2a}$，高为$\frac{1}{2}\sqrt[3]{2a}$时，表面积最小. 7. $\sqrt{20}$.

练习 5.5

1. (1) $\frac{11}{12}$； (2) $\frac{20}{3}$； (3) $\frac{1}{12}$； (4) $\frac{9}{8}\ln3-\ln2-\frac{1}{2}$； (5) $\frac{45}{8}$； (6) $\frac{1}{4}(e^4-1)$.

2. (1) $\int_0^1 dy\int_y^1 f(x,y)dx$； (2) $\int_0^4 dx\int_{\frac{x}{2}}^{\sqrt{x}} f(x,y)dy$. 3. $\int_0^{\frac{\pi}{2}} d\theta\int_0^{2\sin\theta} f(r^2)rdr$.

4. (1) $-6\pi^2$； (2) $\frac{1}{9}(3\pi-4)$； (3) $\frac{3}{64}\pi^2$.

综合练习 5

一、1. (B). 2. (B). 3. (A). 4. (A). 5. (C).

二、1. 5. 2. $y^2-4(x^2+z^2)=1, (y^2+z^2)-4x^2=1$. 3. $(3,0,-4), 5$.

4. $(x-1)^2+(y+2)^2+(z-4)^2=25$. 5. $\{(x,y)\mid |x|+|y|<1, 且(x,y)\neq(0,0)\}$.

6. $y^2e^x, 2ye^x, 2ye^x, y^2e^x dx+2ye^x dy, dx+2dy$. 7. $x=r\cos\theta, y=r\sin\theta$.

三、1. $4(z-1)=(x-1)^2+(y+1)^2$.

2. (1) $\frac{\partial z}{\partial x}=\frac{1}{x+y^2}, \frac{\partial z}{\partial y}=\frac{2y}{x+y^2}, \frac{\partial^2 z}{\partial x^2}=-\frac{1}{(x+y^2)^2}, \frac{\partial^2 z}{\partial y^2}=\frac{2(x-y^2)}{(x+y^2)^2}, \frac{\partial^2 z}{\partial x\partial y}=-\frac{2y}{(x+y^2)^2}$；

(2) $\frac{\partial z}{\partial x}=ye^{x^2y^2}, \frac{\partial z}{\partial y}=xe^{x^2y^2}, \frac{\partial^2 z}{\partial x^2}=2xy^3e^{x^2y^2}, \frac{\partial^2 z}{\partial y^2}=2x^3ye^{x^2y^2}, \frac{\partial^2 z}{\partial x\partial y}=(1+2x^2y^2)e^{x^2y^2}$.

3. $\Delta z=0.02, dz=0.03$.

4. $\frac{\partial z}{\partial x}=\frac{2x}{y^2}\ln(3x-2y)+\frac{3x^2}{(3x-2y)y^2}$, $\frac{\partial z}{\partial y}=\frac{2x^2}{y^3}\ln(3x-2y)-\frac{2x^2}{(3x-2y)y^2}$.

5. $\frac{e^x(1+x)}{1+x^2e^{2x}}$. 6. $-\frac{y+e^{x+y}}{x+e^{x+y}}$. 7. $\frac{\partial z}{\partial x}=\frac{z\sqrt{y}-\sqrt{xz}}{\sqrt{xz}-x\sqrt{y}}$, $\frac{\partial z}{\partial y}=\frac{z\sqrt{x}-2\sqrt{yz}}{\sqrt{yz}-y\sqrt{x}}$.

8. $x=\frac{3\alpha-2\beta}{2\alpha^2-\beta^2}, y=\frac{4\alpha-3\beta}{2(2\alpha^2-\beta^2)}$.

9. (1) $x_1=0.75, x_2=1.25$； (2) $x_1=0, x_2=1.5$.

10. (1) $\frac{15}{8}$； (2) $\frac{6}{5}$； (3) $\frac{64}{15}$.

参 考 文 献

[1] 邓俊谦. 应用数学基础[M]. 上海:华东师范大学出版社,2001.

[2] 龚友运,郭炳艳,盛集明. 高等数学[M]. 3 版. 武汉:华中科技大学出版社,2006.

[3] 霍本瑶,田长申. 高等数学[M]. 郑州:黄河水利出版社,2006.

[4] 四川大学数学系高等数学教研室. 高等数学[M]. 北京:高等教育出版社,1987.

[5] 北京农业大学. 高等数学[M]. 北京:北京农业大学出版社,1992.

[6] 翟向阳. 应用高等数学[M]. 上海:上海交通大学出版社,1999.

[7] 张燕州,王培麟. 高等数学[M]. 北京:科学出版社,2003.

[8] 秦俭. 现代应用数学基础[M]. 北京:北京航空航天大学出版社,2007.

[9] 卢兴江,金蒙伟. 微积分(上册)[M]. 杭州:浙江大学出版社,2006.

[10] 谢国瑞. 高等数学(一元函数)[M]. 上海:华东理工大学出版社,1991.

[11] 郝金库,王万得. 化学生物数学简明教程[M]. 北京:国防工业出版社,2003.

[12] 张国勇. 高职数学教程[M]. 北京:高等教育出版社,2007.

[13] 胡农. 高等数学[M]. 北京:高等教育出版社,2006.

[14] 云连英,付艳茹,陶正娟. 微积分应用基础[M]. 北京:高等教育出版社,2006.

[15] 吴云宗,张继凯. 实用高等数学[M]. 北京:高等教育出版社,2006.

[16] 朱永银,肖业胜. 高等数学[M]. 武汉:武汉大学出版社,2004.